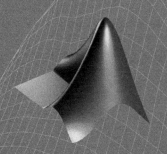

MATLAB

2020 | 中文版

从入门到精通

槐创锋 郝勇 / 编著

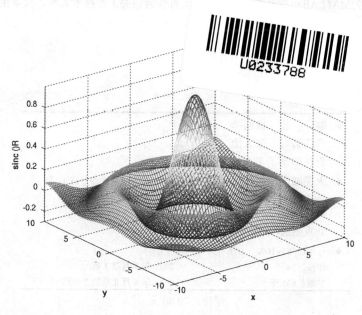

人民邮电出版社

北京

图书在版编目（CIP）数据

MATLAB 2020中文版从入门到精通 / 槐创锋，郝勇编
著. -- 北京：人民邮电出版社，2021.3（2021.8重印）
ISBN 978-7-115-55085-9

Ⅰ. ①M… Ⅱ. ①槐… ②郝… Ⅲ. ①Matlab软件
Ⅳ. ①TP317

中国版本图书馆CIP数据核字(2020)第203777号

内 容 提 要

全书以MATLAB 2020为基础，结合高等学校的教学任务和计算科学的应用，详细讲解了数学计算和仿真分析的各种方法和技巧，力争让学生与零基础读者最终脱离书本，将所学知识应用于工程实践中。

本书主要内容包括MATLAB基础知识，程序设计基础，二维图形、三维图形绘制，图像绘制，数列、级数与极限计算，符号运算，积分计算，微分方程，图形用户界面设计，Simulink仿真基础，MATLAB联合编程，优化设计，供应中心选址设计实例，数字低通信号频谱分析设计实例，函数最优化解设计实例等。本书内容覆盖数学计算与仿真分析的各个方面，既有MATLAB基本函数的介绍，又有用MATLAB编写的计算程序，以及利用函数解决不同数学应用问题的方案等。

本书既可作为MATLAB初学者的入门用书，又可作为相关工程技术人员、大学生、研究生的工具书。

◆ 编　著　槐创锋　郝　勇
　　责任编辑　张天怡
　　责任印制　王　郁　陈　犇

◆ 人民邮电出版社出版发行　　北京市丰台区成寿寺路 11 号
　　邮编　100164　电子邮件　315@ptpress.com.cn
　　网址　https://www.ptpress.com.cn
　　北京盛通印刷股份有限公司印刷

◆ 开本：787×1092　1/16
　　印张：24　　　　　　　　　　2021 年 3 月第 1 版
　　字数：635 千字　　　　　　　2021 年 8 月北京第 2 次印刷

定价：79.80 元

读者服务热线：(010)81055410　印装质量热线：(010)81055316
反盗版热线：(010)81055315
广告经营许可证：京东市监广登字 20170147 号

前　言

　　MATLAB 是美国 MathWorks 公司出品的一个优秀的数学计算软件，其强大的数值计算能力和数据可视化能力令人震撼。经过多年的发展，MATLAB 已经到了 2020a 版本，功能日趋完善并且成为多种学科必不可少的计算工具，成为自动控制、应用数学、信息与计算科学等专业大学本科生与研究生需要掌握的基本操作软件。

　　目前，MATLAB 已经得到了很大程度的普及，它不仅成为各大公司和科研机构的专用软件，在各高校中同样也受到追捧。越来越多的学生借助 MATLAB 来学习数学分析、图像处理、仿真分析。

　　为了帮助零基础读者快速掌握 MATLAB 的使用方法，本书从基础知识着手，对 MATLAB 的基本函数功能进行了详细介绍，同时根据不同学科读者的需求，对 MATLAB 的数学计算、图形绘制、仿真分析、最优化设计和外部接口编程等不同功能和应用进行了细致讲解，让读者入宝山而满载归。

一、本书特色

　　市面上的 MATLAB 书籍浩如烟海，读者要挑选一本自己中意的书反而很困难，真是"乱花渐欲迷人眼"。那么，本书为什么能够在您"众里寻他千百度"之际，于"灯火阑珊"中让您"蓦然回首"呢？那是因为本书有以下五大特色。

作者实力雄厚

　　本书由著名 CAD/CAM/CAE 图书出版专家胡仁喜博士指导，大学资深专家教授团队执笔编写。作者总结自己多年的设计经验及教学心得体会，力求在本书中全面细致地展现 MATLAB 在工程分析与数学计算应用领域的各种功能和使用方法。

实例专业典型

　　本书中的很多实例本身就是工程分析与数学计算项目案例，这些案例经过作者的精心提炼和改编，不仅保证了读者能够学好知识点，更重要的是能帮助读者掌握实际的操作技能。

注重实操技能

　　本书从全面提升读者的 MATLAB 工程分析与数学计算能力角度出发，结合大量的案例来讲解如何利用 MATLAB 进行工程分析与数学计算，让读者真正掌握计算机辅助工程分析与数学计算。

内容全面深入

"秀才不出门，能知天下事"，读者只要有本书在手，MATLAB 数学计算与工程分析知识便能全精通。本书不仅有透彻的讲解，还有丰富的实例供读者演练，能够帮助读者找到一条学习 MATLAB 的终南捷径。

实现知行合一

本书提供了使用 MATLAB 解决数学问题的实践性指导，它基于 MATLAB 2020a 版本，内容由浅入深，特别是对每一条命令的调用格式都做了详细的说明，并为读者提供了大量的例题，这对于初学者自学很有帮助。本书还对数学中的一些知识如优化理论与算法问题、数理统计问题等各种数学问题进行了较为详细的介绍，因此，本书也可作为科技工作者的科学计算工具书。

二、电子资料使用说明

本书除利用传统的纸面讲解外，还随书配送了电子资料包，主要包含全书讲解实例和练习实例的源文件，全程实例同步视频。通过扫描封底二维码，下载本书实例的同步视频，读者可以随心所欲，像看电影一样轻松愉悦地学习本书。

三、致谢

本书由华东交通大学教材基金资助，华东交通大学槐创锋和郝勇主编，林凤涛、沈晓玲、朱爱华、黄志刚、钟礼东参与部分章节编著，闫聪聪、刘昌丽、康士廷、杨雪静、李兵、宫鹏涵、孙立明等参与部分章节的内容整理，石家庄三维书屋文化传播有限公司胡仁喜博士对全书进行了审校，在此对他们的付出表示感谢。

读者在学习本书的过程中若发现错误，可发邮件至 zhangtianyi@ptpress.com.cn，编者将不胜感激。欢迎加入三维书屋 EDA 图书学习交流群（QQ：656116380）交流探讨，也可以在本交流群索取本书配套资源。

编　者

2020 年 4 月

目 录

第1章
MATLAB 基础知识

内容指南

MATLAB 是 Matrix Laboratory（矩阵实验室）的缩写。它是以线性代数软件包（LINPACK）和特征值计算软件包（EISPACK）中的子程序为基础发展起来的一种开放式程序设计语言，是一种高性能的工程计算语言，其基本的数据单位是没有维数限制的矩阵。本章主要介绍 MATLAB 的发展历程、MATLAB 的工作界面、MATLAB 的基本功能，从而使读者了解 MATLAB 的基本命令。

知识重点

- MATLAB 中的科学计算概述
- MATLAB 2020 的工作界面
- MATLAB 命令的组成
- M 文件

1.1 MATLAB 中的科学计算概述

MATLAB 是一种功能非常强大的科学计算软件。在正式使用 MATLAB 之前，我们应该对它有一个整体的认识。

MATLAB 的命令表达式与数学、工程中常用的形式十分相似，故用 MATLAB 来解决问题要比用仅支持标量的非交互式的编程语言（如 C、FORTRAN 等语言）简捷得多，尤其是在解决包含了矩阵和向量的工程技术问题时。在大学中，MATLAB 是很多数学类、工程类和科学类的初等和高等课程的标准指导工具。在工业上，MATLAB 是产品研究、开发和分析过程中经常采用的工具。

1.1.1 MATLAB 的发展历程

20 世纪 70 年代中期，克里夫·莫勒尔（Cleve Moler）博士及其同事在美国国家科学基金的资助下开发了调用 EISPACK 和 LINPACK 的 FORTRAN 子程序库。EISPACK 是求解特征值的程序库，LINPACK 是求解线性方程的程序库。当时，这两个程序库代表矩阵运算的最高水平。

20 世纪 70 年代后期，时任美国新墨西哥大学计算机科学系主任的莫勒尔教授在给学生讲授线性代数课程时，想教学生使用 EISPACK 和 LINPACK 程序库，但他发现学生用 FORTRAN 编写接口程序很费时间。出于减轻学生编程负担的目的，他为学生设计了一组调用 LINPACK 和

EISPACK 程序库的"通俗易用"的接口，即用 FORTRAN 编写的萌芽状态的 MATLAB。在此后的数年里，MATLAB 在多所大学里作为教学辅助软件使用，并作为面向大众的免费软件广为流传。

1983 年，莫勒尔教授、工程师约翰·利特尔（John Little）和斯蒂夫·班格尔特（Steve Bangert）一起用 C 语言开发了第二代专业版 MATLAB，使 MATLAB 同时具备了数值计算和数据可视化（图形化）的功能。

1984 年，莫勒尔和利特尔成立了 MathWorks 公司，正式把 MATLAB 推向市场，并继续进行 MATLAB 的研究和开发。从这时起，MATLAB 的内核采用 C 语言编写。

1993 年，MathWorks 公司推出 MATLAB 4.0，从此告别 DOS 版。MATLAB 4.x 在继承和发展其原有的数值计算和数据可视化的同时，出现了几个重要变化：推出了交互式操作的动态系统建模、仿真、分析集成环境——Simulink；开发了与外部进行直接数据交换的组件，打通了 MATLAB 进行实时数据分析、处理和硬件开发的道路；推出了符号计算工具包；构造了 Notebook。

1997 年，MATLAB 5.0 问世，紧接着是 MATLAB 5.1、MATLAB 5.2，以及 1999 年的 MATLAB 5.3。2003 年，MATLAB 7.0 问世。与以往的版本相比，现在的 MATLAB 拥有更丰富的数据类型和结构、更友善的面向对象的开发环境、更快速精良的数据可视化界面、更广博的数学和数据分析资源、更多的应用开发工具。

2006 年，MATLAB 分别在 3 月和 9 月进行了两次产品发布，3 月发布的版本被称为"a"，9 月发布的版本被称为"b"，即 R2006a 和 R2006b。之后，MATLAB 分别在每年的 3 月和 9 月进行两次产品发布，每次发布都涵盖产品家族中的所有模块，包含已有产品的新特性和错误（bug）修订，以及新产品的发布。

2020 年 3 月，MathWorks 正式发布了 R2020a 版 MATLAB（以下简称 MATLAB 2020）和 Simulink 产品系列的 Release 2020（R2020）版本。

1.1.2　MATLAB 系统

MATLAB 系统主要包括以下 5 个部分。

（1）桌面工具和开发环境：MATLAB 由一系列工具组成，这些工具大部分是图形用户界面，方便用户使用 MATLAB 的函数和文件，包括 MATLAB 桌面和命令行窗口，编辑器和调试器，代码分析器和用于浏览帮助、工作空间、文件的浏览器。

（2）数学函数库：MATLAB 数学函数库包括了大量的计算算法，从初等函数（如加法、正弦、余弦等）到复杂的高等函数（如矩阵求逆、矩阵特征值、贝塞尔函数和快速傅里叶变换等）。

（3）语言：MATLAB 是一种高级的基于矩阵/数组的语言，具有程序流控制、函数、数据结构、输入/输出和面向对象编程等特色。用户可以在命令行窗口中将输入语句与执行命令同步，以迅速创立快速抛弃型程序，也可以先编写一个较大的复杂的 M 文件后再一起运行，以创立完整的大型应用程序。

（4）图形处理：MATLAB 具有应用方便的数据可视化功能，以将向量和矩阵用图形表现出来，并且可以对图形进行标注和打印。它的高级作图功能包括二维和三维的可视化、图像处理、动画和表达式作图；低级别作图功能包括完全定制图形的外观，以及建立基于用户的 MATLAB 应用程序的完整图形用户界面。

（5）外部接口：外部接口是一个使 MATLAB 能与 C 语言、FORTRAN 等其他高级编程语言进行交互的函数库，它包括从 MATLAB 中调用程序（动态链接）、调用 MATLAB 为计算引擎和读写 mat 文件的设备。

1.2 MATLAB 2020 的工作界面

本节通过介绍 MATLAB 2020 的工作界面，使读者初步认识 MATLAB 2020 的主要窗口，并掌握其操作方法。

第一次使用 MATLAB 2020，将进入其默认设置的工作界面，如图 1-1 所示。

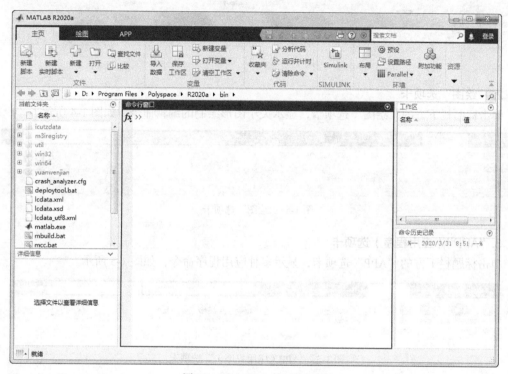

图 1-1　MATLAB 的工作界面

MATLAB 2020 的工作界面形式简洁，主要由标题栏、功能区、工具栏、当前文件夹窗口、命令行窗口、工作区窗口和命令历史记录窗口等组成。

1.2.1　标题栏

本书使用的 MATLAB 版本为 2020 版，在图 1-1 所示的工作界面左上角显示的是标题栏，如图 1-2 所示。

图 1-2　标题栏

在工作界面右上角显示了 3 个图标按钮，其中，单击 ▬ 按钮，将最小化显示工作界面；单击 ▫ 按钮，将最大化显示工作界面；单击 ✕ 按钮，将关闭工作界面。

在命令行窗口中输入"exit"或"quit"命令，或使用快捷键"Alt+F4"，同样可以关闭 MATLAB。

1.2.2 功能区

MATLAB 2020 有别于传统的菜单栏形式，以功能区的形式显示应用命令。将所有的功能命令分类别放置在 3 个选项卡中，下面分别介绍这 3 个选项卡。

1. "主页"选项卡

单击标题栏下方的"主页"选项卡，显示基本的"新建脚本""新建变量"等命令，如图 1-3 所示。

图 1-3 "主页"选项卡

2. "绘图"选项卡

单击标题栏下方的"绘图"选项卡，显示关于图形绘制的编辑命令，如图 1-4 所示。

图 1-4 "绘图"选项卡

3. "APP"（应用程序）选项卡

单击标题栏下方的"APP"选项卡，显示多种应用程序命令，如图 1-5 所示。

图 1-5 "APP（应用程序）"选项卡

1.2.3 工具栏

功能区右侧及下方是工具栏，工具栏以图标按钮的方式汇集了常用的操作命令。下面简要介绍工具栏中部分常用按钮的功能。

　：保存 M 文件。

　、　、　：剪切、复制或粘贴已选中的对象。

　、　：撤销或恢复上一次操作。

　：切换窗口。

　：打开 MATLAB 帮助系统。

　　　　：向前、向后、向上一级、浏览路径文件夹。

　 ▸ C: ▸ Program Files ▸ Polyspace ▸ R2020a ▸ bin ▸ ：当前路径设置栏。

1.2.4 命令行窗口

MATLAB 的使用方法和界面有多种形式，但命令行窗口的命令操作是最基本的，也是读者在入门时首先要掌握的。

1. 基本界面

MATLAB 命令行窗口的基本表现形态和操作方式如图 1-6 所示。在该窗口中用户可以进行各种计算操作，也可以使用命令打开各种 MATLAB 工具，还可以查看各种命令的帮助说明等。

2. 基本操作

在命令行窗口的右上角，用户可以单击相应的按钮进行最大化、还原或关闭窗口等操作。单击右上角的 按钮，出现一个下拉菜单，如图 1-7 所示。在该下拉菜单中，单击"最小化"按钮，可将命令行窗口最小化到主窗口左侧，以页签形式存在，当鼠标指针移到上面时，显示窗口内容。此时单击 下拉菜单中的 按钮，即可恢复显示。

图 1-6　命令行窗口

选择"页面设置"命令，弹出图 1-8 所示的"页面设置：命令行窗口"对话框。该对话框中包括 3 个选项卡，分别用于对命令行窗口中文字的布局、标题、字体进行设置。

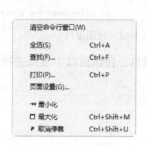

图 1-7　下拉菜单

图 1-8　"页面设置：命令行窗口"对话框

（1）"布局"选项卡：如图 1-8 所示，用于设置文本的打印对象及打印颜色。

（2）"标题"选项卡：如图 1-9 所示，用于对打印的页码及布局进行设置。

（3）"字体"选项卡：如图 1-10 所示，可选择使用当前命令行中的字体，也可以进行自定义设置，在下拉列表中选择字体名称及字体大小。

图 1-9　"标题"选项卡对话框

图 1-10　"字体"选项卡对话框

3. 快捷操作

选择该窗口中的命令，单击鼠标右键即可弹出图 1-11 所示的快捷菜单，选择其中的命令，即可进行对应操作。

下面介绍几种常用命令。

（1）执行所选内容：对选中的内容进行操作。

（2）打开所选内容：执行该命令，找到所选内容所在的文件，并在命令行窗口显示该文件中的内容。

（3）关于所选内容的帮助：执行该命令，弹出关于所选内容的相关帮助窗口，如图 1-12 所示。

图 1-11　快捷菜单

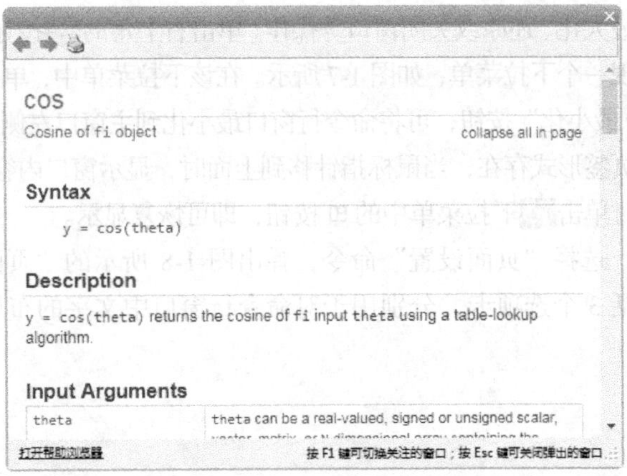

图 1-12　帮助窗口

（4）函数浏览器：执行该命令，弹出图 1-13 所示的函数窗口，在该窗口中可以选择编程所需的函数，并对该函数进行安装。

（5）剪切：剪切选中的文本。

（6）复制：复制选中的文本。

（7）粘贴：粘贴选中的文本。

（8）全选：将该文件中显示在命令行窗口的文本全部选中。

（9）查找：执行该命令后，弹出"查找"对话框，如图 1-14 所示。在该对话框的"查找内容"文本框中输入要查找的文本关键词，即可在庞大的命令历史记录中迅速定位所需对象的位置。

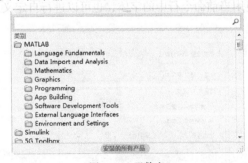

图 1-13　函数窗口

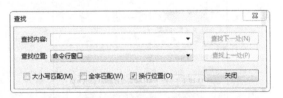

图 1-14　"查找"对话框

（10）清空命令行窗口：删除命令行窗口中显示的所有命令程序。

1.2.5　命令历史记录窗口

命令历史记录窗口主要用于记录所有执行过的命令。在默认条件下，它会保存自安装以来所有运行过的命令的历史记录，并记录运行时间，以方便查询。

选择"命令历史记录"→"停靠"命令，如图 1-15 所示，在显示界面上固定显示命令历史记录窗口，如图 1-16 所示。

图 1-15　"命令历史记录"命令　　　　　　　　　　图 1-16　停靠命令历史记录

在命令历史记录窗口中双击某一命令，命令行窗口将执行该命令。

1.2.6　当前文件夹窗口

当前文件夹窗口如图 1-17 所示，可显示或改变当前文件夹，查看当前文件夹下的文件。

单击  按钮，在弹出的下拉菜单中可以选择常用的操作，例如，在当前文件夹下新建文件或文件夹（还可以指定新建文件的类型）、生成文件分析报告、查找文件、显示/隐藏文件信息、将当前文件夹按某种指定方式排序和分组等。图 1-18 所示是对当前文件夹中的代码进行分析，提出一些程序优化建议并生成报告。

图 1-17　当前文件夹　　　　　　　　　　　　　　图 1-18　M 文件分析报告

在 MATLAB 中包含搜索路径的设置命令，下面进行介绍。

（1）在命令行窗口中输入"path"，按"Enter"键，在命令行窗口中显示图 1-19 所示的目录。

图 1-19　显示目录

（2）在命令行窗口中输入"pathtool"，弹出"设置路径"对话框，如图 1-20 所示。

单击"添加文件夹"按钮，进入文件夹浏览对话框，可以把某一目录下的文件包含进搜索范围而忽略子目录。

单击"添加并包含子文件夹"按钮，进入文件夹浏览对话框，将子目录也包含进来。建议选择后者以避免一些可能的错误。

图 1-20　"设置路径"对话框

1.2.7　工作区窗口

工作区可以显示目前内存中所有的 MATLAB 变量名、数据结构、字节数与类型。不同的变量类型有不同的变量名图标。

在命令行窗口输入下面的程序。

```
>> a=2
a =
    2
>> b=5
b =
    5
```

上面的语句表示在 MATLAB 中创建了变量 a、b，并给变量赋值，同时将整个语句保存在计算机的一段内存中，也就是工作区中，如图 1-21 所示。

"主页"选项卡（见图 1-1）是 MATLAB 一个非常重要的数据分析与管理窗口。它的主要按钮功能如下。

"新建脚本"按钮：新建一个 M 文件。

"新建实时脚本"按钮：新建一个实时脚本，如图 1-22 所示。

图 1-21　工作区窗口

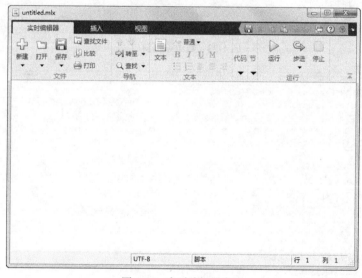

图 1-22　实时编辑器窗口

"打开"按钮：打开所选择的数据对象。单击该按钮之后，进入图 1-23 所示的数组编辑窗口，在这里可以对数据进行各种编辑操作。

"导入数据"按钮：将数据文件导入工作区。

"新建变量"按钮：创建一个变量。

"保存工作区"按钮：保存工作区数据。

"清除工作区"按钮 清除工作区：删除变量。

"Simulink"按钮：打开 Simulink 主窗口。

"布局"按钮：打开工作界面设计窗口。

"分析代码"按钮：打开代码分析器主窗口。

"收藏夹"按钮：为了方便记录，在调试 M 文件时在不同工作区之间进行切换。MATLAB 在执行 M 文件时，会把 M 文件的数据保存到其对应的工作区中，并将该工作区添加到"收藏夹"文件夹里。

"绘图"选项卡（见图 1-4）：绘制数据图形。单击右侧的下拉按钮，弹出图 1-24 所示的下拉列表，从中可以选择不同的绘制命令。

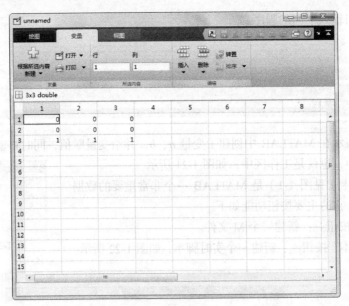

图 1-23   数组编辑窗口

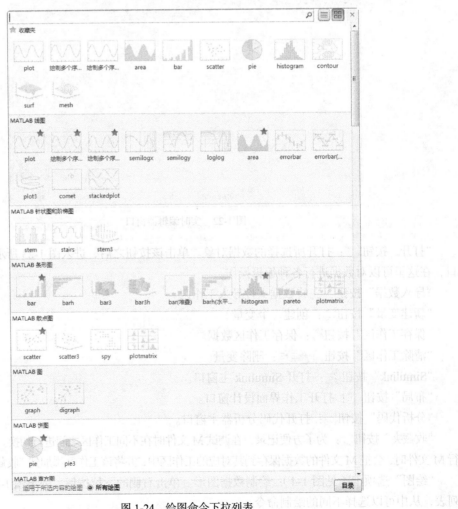

图 1-24   绘图命令下拉列表

1.2.8　图像窗口

图像窗口主要是用于显示 MATLAB 图像。MATLAB 显示的图像可以是数据的二维或三维坐标图、图片或用户图形接口。

在命令行窗口输入下面的程序。

```
>> x=0:0.2:10;
>> y=exp(x);
>> plot(x,y)
```

弹出图 1-25 所示的"Figure 1"图形窗口，在该窗口中生成默认名为 Figure 1 的图形文件，在该文件中显示程序中输入的指数函数图形。

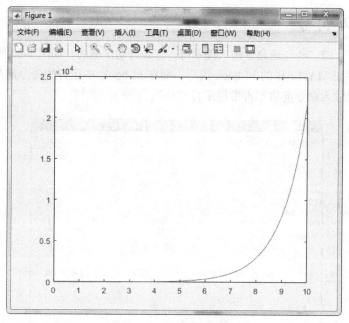

图 1-25　指数函数图形

利用图形文件中的菜单命令或工具按钮保存图形文件后，在程序中需要使用该图形时，不需要再输入上面的程序，只需要在命令行窗口中输入文件名就可以执行文件了。

1.3　MATLAB 命令的组成

MATLAB 是基于 C++语言设计的，因此语法特征与 C++语言极为相似，但是更加简单，更加符合科技人员对数学表达式（也就是命令）的书写格式要求，更利于非计算机专业的科技人员使用。而且这种语言可移植性好、可拓展性极强。

图 1-26 显示了不同的命令格式。MATLAB 中不同的字符（包括数字、字母和符号）、符号代表不同的含义，并组成丰富的表达式，满足用户的各种应用需求。本节将按照命令不同的生成方法简要介绍各种字符的功能。

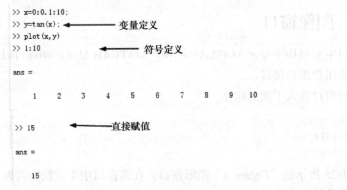

图 1-26   命令表达式

1.3.1   基本符号

命令行"头首"的">>"是命令输入提示符，它是自动生成的，如图 1-27 所示。为使内容简洁，本书中的程序用 MATLAB 的 M-book 编写，而在 M-book 中运行的命令前是没有提示符的，所以本书在此后的输入命令前将不再带提示符">>"。

图 1-27   命令行窗口

">>"为运算提示符，表示 MATLAB 处于准备就绪状态。如在提示符后输入一条命令或一段程序后按"Enter"键，MATLAB 将给出相应的结果，并将结果保存在工作区中，然后再次显示一个运算提示符，为下一段程序的输入做准备。

在 MATLAB 命令行窗口中输入文字时，会出现一个输入窗口，在中文状态下输入的括号和标点等不被认为是命令的一部分，所以一定要在英文状态下输入命令。

下面介绍几种命令输入过程中常见的错误及显示的警告与错误信息。

（1）输入的括号为中文格式。

```
>> sin（）
 sin（）
    ↑
错误：输入字符不是 MATLAB 语句或表达式中的有效字符。
```

（2）函数调用格式错误。

```
>> sin( )
错误使用 sin
输入参数的数目不足。
```

（3）缺少步骤，未定义变量。

```
>> sin(x)
未定义函数或变量 'x'。
```

（4）正确格式。

```
>> x=1
x =
    1
>> sin(x)
ans =
0.8415
```

1.3.2 功能符号

除了命令输入必需的符号外，MATLAB 为了解决命令输入过于烦琐、复杂的问题，采取了使用分号、续行符及插入变量等方法。

1. 分号

一般情况下，在 MATLAB 命令行窗口中输入命令，则系统根据命令给出计算结果。命令显示如下。

```
>> A=[1 2;3 4]
A =
    1    2
    3    4
>> B=[5 6;7 8]
B =
    5    6
    7    8
```

若不想让 MATLAB 每次都显示运算结果，只需在运算式后加上分号（;），命令显示如下。

```
>> A=[1 2;3 4];
>> B=[5 6;7 8];
>> A,B
A =
    1    2
    3    4
B =
    5    6
    7    8
```

2. 续行符

当命令太长，或出于某种需要输入的命令必须多行书写时，需要使用特殊符号"..."来处理，如图 1-28 所示。

MATLAB 用 3 个或 3 个以上的连续黑点表示"续行"，即表示下一行是上一行的继续。

```
>> y=1-1/2+1/3-1/4+ ...
1/5-1/6+1/7-1/8

y =

    0.6345
```

图 1-28　多行输入

3. 插入变量

需要解决的问题比较复杂，在采用直接输入比较麻烦，即使添加分号依旧无法解决的情况下可以引入变量，赋予变量名称与数值，最后进行计算。

变量定义之后才可以使用，未定义就会出错，显示警告信息，且警告信息字体为红色。

```
>> x
未定义函数或变量 'x'。
```

存储变量可以不必事先定义，在需要时随时定义即可。如果变量很多，则需要提前声明，同时也可以直接赋予数值，并且注释，这样方便以后区分，避免混淆。

```
>> a=1
a =
1
>> b=2
b =
2
```

直接输入"x=4*3"，则自动在命令行窗口显示结果。

```
>> x=4*3
x =
    12
```

命令中包含"赋值号"，因此表达式的计算结果被赋给了变量 y。命令执行后，变量 y 被保存在 MATLAB 的工作区中，以备后用。

若输入"x=4*3;"，则按"Enter"键后不显示输出结果，可继续输入命令，完成所有命令的输出后，显示运算结果。命令显示如下。

```
>> x=4*3;
>>
```

1.3.3　常用命令

在使用 MATLAB 编制程序时，掌握常用的操作命令或技巧，可以起到事半功倍的效果，下面详细介绍常用的命令。

1. cd：显示或改变工作目录

```
>> cd
D:\Program Files\Polyspace\R2020a\bin            %显示工作目录
```

2. clc：清除工作窗口

在命令行窗口输入"clc"，按"Enter"键，执行该命令，则自动清除命令行窗口中的所有程序，如图 1-29 所示。

3. clear：清除内存变量

在命令行窗口输入"clear"，按"Enter"键，执行该命令，则自动清除内存中变量的定义。

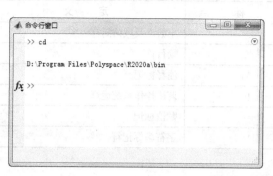

图 1-29　清除命令

给变量 *a* 赋值 1，然后清除赋值。

```
>> a=1
a =
    1
>> clear a
>> a
未定义函数或变量 'a'。
```

使用 MATLAB 编制程序时，其余常用命令见表 1-1。

表 1-1　　　　　　　　　　　　　常用的操作命令

命　令	功　能	命　令	功　能
cd	显示或改变工作目录	bold	图形保持命令
clc	清除命令行窗口	load	加载指定文件的变量
clear	清除内存变量	pack	整理内存碎片
clf	清除图形窗口	path	显示搜索目录
diary	日志文件命令	quit	退出 MATLAB
dir	显示当前目录下文件	save	保存内存变量指定文件
disp	显示变量或文字内容	type	显示文件内容
echo	命令行窗口信息显示开关		

在 MATLAB 中，一些标点符号也被赋予了特殊的意义，下面介绍常用的几种键盘按键与标点符号，见表 1-2、表 1-3。

表 1-2　　　　　　　　　　　　　键盘操作技巧表

键盘按键	说　明	键盘按键	说　明
↑	重调前一行	Home	移动到行首
↓	重调下一行	End	移动到行尾
←	向前移一个字符	Esc	清除一行
→	向后移一个字符	Del	删除光标处字符
Ctrl+←	左移一个字	Backspace	删除光标前的一个字符
Ctrl+→	右移一个字	Alt+Backspace	删除到行尾

表 1-3   标点表

标 点	定 义	标 点	定 义
:	具有多种功能	.	小数点及域访问符
;	区分行及取消运行显示等	…	续行符
,	区分列及函数参数分隔符等	%	注释标记
( )	指定运算过程中的优先顺序	!	调用操作系统运算
[ ]	矩阵定义的标志	=	赋值标记
{ }	用于构成单元数组	'	字符串标记符

1.3.4 基本数学函数

MATLAB 常用的基本数学函数见表 1-4。

表 1-4   基本数学函数

名 称	说 明	名 称	说 明
+−*/	加减乘除基本运算	sign(x)	符号函数(Signum function)。 当 $x<0$ 时，sign(x)=−1； 当 $x=0$ 时，sign(x)=0； 当 $x>0$ 时，sign(x)=1
abs(x)	求数的绝对值或向量的长度	sin(x)	正弦函数
angle(z)	复数 z 的相位角（Phase angle）	cos(x)	余弦函数
sqrt(x)	求平方根	tan(x)	正切函数
real(z)	复数 z 的实部	asin(x)	反正弦函数
imag(z)	复数 z 的虚部	acos(x)	反余弦函数
conj(z)	复数 z 的共轭复数	atan(x)	反正切函数
round(x)	四舍五入至最近整数	atan2(x,y)	四象限的反正切函数
fix(x)	无论正负，舍去小数至最近整数	sinh(x)	超越正弦函数
floor(x)	向负无穷大方向取整	cosh(x)	超越余弦函数
ceil(x)	向正无穷大方向取整	tanh(x)	超越正切函数
rat(x)	将实数 x 化为分数表示	asinh(x)	反超越正弦函数
rats(x)	将实数 x 化为多项分数展开	acosh(x)	反超越余弦函数
rem	求两整数相除的余数	atanh(x)	反超越正切函数
^	平方运算		

1.4 M 文件

　　MATLAB 作为一种高级计算机语言，以一种人机交互式的命令行方式工作，还可以像其他计算机高级语言一样进行控制流的程序设计。M 文件是使用 MATLAB 编写的程序代码文件。之所以称为 M 文件，是因为这种文件都以".m"作为文件扩展名。用户可以通过任何文本编辑器或字处理器来生成或编辑 M 文件，但是在 MATLAB 提供的 M 文件编辑器中生成或编辑 M 文件是最为简单、方便而且高效的。M 文件可以分为两种类型：一种是函数式文件；另一种是命令式文件，也有人称之为脚本文件，因为它由英文 Script 翻译而来。

选择工具栏命令"新建"→"脚本"或直接单击工具栏上的按钮█就可打开 MATLAB 文件编辑器 MATLAB Editor，用户即可在空白窗口中编写程序。

例 1-1：生成矩阵。

解：输入下面的简单程序 mm.m。

```
function f=mm
%This file is devoted to demonstrate the use of "for"
%and to create a simple matrix
for i=1:4
    for j=1:4
        a(i,j)=1/(i+j-1);
    end
end
a
```

单击文件编辑器工具栏中的按钮█，在弹出的 Windows 标准风格的"保存为"对话框中，单击"保存"按钮，就完成了文件保存。

使 mm.m 所在目录成为当前目录，或让该目录处在 MATLAB 的搜索路径上。

然后在 MATLAB 命令行窗口中运行以下程序，便可得到结果。

```
>> mm
a =
    1.0000    0.5000    0.3333    0.2500
    0.5000    0.3333    0.2500    0.2000
    0.3333    0.2500    0.2000    0.1667
    0.2500    0.2000    0.1667    0.1429
```

1.4.1　命令式文件

在 MATLAB 中，实现某项功能的一串 MATLAB 语句命令与函数组合成的文件称为命令式文件。这种 M 文件在 MATLAB 的工作区内对数据进行操作，能在 MATLAB 环境下直接执行。命令式文件不仅能够对工作区内已存在的变量进行操作，且能将建立的变量及其执行后的结果保存在 MATLAB 工作区里，供在以后的计算中使用。除此之外，命令式文件执行后的结果既可以显示输出，也能够使用 MATLAB 的绘图函数来产生图形输出结果。

由于命令式文件的运行相当于在命令行窗口中逐行输入并运行，所以用户在编制此类文件时，只需要把要执行的命令按行编辑到指定的文件中，且变量不需预先定义，也不存在文件名的对应问题。

例 1-2：M 文件的建立与执行 1。

解：在 MATLAB 命令行窗口中输入"edit"调出 M 文件编辑器；然后，在文件编辑器中输入以下内容。

```
%这是一个演示文件;
%This is a demonstration file.
x=pi
```

其中，%后的内容为注释内容，在函数执行时不起作用，用 help 命令可见。

将该 M 文件以文件名"dm1.m"保存在"X:\Program Files\Polyspace\R2020a\bin\yuanwenjian\1"

文件夹中，然后把 "X:\Program Files\Polyspace\R2020a\bin\yuanwenjian\1" 添加到 MATLAB 的搜索
路径中。

在 MATLAB 命令行窗口中输入以下内容。

```
>> dm1
x =
    3.1416
```

这就是上述 M 文件的输出结果。

在 MATLAB 命令行窗口中输入以下内容。

```
>> help dm1
```

在 MATLAB 命令行窗口中显示以下内容。

```
这是一个演示文件；
This is a demonstration file.
```

这就是文件 dm1.m 注释行的内容。

例 1-3： M 文件的建立与执行 2。

解： 在 MATLAB 命令行窗口中输入 "edit" 调出 M 文件编辑器，以文件名 "dm2.m" 保存；
然后在文件编辑器中输入以下内容。

```
%这是一个演示文件；
%This is a demonstration file.
a=input('请输入 a\n')
b=input('请输入 b\n')
```

在 MATLAB 命令行窗口中输入以下内容。

```
>> dm2
请输入 a
1      %用户输入
请输入 b
2      %用户输入
```

在工作区窗口显示 a、b 赋值结果，如图 1-30 所示，这就是上述 M 文件的输出结果。

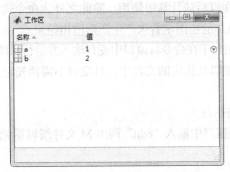

图 1-30　工作区窗口

注意：

在运行函数之前，一定要把函数文件所在的目录添加到 MATLAB 的搜索路径中，或者将函
数文件所在的目录设置成当前目录。

%后面的内容为注释内容，函数运行时，这部分内容是不起作用的，可以使用 help 命令查询。文件的扩展名必须是.m。

为保持程序的可读性，应该建立良好的书写风格。

help 命令运行后所显示的是 M 文件的注释语句的第一个连续块。被空行隔离的其他注释语句将被 MATLAB 的帮助系统忽略。

1.4.2　函数式文件

MATLAB 中的函数（即函数式文件）通常是指 MATLAB 系统中已经设计好的完成某一种特定的运算或实现某一特定功能的一个子程序。MATLAB 函数式文件是 MATLAB 中最重要的组成部分，MATLAB 提供的各种各样的工具箱几乎都是以函数形式给出的。MATLAB 的工具箱是内容极为丰富的函数库，可以实现各种各样的功能。这些函数在使用时，是被作为命令来对待的，所以函数有时又称为函数命令。

MATLAB 中的函数式文件是 M 文件的主要形式。函数式文件是能够接收输入参数并返回输出参数的 M 文件。在 MATLAB 中，函数名和 M 文件名必须相同。

值得注意的是，命令式 M 文件在运行过程中可以调用 MATLAB 工作域内的所有数据，并且所产生的所有变量均为全局变量。也就是说，这些变量一旦生成，就一直保存在内存空间中，直到用户执行命令 clear 或 quit 时为止。而在函数式文件中的变量除特殊声明外，均为局部变量。

函数式文件的标志是文件内容的第一行为 function 语句。函数式文件可以有返回值，也可以只执行操作而无返回值，大多数函数式文件有返回值。函数式文件在 MATLAB 中应用十分广泛，MATLAB 所提供的绝大多数功能都是由函数式文件实现的，这足以说明函数式文件的重要性。函数式文件执行之后，只保留最后的结果，不保留任何中间过程，所定义的变量也只在函数的内部起作用，并随着调用的结束而被清除。

例 1-4： 验证两个数是否相等。

解：（1）创建函数式文件 equal_ab.m。

```
function s=equal_ab
% 此函数用来验证两数是否相等
a=input('请输入 a\n');
b=input('请输入 b\n');
if a~=b
    input('a 不等于 b');
else
    input('a 等于 b')
end
```

（2）调用函数。

```
>> s=equal_ab
请输入 a
1              %用户输入
请输入 b
2              %用户输入
a 不等于 b
```

第2章
程序设计基础

内容指南

MATLAB 提供特有的函数，可以解决许多复杂的科学计算、工程设计问题，但在很多情况下，利用函数也无法解决复杂问题，或者解决方法过于烦琐，因此需要编写专门的程序。本节以 M 文件为基础，详细介绍程序的基本编写流程。

知识重点

- 数据类型
- 运算符
- 数值运算
- MATLAB 的帮助系统
- MATLAB 程序设计
- 函数句柄

2.1 数据类型

MATLAB 的数据类型主要包括数字、字符串、向量、矩阵、单元型数据及结构型数据。矩阵是 MATLAB 中最基本的数据类型，从本质上讲它是数组。向量可以看作只有一行或一列的矩阵（或数组）；数字也可以看作矩阵，即一行一列的矩阵；字符串也可以看作矩阵（或数组），即字符矩阵（或数组）；而单元型数据和结构型数据也可以看作以任意形式的数组为元素的多维数组，只不过结构型数据的元素具有属性名。

本书中，在不需要强调向量的特殊性时，向量和矩阵统称为矩阵（或数组）。

2.1.1 变量与常量

1. 变量

变量是任何程序设计语言的基本元素之一，MATLAB 也不例外。与常规的程序设计语言不同的是，MATLAB 并不要求事先对所使用的变量进行声明，也不需要指定变量类型，MATLAB 会自动依据所赋予变量的值或对变量所进行的操作来识别变量的类型。在赋值过程中，如果赋值变量已存在，则 MATLAB 将使用新值代替旧值，并以新值类型代替旧值类型。在 MATLAB 中变量的命名应遵循如下规则。

- 变量名必须以字母开头，之后可以是任意的字母、数字或下划线。

- 变量名区分字母的大小写。
- 变量名不超过 31 个字符，第 31 个字符以后的字符将被忽略。

与其他的程序设计语言相同，在 MATLAB 中也存在变量作用域的问题。在未加特殊说明的情况下，MATLAB 将所识别的一切变量视为局部变量，即仅在其使用的 M 文件内有效。若要将变量定义为全局变量，则应当对变量进行说明，即在该变量前加关键字 global。一般来说，全局变量均用大写的英文字母表示。

2. 常量

MATLAB 本身也具有一些预定义的变量，这些特殊的变量称为常量。表 2-1 给出了 MATLAB 中经常使用的一些特殊变量。

表 2-1　　　　　　　　　　　　　　　MATLAB 中的特殊变量

变 量 名 称	变 量 说 明
ans	MATLAB 中默认变量
pi	圆周率
eps	浮点运算的相对精度
inf	无穷大，如 1/0
NaN	不定值，如 0/0、∞/∞、$0*\infty$
i(j)	复数中的虚数单位
realmin	最小正浮点数
realmax	最大正浮点数

例 2-1：显示圆周率 pi 的值。

解：在 MATLAB 命令行窗口提示符 ">>" 后输入 "pi"，然后按 "Enter" 键，出现以下内容。

```
>> pi
ans =
3.1416
```

这里 "ans" 是指当前的计算结果，若计算时用户没有对表达式设定变量，系统就自动将当前结果赋给 "ans" 变量。

在定义变量时应避免与常量名相同，以免改变这些常量的值。如果已经改变了某个常量的值，可以通过 "clear+常量名" 命令恢复该常量的初始设定值。当然，重新启动 MATLAB 也可以恢复这些常量值。

例 2-2：给圆周率 pi 赋值 0，然后恢复。

解：MATLAB 程序如下。

```
>> pi=0           %定义变量 pi 为 0
pi =
    0
>> clear pi       %清楚常量 pi 的值
>> pi             %显示常量 pi 的值
ans =
    3.1416
```

若不想让 MATLAB 每次都显示运算结果，只需在运算式最后加上分号（；）即可；若要显示变量 a 的值，直接键入 a 即可。

例 2-3：显示输入值。

解：MATLAB 程序如下。

```
>> a=1
a =
    -1
```

3. 变量查询

MATLAB 提供了查询变量是否存现在的函数，函数 exist 用来检查变量、脚本、函数、文件夹或类的存在情况，它的函数调用格式见表 2-2。

表 2-2   精度设置函数

调 用 格 式	说 明
exist name	以数字形式返回 name 的类型。此列表描述与每个值关联的类型 0：name 不存在或因其他原因找不到。例如，如果 name 存在于 MATLAB®不能访问的受限文件夹中，exist 将返回 0 1：name 是工作区中的变量 2：name 是扩展名为.m、.mlx 或.mlapp 的文件，name 是具有未注册文件扩展名（.mat、.fig、.txt）的文件的名称 3：name 是 MATLAB 搜索路径上的 MEX 文件 4：name 是已加载的 Simulink®模型或位于 MATLAB 搜索路径上的 Simulink 模型或库文件 5：name 是内置 MATLAB 函数，不包括类 6：name 是 MATLAB 搜索路径上的 P 代码文件 7：name 是文件夹 8：name 是类（如果使用-nojvm 选项启动 MATLAB，则 exist 对 Java 类返回 0）
exist name searchType	返回 searchTypede 类型（见表 2-3）的 name
A = exist(⋯)	将 name 的类型返回到 **A**

表 2-3   searchType 类型

searchType	说 明	可能返回的值
builtin	只检查内置函数	5、0
class	只检查类	8、0
dir	只检查文件夹	7、0
file	只检查文件或文件夹	2、3、4、6、7、0
var	只检查变量	1、0

函数 exist 不检查文件的内容或内部结构，只依赖文件扩展名进行分类。搜索从搜索路径的顶层开始并向下移动，直到找到结果或到达路径上的最后一个文件夹。如果一个文件夹中存在多个 name，根据函数优先顺序，MATLAB 将显示 name 的第一个实例。文件夹是函数优先级规则的例外。除变量和内置函数外，它们的优先级高于所有类型。

2.1.2 数值

MATLAB 以矩阵为基本运算单元，而构成矩阵的基本单元是数值。为了更好地学习和掌握矩阵的运算，首先对数值的基本知识作简单介绍。

1．数值类型

数值包含整型、浮点型和复数型 3 种类型。

（1）整型

整型数据是不包含小数部分的数值型数据，用字母 I 表示。整型数据只用来表示整数，以二进制形式存储。下面介绍整型数据的分类。

- char：字符型数据，属于整型数据的一种，占用 1 字节。
- unsigned char：无符号字符型数据，属于整型数据的一种，占用 1 字节。
- short：短整型数据，属于整型数据的一种，占用 2 字节。
- unsigned short：无符号短整型数据，属于整型数据的一种，占用 4 字节。
- int：整形数据，属于整型数据的一种，占用 4 字节。
- unsigned int：无符号整型数据，属于整型数据的一种，占用 4 字节。
- long：长整型数据，属于整型数据的一种，占用 4 字节。
- unsigned long：无符号长整型数据，属于整型数据的一种，占用 4 字节。

例 2-4：练习十进制数字的显示。

解：MATLAB 程序如下。

```
>> 63.00000
ans =
    63
>> 63
ans =
    63
>> .3
ans =
   0.3000
>> .06
ans =
   0.0600
```

（2）浮点型

浮点型数据只采用十进制表示，有两种形式，分别是十进制数形式和指数形式。

① 十进制数形式，由数码 0～9 和小数点组成。如 0.0、.25、5.789、0.13、5.0、300.、-267.8230。

② 指数形式，由十进制数、加阶码标志"e"或"E"以及阶码（只能为整数，可以带符号）组成。其一般形式如下。

$$a \, \mathbf{E} \, n$$

其中，a 为十进制数，n 为十进制整数，表示的值为 $a \times 10^n$。

2.1E5 等于 2.1×10^5，3.7E-2 等于 3.7×10^{-2}，0.5E7 等于 0.5×10^7，-2.8E-2 等于 -2.8×10^{-2}。

例 2-5：练习指数数字的显示。

解：MATLAB 程序如下。

```
>> 6E6
ans =
   6000000
>> 3e3
ans =
   3000
>> 4e1
```

```
ans =
    40
>> 1.5e5
ans =
    150000
```

下面介绍常见的不合法的实数。

- E7：阶码标志 E 之前无数字。
- 53.-E3：负号位置不对。
- 2.7E：无阶码。

浮点型变量还可分为两类：单精度型和双精度型。

① float：单精度说明符，占 4 字节（32 位）内存空间，其数值范围为 3.4E-38 ~ 3.4E+38，只能提供 7 位有效数字。

② double：双精度说明符，占 8 字节（64 位）内存空间，其数值范围为 1.7E-308 ~ 1.7E+308，可提供 16 位有效数字。

（3）复数型

把形如 $z = a+bi$（a、b 均为实数）的数称为复数，其中 a 称为实部，b 称为虚部，i 称为虚数单位。

当虚部等于零时，这个复数可以视为实数；当 z 的虚部不等于零时，实部等于零时，常称 z 为纯虚数。

复数中的实数 a 称为复数 z 的实部（real part)记作 Rez=a，实数 b 称为复数 z 的虚部（imaginary part）记作 Imz=b。

当 a=0 且 $b≠0$ 时，$z=bi$，将该复数称为纯虚数。

复数的四则运算规定如下。

- 加法法则：$(a+bi) + (c+di) = (a+c) + (b+d) i$。
- 减法法则：$(a+bi) - (c+di) = (a-c) + (b-d) i$。
- 乘法法则：$(a+bi) × (c+di) = (ac-bd) + (bc+ad) i$。
- 除法法则：$(a+bi) / (c+di) =[(ac+bd) / (c^2+d^2)]+[(bc-ad) / (c^2+d^2)]i$。

例 2-6：练习复数的显示。

解：MATLAB 程序如下。

```
>> 2-2i
ans =
  2.0000-2.0000i
>> 2-8i
ans =
  2.0000 - 8.0000i
>> 5-6j
ans =
  5.0000 - 6.0000i
>> 2i
ans =
  0.0000 + 2.0000i
>> -3i
ans =
  0.0000 - 3.0000i
```

2. 数值变量的计算

将数字的值赋给变量，那么此变量称为数值变量。在 MATLAB 下进行简单数值运算，只需将运算式直接键入提示号（>>）之后，并按"Enter"键即可。例如，要计算 145 与 25 的乘积，可以直接输入以下程序。

```
>> 15*25
ans =
       375
```

用户也可以输入以下程序。

```
   >> x=15*25
x =
       375
```

此时 MATLAB 就把计算值赋给指定的变量 x 了。

当表达式比较复杂或重复出现的次数太多时，更好的办法是先定义变量，再由变量表达式计算得到结果。

例 2-7：分别计算 $y = \dfrac{1}{x^2 + (x-1)^5}$ 在 x=20、40、60、80 处的函数值。

解：MATLAB 程序如下。

```
>> x=20:20:80;
>> y=1./((x).^2+(x-1).^5)        %点除运算"./"是对每一个 x 做除法运算
y =
    1.0e-06 *
    0.4038    0.0111    0.0014    0.0003
```

3. 数字的显示格式

一般而言，在 MATLAB 中数据的存储与计算都是以双精度进行的，但有多种显示形式。在默认情况下，若数据为整数，就以整数表示；若数据为实数，则以保留小数点后 4 位的精度近似表示。

用户可以改变数字显示格式。控制数字显示格式的命令是 format，其调用格式见表 2-4。

表 2-4　　　　　　　　　　　　　format 调用格式

调　用　格　式	说　　　明
format short	5 位定点表示（默认值）
format long	15 位定点表示
format short e	5 位浮点表示
format long e	15 位浮点表示
format short g	在 5 位定点和 5 位浮点中选择最好的格式表示，MATLAB 自动选择
format long g	在 15 位定点和 15 位浮点中选择最好的格式表示，MATLAB 自动选择
format hex	16 进制格式表示
format +	在矩阵中，用符号+、-和空格表示正号、负号和零
format bank	用美元与美分定点表示
format rat	以有理数形式输出结果
format compact	变量之间没有空行
format loose	变量之间有空行

例 2-8：控制数字显示格式示例。

解：MATLAB 程序如下。

```
>> format long , 0.1              %设置以长整型格式显示 0.1

ans =

   0.100000000000000

>> format short , 1.1            %设置以短整型格式显示 1.1

ans =

   1.1000

>> format hex,1.1                %设置以 16 进制格式显式 1.1

ans =

   3ff199999999999a

>> format rat,1.1                %设置以有理数格式显式 1.1

ans =

    11/10

>> format compact      %变量之间没有空行
>> format rat,1.1
ans =
    11/10
>> format loose        %变量之间没有空行
>> format rat,1.1

ans =

    11/10
```

提示：

使用 format compact 命令可取消变量间的空行。

默认情况下，为方便变量的区分与显示，变量间显示一行空行。在本书程序代码中为节省空间，减少页码，删除运行结果间无用的空行。

本实例中为突出空行显示命令，不删除程序代码中的空行。

2.1.3　字符串

字符和字符串运算是各种高级语言必不可少的部分。MATLAB 作为一种高级的数字计算语言，字符串运算功能同样是很丰富的，特别是 MATLAB 增加了自己的符号运算工具箱（Symbolic toolbox）之后，字符串函数的功能进一步得到增强。而且此时的字符串已不再是简单的字符串运算，而是 MATLAB 符号运算表达式的基本构成单元。

1．直接赋值定义

在 MATLAB 中，所有的字符串都应用单引号设定后输入或赋值（yesinput 命令除外）。单引号显示字符向量。

```
>> a='this is MATLAB 2020'
a =
    this is a MATLAB 2020
```

从 MATLAB 2017a 开始，用户可以使用双引号创建字符串标量。MATLAB 还显示带有双引号的字符串，使用函数 char 将转换为字符向量。

```
>> a="this is MATLAB 2020"
a =
    "this is MATLAB 2020"
>> c=char(a)
c =
    'this is MATLAB 2020'
```

对字符串进行定义后，可对字符串进行简单操作。MATLAB 对字符串的操作见表 2-5。

表 2-5　　　　　　　　　　　字符串操作函数表

函 数 名	说　　明	函 数 名	说　　明
strcat	水平串联字符串	strtok	寻找字符串中的记号
append	合并字符串	strcmpi	比较字符串（不区分大小写）
strcmp	比较字符串	upper	转换字符串为大写
strncmp	比较字符串的前 n 个字符	lower	转换字符串为小写
replace	查找并替换一个或多个子字符串	blanks	生成空字符串
strjust	对齐字符数组	deblank	移去字符串内空格
strrep	查找并替换子字符串	strfind	在一个字符串中找到另一个字符串

例 2-9：字符数组运算。

解：MATLAB 程序如下。

（1）由函数 char 来生成字符数组。

```
>> a=char('M','A','T','L','A','B');
>> a'
ans =
    'MATLAB'
```

（2）计算字符大小。

在 MATLAB 中，字符串与字符数组基本上是等价的。可以用函数 size 来查看数组的维数。

```
>> size(a)
ans=
    6   1
```

（3）显示字符元素。

字符串的每个字符（包括空格）都是字符数组的一个元素。

```
>> a(2)
ans =
    'A'
```

（4）链接串。

使用该函数将几个字符串连接成一个字符串。

```
>> x='this';
>> y=' is';
>> z=strcat(x,y)
z =
this is
```

（5）替代串。

使用一个字符串替换另一个字符串。

```
>> x='who are you';
>> y='how';
>> z=strrep(x,'who',y)
z =
how are you
```

2. 函数 char 来生成字符数组

char 将一小段文本作为一行字符存储在字符向量中。char 函数的调用格式见表 2-6。

表 2-6　　　　　　　　　　　　　　char 调用格式

命　　令	说　　明
C = char(A)	将数组 *A* 转换为字符数组
C = char(A1,⋯,An)	将数组 *A*1，*A*2，⋯，*An* 转换为字符矩阵
C = char(D)	将日期时间、持续时间或日历持续时间数组转换为指定 Format 属性格式的字符数组 *D*。输出每行包含一个日期或持续时间
C = char(D,fmt)	指定格式的日期或持续时间，例如 "HH:mm:ss"
C = char(D,fmt,locale)	表示指定区域设置中的日期或持续时间，用于表示字符向量（如月名和日名）的语言

32～127 的整数对应于可打印的 ASCII 字符。0～65535 的整数也对应于 Unicode 字符。使用函数 char 将整数转换为它们对应的 Unicode 表示。

例 2-10：将数值数组转换字符数组。

解：MATLAB 程序如下。

```
>> A = [77 65 84 76 65 66];
>> C = char(A)
C =
'MATLAB'
```

例 2-11：转换摄氏度的符号。

解：MATLAB 程序如下。

```
>> C = char(8451)
C =
    '℃'
```

例 2-12：连接字符串数组

解：MATLAB 程序如下。

```
>> A1 = [65 66; 67 68];
>> A2 = 'abcd';
>> C = char(A1,A2)
C =
  3×4 char 数组
    'AB '
```

```
'CD  '
'abcd'
```

例 2-13：转换时间字符数组。

解：MATLAB 程序如下。

```
>> D = hours(13:25) + minutes(10) + seconds(1.5)
D =
  1×13 duration 数组
1 至 6 列
   13.167 小时   14.167 小时   15.167 小时   16.167 小时   17.167 小时   18.167 小时
7 至 12 列
   19.167 小时   20.167 小时   21.167 小时   22.167 小时   23.167 小时   24.167 小时
13 列
   25.167 小时
>> C=char(D)
C =
  13×8 char 数组
  '13.167 小时'
  '14.167 小时'
  '15.167 小时'
  '16.167 小时'
  '17.167 小时'
  '18.167 小时'
  '19.167 小时'
  '20.167 小时'
  '21.167 小时'
  '22.167 小时'
  '23.167 小时'
  '24.167 小时'
  '25.167 小时'
```

2.1.4 向量

1. 向量的生成

向量的生成有直接输入法、冒号法和利用 MATLAB 函数创建 3 种方法。

（1）直接输入法

生成向量最直接的方法就是在命令行窗口中直接输入。格式要求如下。

● 向量元素需要用"[ ]"括起来。

● 元素之间可以用空格、逗号或分号分隔。

说明：

用空格和逗号分隔生成行向量，用分号分隔形成列向量。

例 2-14：向量的生成的直接输入法示例。

解：MATLAB 程序如下。

```
>> x=[2 4 6 8]
x =
   2    4    6    8
```

又或者以下程序。

```
>> x=[1;2;3]
x =
        1
        2
        3
```

（2）冒号法

基本格式是 x=first:increment:last，表示创建一个从 first 开始，到 last 结束，数据元素的增量为 increment 的向量。若增量为 1，上面创建向量的方式简写为 x=first:last。

例 2-15：创建一个从 0 开始、增量为 1、到 5 结束的向量 *x*。

解：MATLAB 程序如下。

```
>> x=0:1:5
x =
     0     1     2     3     4     5
```

（3）利用 MATLAB 函数创建

① 利用函数 linspace 创建向量。linspace 通过直接定义数据元素个数，而不是数据元素直接的增量来创建向量。此函数的调用格式如下。

● linspace(first_value,last_value)：返回从 first_value、last_value 结束之间 100 个等距点的行向量。

● linspace(first_value,last_value,number)：该调用格式表示创建一个从 first_value 开始 last_value 结束，包含 number 个元素的向量。

例 2-16：创建一个从-10 到 10 的向量 *x*。

解：MATLAB 程序如下。

```
>> x=linspace(-10,10)
x =
 1 至 7 列
 -10.0000  -9.7980  -9.5960  -9.3939  -9.1919  -8.9899  -8.7879
 8 至 14 列
 -8.5859  -8.3838  -8.1818  -7.9798  -7.7778  -7.5758  -7.3737
 15 至 21 列
 -7.1717  -6.9697  -6.7677  -6.5657  -6.3636  -6.1616  -5.9596
 22 至 28 列
 -5.7576  -5.5556  -5.3535  -5.1515  -4.9495  -4.7475  -4.5455
 29 至 35 列
 -4.3434  -4.1414  -3.9394  -3.7374  -3.5354  -3.3333  -3.1313
 36 至 42 列
 -2.9293  -2.7273  -2.5253  -2.3232  -2.1212  -1.9192  -1.7172
 43 至 49 列
 -1.5152  -1.3131  -1.1111  -0.9091  -0.7071  -0.5051  -0.3030
 50 至 56 列
 -0.1010   0.1010   0.3030   0.5051   0.7071   0.9091   1.1111
 57 至 63 列
  1.3131   1.5152   1.7172   1.9192   2.1212   2.3232   2.5253
 64 至 70 列
  2.7273   2.9293   3.1313   3.3333   3.5354   3.7374   3.9394
 71 至 77 列
```

```
  4.1414    4.3434    4.5455    4.7475    4.9495    5.1515    5.3535
78 至 84 列
  5.5556    5.7576    5.9596    6.1616    6.3636    6.5657    6.7677
85 至 91 列
  6.9697    7.1717    7.3737    7.5758    7.7778    7.9798    8.1818
92 至 98 列
  8.3838    8.5859    8.7879    8.9899    9.1919    9.3939    9.5960
99 至 100 列
  9.7980   10.0000
```

例 2-17：创建一个从-10 开始、到 10 结束、包含 10 个数据元素的向量 **x**。

解：MATLAB 程序如下。

```
>> x=linspace(-10,10,10)
x =
  1 至 7 列
  -10.0000   -7.7778   -5.5556   -3.3333   -1.1111    1.1111    3.3333
  8 至 10 列
    5.5556    7.7778   10.0000
```

例 2-18：创建一个从 1+2i 开始、到 10-2i 结束、包含 6 个数据复数元素的向量 **x**。

解：MATLAB 程序如下。

```
>> x= linspace(1+2i,10-2i,6)
x =
  1 至 3 列
  1.0000 + 2.0000i   2.8000 + 1.2000i   4.6000 + 0.4000i
  4 至 6 列
  6.4000 - 0.4000i   8.2000 - 1.2000i   10.0000 - 2.0000i
```

② 利用函数 logspace 创建一个对数分隔的向量。与 linspace 一样，logspace 也通过直接定义向量元素个数，而不是数据元素之间的增量来创建数组。logspace 的调用格式如下。

logspace(first_value, last_value)：创建一个在 10first_value 到 10last_value 间产生 50 个对数间隔点的行向量。

logspace(first_value, last_value,number)：创建一个从 10first_value 开始，到 10last_value 结束，包含 number 个数据元素的向量。

logspace(first_value, pi)：创建一个从 10first_value 开始，到 pi 的向量。

例 2-19：创建一个从 10 开始，到 10^3 结束，包含 3 个数据元素的向量 **x**。

解：MATLAB 程序如下。

```
>> x=logspace(1,3,3)
x =
        10         100        1000
```

2. 向量元素的引用

向量元素引用的方式见表 2-7。

表 2-7　　　　　　　　　　　　　　向量元素引用的方式

格　　式	说　　明
x(n)	表示向量中的第 n 个元素
x(n1:n2)	表示向量中的第 $n1$ 至 $n2$ 个元素

例 2-20：向量元素的引用示例。

解：MATLAB 程序如下。

```
>> x=[1 2 3 4 5];
>> x(1:3)
ans =
     1     2     3
```

2.1.5 矩阵

MATLAB 即 Matrix Laboratory（矩阵实验室）的缩写，可见该软件在处理矩阵问题上的优势。本节主要介绍如何用 MATLAB 进行"矩阵实验"，即如何生成矩阵，如何对已知矩阵进行各种变换等。

1. 矩阵的生成

矩阵的生成主要有直接输入法、利用 M 文件创建、利用文本文件创建、利用函数创建等。

（1）直接输入法

在键盘上直接按行方式输入矩阵是最方便、最常用的创建数值矩阵的方法，尤其适合简单矩阵。在用此方法创建矩阵时，应当注意以下几点。

- 输入矩阵时要以"[ ]"为其标识符号，矩阵的所有元素必须都在括号内。
- 矩阵同行元素之间由空格（个数不限）或逗号分隔，行与行之间用分号或"Enter"键分隔。
- 矩阵大小不需要预先定义。
- 矩阵元素可以是运算表达式。
- 若"[ ]"中无元素，表示空矩阵。
- 如果不想显示中间结果，可以用";"结束。

例 2-21：创建元素均是 1 的 5×5 矩阵。

解：MATLAB 程序如下。

```
>> a=[1 1 1 1 1;1 1 1 1 1;1 1 1 1 1;1 1 1 1 1;1 1 1 1 1]
a =
     1     1     1     1     1
     1     1     1     1     1
     1     1     1     1     1
     1     1     1     1     1
     1     1     1     1     1
```

在输入矩阵时，MATLAB 允许方括号里还有方括号。

例 2-22：创建一个 3 阶方阵。

解：MATLAB 程序如下。

```
>> [[1 2 3];[2 4 6];7 8 9]
ans =
     1     2     3
     2     4     6
     7     8     9
```

（2）利用 M 文件创建

当矩阵的规模比较大时，直接输入法就显得笨拙，容易出差错且不易修改。为了解决这些问题，可以将所要输入的矩阵按格式先写入文本文件中，并将此文件以 .m 为其扩展名，即 M 文件。

M 文件是一种可以在 MATLAB 环境下运行的文本文件，它可以分为命令式文件和函数式文件两种。在此处主要用到的是命令式 M 文件，用它的简单形式来创建大型矩阵。在 MATLAB 命令行窗口中输入 M 文件名，所要输入的大型矩阵即可被输入到内存中。

例 2-23：编制 2018 年度机械故障员工需求量矩阵。

解：在 M 文件编辑器中编制一个名为 skills.m 的 M 文件。

首先，用任何一个字处理软件编写以下内容。

```
% skills.m
% 创建一个 M 文件，用以输入每一素质员工需求量矩阵
number=[0 10 6 4;0 10 6 4;0 17 4 4;0 17 4 2;0 16 6 2;0 5 2 1;0 5 2 1;0 18 8 1;0 14 10 0]
```

然后，以 skills.m 为文件名保存文件。

例 2-24：运行机械故障员工需求量矩阵 M 文件。

解：在 MATLAB 命令行窗口中输入文件名，得到下面的结果。

```
>> skills
number =
     0    10     6     4
     0    10     6     4
     0    17     4     4
     0    17     4     2
     0    16     6     2
     0     5     2     1
     0     5     2     1
     0    18     8     1
     0    14    10     0
```

在通常的使用中，上例中的矩阵还不算"大型"矩阵，此处只是借例说明。

注意：

M 文件中的变量名与文件名不能相同，否则会造成变量名和函数名的混乱。

（3）利用文本文件创建

MATLAB 中的矩阵还可以由文本文件创建，即在文件夹（通常为 work 文件夹）中建立 txt 文件，在命令行窗口中直接调用此文件名即可。

例 2-25：用记录正弦数据的文本文件 data.txt 中的数据创建矩阵 x。

解：① 事先在记事本中建立文件 data.txt。

```
    1
0.995
0.9801
0.9553
0.9211
......
```

② 以 data.txt 为文件名保存文件，在 MATLAB 命令行窗口中输入以下命令。

```
>> load data.txt
>> data
data =
    1.0000
    0.9950
    0.9801
......
```

由此创建正弦数据矩阵。

```
data =
    1.0000
    0.9950
    0.9801
......
```

（4）利用函数创建

用户可以直接用函数来生成某些特定的矩阵，常用的函数有以下几种。

- eye(n)：创建 $n \times n$ 的单位矩阵。
- eye(m,n)：创建 $m \times n$ 的单位矩阵。
- eye(size(A))：创建与 *A* 维数相同的单位矩阵。
- ones(n)：创建 $n \times n$ 的全 1 矩阵。
- ones(m,n)：创建 $m \times n$ 的全 1 矩阵。
- ones(size(A))：创建与 *A* 维数相同的全 1 矩阵。
- zeros(m,n)：创建 $n \times n$ 的全 0 矩阵。
- zeros(size(A))：创建与 *A* 维数相同的全 0 矩阵。
- rand(n)：在[0,1]区间内创建一个 $n \times n$ 均匀分布的随机矩阵。
- rand(m,n)：在[0,1]区间内创建一个 $m \times n$ 均匀分布的随机矩阵。
- rand(size(A))：在[0,1]区间内创建一个与 *A* 维数相同的均匀分布的随机矩阵。
- compan(P)：创建系数向量是 *P* 的多项式的伴随矩阵。
- diag(v)：创建以向量 *v* 中的元素为对角的对角矩阵。
- hilb(n)：创建 $n \times n$ 的 Hilbert 矩阵。

例 2-26：特殊矩阵生成示例。

解：在 MATLAB 命令行窗口中输入以下命令。

```
>> eye(4,4)
ans =
    1    0    0    0
    0    1    0    0
    0    0    1    0
    0    0    0    1
>> zeros(2)
ans =
    0    0
    0    0
>> zeros(3,2)
ans =
    0    0
    0    0
    0    0
>> ones(3,2)
ans =
    1    1
    1    1
    1    1
>> ones(3)
ans =
    1    1    1
```

```
         1     1     1
         1     1     1
>> rand(3)
ans =
      0.8147    0.9134    0.2785
      0.9058    0.6324    0.5469
      0.1270    0.0975    0.9575
>> rand(3,2)
ans =
      0.9649    0.9572
      0.1576    0.4854
      0.9706    0.8003
>> magic(3)
ans =
      8     1     6
   3     5     7
   4     9     2
>> hilb(3)
ans =
   1.0000    0.5000    0.3333
   0.5000    0.3333    0.2500
   0.3333    0.2500    0.2000
>> invhilb(3)
ans =
    9    -36     30
  -36    192   -180
   30   -180    180
```

2. 矩阵元素的修改

矩阵建立起来之后，还需要对其元素进行修改。表 2-8 列出了常用的矩阵元素修改命令。

表 2-8   矩阵元素修改命令

命　令　名	说　　　明
D=[A;B C]	A 为原矩阵，B、C 中包含要扩充的元素，D 为扩充后的矩阵
A(m,:)=[]	删除 A 的第 m 行
A(:,n)=[]	删除 A 的第 n 列
A（m,n）=a; A(m,:)=[a b…]; A(:,n)=[a b…]	对 A 的第 m 行第 n 列的元素赋值；对 A 的第 m 行赋值；对 A 的第 n 列赋值

例 2-27：矩阵的修改示例。

解：在 MATLAB 命令行窗口中输入以下命令。

```
>> A = magic(5);
>> A(:, 4:5) = []
A =
   17    24     1
   23     5     7
    4     6    13
   10    12    19
   11    18    25
```

例 2-28：创建 3 维矩阵。

解：在 MATLAB 命令行窗口中输入以下命令。

```
>> A = zeros(3,2,3)
A(:,:,1) =
     0     0
     0     0
     0     0
A(:,:,2) =
     0     0
     0     0
     0     0
A(:,:,3) =
     0     0
     0     0
     0     0
```

3. 矩阵的变维

矩阵的变维可以用符号":"和函数 reshape。函数 reshape 的调用形式如下。

reshape(X,m,n)：将已知矩阵变维成 m 行 n 列的矩阵

例 2-29：矩阵的变维示例。

解：在 MATLAB 命令行窗口中输入下页命令。

```
>> A=1:12;
>> B=reshape(A,2,6)
B =
     1     3     5     7     9    11
     2     4     6     8    10    12
>> C=zeros(3,4);              %用 "：" 法必须先设定修改后矩阵的形状
>> C(:)=A(:)
C =
     1     4     7    10
     2     5     8    11
     3     6     9    12
```

4. 矩阵的变向

常用的矩阵变向命令见表 2-9。

表 2-9   矩阵变向命令

命 令 名	说　　明
rot90(A)	将 A 逆时针方向旋转 90°
rot90(A,k)	将 A 逆时针方向旋转 90°×k，k 可为正整数或负整数
fliplr(X)	将 X 左右翻转
flipud(X)	将 X 上下翻转
flipdim(X,dim)	dim=1 时对行翻转，dim=2 时对列翻转

例 2-30：矩阵的变向示例。

解：MATLAB 程序如下。

```
>> C=rand(3,3)
C =
    0.8147    0.9134    0.2785
    0.9058    0.6324    0.5469
    0.1270    0.0975    0.9575
>> flipdim(C,1)
ans =
    0.1270    0.0975    0.9575
```

```
     0.9058    0.6324    0.5469
     0.8147    0.9134    0.2785
>> flipdim(C,2)
ans =
     0.2785    0.9134    0.8147
     0.5469    0.6324    0.9058
     0.9575    0.0975    0.1270
```

5. 矩阵的抽取

对矩阵元素的抽取主要是指对角元素和上（下）三角矩阵的抽取。对角矩阵和三角矩阵的抽取命令见表 2-10。

表 2-10   对角矩阵和三角矩阵的抽取命令

命 令 名	说 明
diag(X,k)	抽取矩阵 X 的第 k 条对角线上的元素向量。k 为 0 时即抽取主对角线；k 为正整数时，抽取上方第 k 条对角线上的元素；k 为负整数时，抽取下方第 k 条对角线上的元素
diag(X)	抽取主对角线
diag(v,k)	使得 v 为所得矩阵第 k 条对角线上的元素向量
diag(v)	使得 v 为所得矩阵主对角线上的元素向量
tril(X)	提取矩阵 X 的主下三角部分
tril(X,k)	提取矩阵 X 的第 k 条对角线下面的部分（包括第 k 条对角线）
triu(X)	提取矩阵 X 的主上三角部分
triu(X,k)	提取矩阵 X 的第 k 条对角线上面的部分（包括第 k 条对角线）

例 2-31：矩阵抽取示例。

解：MATLAB 程序如下。

```
>> A=hilb(4)
A =
     1.0000    0.5000    0.3333    0.2500
     0.5000    0.3333    0.2500    0.2000
     0.3333    0.2500    0.2000    0.1667
     0.2500    0.2000    0.1667    0.1429
>> v=diag(A,2)
v =
     0.3333
     0.2000
>> tril(A,-1)
ans =
          0         0         0         0
     0.5000         0         0         0
     0.3333    0.2500         0         0
     0.2500    0.2000    0.1667         0
>> triu(A)
ans =
     1.0000    0.5000    0.3333    0.2500
          0    0.3333    0.2500    0.2000
          0         0    0.2000    0.1667
          0         0         0    0.1429
```

2.1.6 单元型变量

单元型变量是以单元为元素的数组，每个元素称为单元，每个单元可以包含其他类型的数组，如实数矩阵、字符串、复数向量。单元型变量通常由"{}"创建，其数据通过数组下标来引用。

1. 单元型变量的创建

单元型变量的定义有两种方式，一种是用赋值语句直接定义，另一种是对单元元素逐个赋值。

（1）用赋值语句直接定义

在直接赋值过程中，与在矩阵的定义中使用中括号不同，单元型变量的定义需要使用大括号，而元素之间由逗号隔开。

例 2-32：创建一个 2×2 的单元型数组。

解：MATLAB 程序如下。

```
>> A=[1 2;3 4];
>> B=3+2*i;
>> C='efg';
>> D=2;
>> E={A,B,C,D}
E =
    [2x2 double]    [3.0000 + 2.0000i]    'efg'    [2]
```

MATLAB 会根据显示的需要决定是将单元元素完全显示，还是只显示存储量来代替。

（2）对单元元素逐个赋值

该方法的操作方式是先预分配单元型变量的存储空间，然后对变量中的元素逐个进行赋值。实现预分配存储空间的函数是 cell。

上面例子中的单元型变量 E 还可以用以下方式定义。

```
>> E=cell(1,3);
>> E{1,1}=[1:4];
>> E{1,2}=B;
>> E{1,3}=2;
>> E
E=
    [1x4 double]    [3.0000 + 2.0000i]    [2]
```

2. 单元型变量的引用

单元型变量的引用应当采用大括号作为下标的标识符，而小括号作为下标标识符则只显示该元素的压缩形式。

例 2-33：单元型变量的引用示例。

解：MATLAB 程序如下。

```
>> A=[1 2;3 4];  % 创建数值矩阵 A
>> B='a b';  % 创建复数 B
>> E={A,B}  % 使用大括号定义单元型变量，元素键使用逗号间隔
E =
  1×2 cell 数组
    {2×2 double}    {'a b'}
>> E{1}  % 使用大括号引用单元型变量的第一个元素
ans =
    1    2
    3    4
>> E(1)  使用大括号引用单元型变量的第一个元素，显示该元素的压缩形式
ans =
  1×1 cell 数组
    {2×2 double}
```

3. MATLAB 中有关单元型变量的函数

MATLAB 中有关单元型变量的函数见表 2-11。

表 2-11   MATLAB 中有关单元型变量的函数

函 数 名	说 明
cell	生成单元型变量
cell2mat	将元胞数组转换为基础数据类型的普通数组
cell2table	将元胞数组转换为表
cellfun	对单元型变量中的元素作用的函数
celldisp	显示单元型变量的内容
cellplot	用图形显示单元型变量的内容
num2cell	将树枝转换成单元型变量
deal	输入、输出处理
cell2struct	将单元型变量转换成结构型变量
struct2cell	将结构型变量转换成单元型变量
iscell	判断是否为单元型变量
reshape	改变单元数组的结构

例 2-34：判断例 2-33 中 E 的元素是否为逻辑变量。

解：MATLAB 程序如下。

```
>> C = {1,2,3;
      'text',rand(5,10,2),{11; 22; 33}}   % 创建单元型变量
C =
  2×3 cell 数组
    {[   1]}    {[      2]}       {[   3]}
    {'text'}    {5×10×2 double}    {3×1 cell}
>> cellfun('islogical',C)     % 确定单元型变量中的元素是否为逻辑数组
ans =
  2×3 logical 数组
   0   0   0
   0   0   0
>> cellplot(C)                        % 用图形显示单元型变量的内容
```

结果如图 2-1 所示。

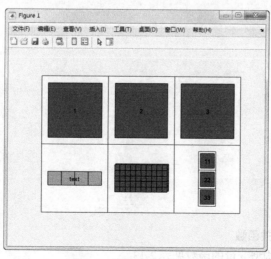

图 2-1   图形单元变量输出

2.1.7 结构型变量

1. 结构型变量的创建和引用

结构型变量是根据属性名（field）组织起来的不同数据类型的集合。结构的任何一个属性可以包含不同的数据类型，如字符串、矩阵等。结构型变量用函数 struct 来创建，其调用格式见表 2-12。

结构型变量数据通过属性名来引用。

表 2-12　　　　　　　　　　　　　　　　struct 调用格式

调 用 格 式	说　　明
s=struct('field',{},'field2',{},…)	表示建立一个空的结构数组，不含数据
s=struct('field',values1,'field2',values2,…)	表示建立一个具有属性名和数据的结构数组

例 2-35：创建一个结构型变量。

解：MATLAB 程序如下。

```
>> a=struct('school',{'No 1','No 2','No 3','No 4'},'grade',{1,2,3,4})
a =
  包含以下字段的 1×4 struct 数组:
    school
    grade
>> a.school
ans =
    'No 1'
ans =
    'No 2'
ans =
    'No 3'
ans =
    'No 4'
>> a.grade
ans =
    1
ans =
    2
ans =
    3
ans =
    4
>> a(1)
ans =
  包含以下字段的 struct:
    school: 'No 1'
     grade: 1
```

2. 结构型变量的相关函数

MATLAB 中有关结构型变量的函数见表 2-13。

表 2-13　　　　　　　　　　　　　　　MATLAB 结构型变量的函数

函 数 名	说 明
struct	创建结构型变量
fieldnames	得到结构型变量的属性名
getfield	得到结构型变量的属性值
setfield	设定结构型变量的属性值
rmfield	删除结构型变量的属性
isfield	判断是否为结构型变量的属性
isstruct	判断是否为结构型变量

2.2　运算符

MATLAB 提供了丰富的运算符，能满足用户的各种应用。这些运算符包括算术运算符、关系运算符和逻辑运算符 3 种。本节将简要介绍各种运算符的功能。

2.2.1　算术运算符

MATLAB 的算术运算符见表 2-14。

表 2-14　　　　　　　　　　　　　　　MATLAB 语言的算术运算符

运 算 符	定 义
+	算术加
-	算术减
*	算术乘
.*	点乘
^	算术乘方
.^	点乘方
\	算术左除
.\	点左除
/	算术右除
./	点右除
'	矩阵转置。当矩阵是复数时，求矩阵的共轭转置
.'	矩阵转置。当矩阵是复数时，不求矩阵的共轭

其中，算术运算符加、减、乘、除及乘方与传统意义上的加、减、乘、除及乘方类似，用法基本相同，而点乘、点乘方等运算有其特殊的一面。点运算是指元素点对点的运算，即矩阵内元素对元素之间的运算。点运算要求参与运算的变量在结构上必须是相似的。

MATLAB 的除法运算较为特殊。对于简单数值而言，算术左除与算术右除也不同。算术右除与传统的除法相同，即 $a/b = a \div b$；而算术左除则与传统的除法相反，即 $a \backslash b = b \div a$。对矩阵而言，算术右除 A/B 相当于求解线性方程 $X*A=B$ 的解；算术左除相当于求解线性方程 $A*X=B$ 的解。点左除与点右除与上面点运算相似，是变量对应于元素进行点除。

2.2.2 关系运算符

关系运算符主要用于对矩阵与数、矩阵与矩阵进行比较，返回表示二者关系的由数字 0 和 1 组成的矩阵，0 和 1 分别表示不满足和满足指定关系。

MATLAB 的关系运算符见表 2-15。

表 2-15   MATLAB 的关系运算符

运 算 符	定 义
==	等于
~ =	不等于
>	大于
>=	大于等于
<	小于
<=	小于等于

2.2.3 逻辑运算符

MATLAB 进行逻辑判断时，所有非零数值均被认为真，而零被认为假。在逻辑判断结果中，判断为真时输出 1，判断为假时输出 0。

MATLAB 的逻辑运算符见表 2-16。

表 2-16   MATLAB 的逻辑运算符

运 算 符	定 义
&或 and	逻辑与。两个操作数同时为 1 时，结果为 1，否则为 0
|或 or	逻辑或。两个操作数同时为 0 时，结果为 0，否则为 1
~、not	逻辑非。当操作数为 0 时，结果为 1，否则为 0
xor	逻辑异或。两个操作数相同时，结果为 0，否则为 1

在算术、关系、逻辑 3 种运算符中，算术运算符优先级最高，关系运算符次之，而逻辑运算符优先级最低。在逻辑运算符中，"非"的优先级最高，"与"和"或"有相同的优先级。

2.3 数值运算

MATLAB 具有强大的数值计算功能，它是 MATLAB 软件的基础。自从商用的 MATLAB 软件推出之后，它的数值计算功能日趋完善。

2.3.1 矩阵运算

本小节主要介绍矩阵的一些基本运算，如矩阵的四则运算、求矩阵行列式、求矩阵的秩、求矩阵的逆、求矩阵的迹，以及求矩阵的条件数与范数等。下面将分别介绍这些运算。

1. 矩阵的基本运算

矩阵的基本运算包括加、减、乘、数乘、点乘、乘方、左乘、右乘、求逆等。其中加、减、乘与线性代数中的定义是一样的，相应的运算符为 "+" "－" "*"，而矩阵的除法运算是 MATLAB 所特有的，分为左除和右除，相应运算符为 "\" 和 "/"。

注意：

一般情况下，$X=A\backslash B$ 是方程 $A*X=B$ 的解，而 $X=B/A$ 是方程 $X*A=B$ 的解。

对于上述的四则运算，需要注意的是，矩阵的加、减、乘运算的维数要求与线性代数中的要求一致，计算左除 $A\backslash B$ 时，A 的行数要与 B 的行数一致，计算右除 A/B 时，A 的列数要与 B 的列数一致。

例 2-36：矩阵的基本运算示例。

解：MATLAB 程序如下。

```
>> A=[13 18 19;14 3 3;27 19 5];
>> B=[18 3 9;21 8 11;3 9 1];
>> A*B
ans =
   669   354   334
   324    93   162
   900   278   457
>> A.*B
ans =
   234    54   171
   294    24    33
    81   171     5
>> A.\B
 ans =
   1.3846   0.1667   0.4737
   1.5000   2.6667   3.6667
   0.1111   0.4737   0.2000
>> inv(A)
ans =
  -0.0133   0.0856  -0.0009
   0.0035  -0.1415   0.0717
   0.0584   0.0755  -0.0673
```

另外，常用的运算还有指数函数、对数函数、平方根函数等。用户可查看相应的帮助获得使用方法和相关信息。

例 2-37：文件的建立与执行。

解：在 MATLAB 命令行窗口中输入 "edit" 创建 M 文件编辑器 prac1.m。

```
%这是一个演示文件;
%This is a demonstration file.
x=[0:2*pi/90:2*pi];
y1=sin(2*x);
y2=cos(x);
plot(x,y1,x,y2)
```

在 MATLAB 命令行窗口中输入以下内容。

```
>> prac1
```

之后得到如图 2-2 所示的图形，这是上述 M 文件的输出结果。

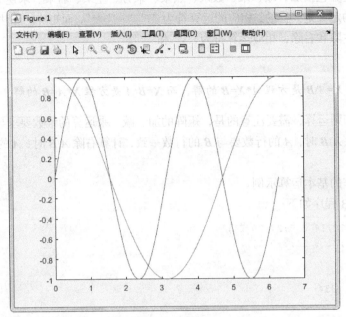

图 2-2　M 文件演示

在 MATLAB 命令行窗口中输入以下内容。

```
>> help prac1
```

在 MATLAB 命令行窗口中显示以下内容。

```
这是一个演示文件;
This is a demonstration file.
```

这是文件 prac1.m 的注释行的内容。

例 2-38：执行计算演示。

解：在 MATLAB 命令行窗口中输入"edit"调出 M 文件编辑器；然后，在文件编辑器中输入以下内容。

```
%This is the second demonstration file.
%Unlike the first one,this file has no figure to plot
%The function of this file is to calculate sin(x)+cos(x)
%at the point x=pi/4
x=pi/4;
y=sin(x)+cos(x)
```

将该 M 文件以文件名 prac2.m 保存在 X:\matlabfile 文件夹中。

在 MATLAB 命令行窗口中输入"prac2"，即可得到文件的输出结果。

```
>> prac2
y =
    1.4142
```

2. 基本的矩阵函数

常用的矩阵函数见表 2-17。

表 2-17　　　　　　　　　　　　　　　　　MATLAB 常用矩阵函数

函　数　名	说　　　明	函　数　名	说　　　明
cond	矩阵的条件数值	diag	对角变换
condest	2-范数矩阵条件数值	exmp	矩阵的指数运算
det	矩阵的行列式值	logm	矩阵的对数运算
inv	矩阵的逆	sqrtm	矩阵的开方运算
norm	矩阵的范数值	cdf2rdf	复数对角矩阵转换成实数块对角矩阵
normest	矩阵的 2-范数值	rref	转换成逐行递减的阶梯形矩阵
rank	矩阵的秩	rsf2csf	实数块对角矩阵转换成复数对角矩阵
orth	矩阵的正交化运算	rot90	矩阵逆时针方向旋转 90°
rcond	矩阵的逆条件数值	fliplr	左、右翻转矩阵
trace	矩阵的迹	flipud	上、下翻转矩阵
triu	上三角变换	reshape	改变矩阵的维数
tril	下三角变换	funm	一般的矩阵函数

矩阵的条件数在数值分析中是一个重要的概念，在工程计算中也是必不可少的，它用于刻画一个矩阵的"病态"程度。

对于非奇异矩阵 A，其条件数的定义为

$$\text{cond}(A)_v = \| A^{-1} \|_v \| A \|_v \qquad (v = 1, 2, \cdots, F)$$

它是一个大于或等于 1 的实数，当 A 的条件数相对较大，即 $\text{cond}(A)_v \gg 1$ 时，矩阵 A 是"病态"的，反之是"良态"的。

范数是数值分析中的一个概念，它是向量或矩阵大小的一种度量，在工程计算中有着重要的作用。对于向量 $x \in R^n$，常用的向量范数有以下几种。

- x 的 ∞-范数：$\| x \|_\infty = \max\limits_{1 \leqslant i \leqslant n} | x_i |$。

- x 的 2-范数：$\| x \|_1 = \sum\limits_{i=1}^{n} | x_i |$。

- x 的 2-范数（欧氏范数）：$\| x \|_2 = (x^T x)^{\frac{1}{2}} = \left(\sum\limits_{i=1}^{n} x_i^2 \right)^{\frac{1}{2}}$。

- x 的 p-范数：$\| x \|_p = \left(\sum\limits_{i=1}^{n} | x_i |^p \right)^{\frac{1}{p}}$。

对于矩阵 $A \in R^{m \times n}$，常用的矩阵范数有以下几种。

- A 的行范数（∞-范数）：$\| A \|_\infty = \max\limits_{1 \leqslant i \leqslant m} \sum\limits_{j=1}^{n} | a_{ij} |$。

- A 的列范数（2-范数）：$\| A \|_1 = \max\limits_{1 \leqslant j \leqslant n} \sum\limits_{i=1}^{m} | a_{ij} |$。

- A 的欧氏范数（2-范数）：$\| A \|_\infty = \sqrt{\lambda_{\max}(A^T A)}$，其中 $\lambda_{\max}(A^T A)$ 表示 $A^T A$ 的最大特征值。

- A 的 Forbenius 范数（F-范数）：$\| A \|_F = \left(\sum\limits_{i=1}^{m} \sum\limits_{j=1}^{n} a_{ij}^2 \right)^{\frac{1}{2}} = \text{trace}\left(A^T A \right)^{\frac{1}{2}}$。

例 2-39：常用的矩阵函数示例。

解：MATLAB 程序如下。

```
>> A=[3 8 9;0 3 3;7 9 5];
>> B=[8 3 9;2 8 1;3 9 1];
>> norm(A)
ans =
    17.5341
>> normest(A)
 ans =
    17.5341
 >> det(A)
 ans =
     -57.0000
```

3. 矩阵分解函数

（1）特征值分解

矩阵的特征值分解也调用函数 eig，还要在调用时做一些形式上的变化，函数调用格式如表 2-18 所示。

表 2-18   eig 调用格式

调 用 格 式	说 明
lambda=eig(A)	返回由矩阵 *A* 的所有特征值组成的列向量 lambda
[V,D]=eig(A)	求矩阵 *A* 的特征值与特征向量，其中 *D* 为对角矩阵，其对角元素为 *A* 的特征值，相应的特征向量为 *V* 的相应列向量
[V,D,W] = eig(A)	*W* 为满矩阵，其列是对应的左特征向量，使得 $W'*A = D*W'$
[V,D]=eig(A,balanceOption)	在求解矩阵特征值对特征向量之前，设置是否进行平衡处理，balanceOption 的默认值是'balance'，表示启用均衡处理
[…] = eig(…,eigvalOption)	以 eigvalOption 指定的形式返回特征值。eigvalOption 指定为'vector'可返回列向量中的特征值，指定为'matrix'可返回对角矩阵中的特征值

例 2-40：矩阵的特征值分解示例。

解：MATLAB 程序如下。

```
>> A=magic(6)
A =
    35     1     6    26    19    24
     3    32     7    21    23    25
    31     9     2    22    27    20
     8    28    33    17    10    15
    30     5    34    12    14    16
     4    36    29    13    18    11
>> [v,d]=eig(A)
v =
    0.4082   -0.2887    0.4082    0.1507    0.4714   -0.4769
    0.4082    0.5774    0.4082    0.4110    0.4714   -0.4937
    0.4082   -0.2887    0.4082   -0.2602   -0.2357    0.0864
    0.4082    0.2887   -0.4082    0.4279   -0.4714    0.1435
    0.4082   -0.5774   -0.4082   -0.7465   -0.4714    0.0338
    0.4082    0.2887   -0.4082    0.0171    0.2357    0.7068
 d =
```

```
   111.0000        0        0        0        0        0
        0   27.0000        0        0        0        0
        0        0  -27.0000        0        0        0
        0        0        0   9.7980        0        0
        0        0        0        0  -0.0000        0
        0        0        0        0        0  -9.7980
```

（2）奇异值分解

矩阵的奇异值分解由函数 svd 实现，调用格式如下。

$$[U,S,V]=svd(X) \quad 或 \quad [U,S,V]=svd(X,0)$$

这个函数的功能是得到矩阵 X 的奇异值构成的矩阵 U、矩阵 V 及用非负奇异值构成的对角矩阵 S。其中，矩阵的奇异值分解为 $A = U×S×V'$。

例 2-41：矩阵的奇异值分解示例。

解：MATLAB 程序如下。

```
>> A=hilb(4)
A =
    1.0000    0.5000    0.3333    0.2500
    0.5000    0.3333    0.2500    0.2000
    0.3333    0.2500    0.2000    0.1667
    0.2500    0.2000    0.1667    0.1429
0.6463    0.6797    0.4984    0.2238
>> [U,S,V] = svd (A)
U =
  -0.7926    0.5821   -0.1792   -0.0292
  -0.4519   -0.3705    0.7419    0.3287
  -0.3224   -0.5096   -0.1002   -0.7914
  -0.2522   -0.5140   -0.6383    0.5146
S =
    1.5002        0        0        0
        0    0.1691        0        0
        0        0    0.0067        0
        0        0        0    0.0001
V =
  -0.7926    0.5821   -0.1792   -0.0292
  -0.4519   -0.3705    0.7419    0.3287
  -0.3224   -0.5096   -0.1002   -0.7914
  -0.2522   -0.5140   -0.6383    0.5146
```

（3）LU 分解

LU 分解由函数 lu 实现，具体的调用格式如下。

$$[L,U]=lu(A)$$

这个函数的功能是得到满矩阵或稀疏矩阵 A 的上三角矩阵 U 和一个经过置换的下三角矩阵 L，使得 $A = L*U$。

还可以得到单位下三角矩阵 L、上三角矩阵 U、置换矩阵 P，并满足 $A = P*L*U$。

例 2-42：矩阵的 LU 分解示例。

解：MATLAB 程序如下。

```
>> A=rand(4)
A =
    0.1966    0.3517    0.9172    0.3804
    0.2511    0.8308    0.2858    0.5678
```

```
    0.6160    0.5853    0.7572    0.0759
    0.4733    0.5497    0.7537    0.0540
>> [L,U] = lu(A)
L =
    0.3191    0.2784    4.0000         0
    0.4076    4.0000         0         0
    4.0000         0         0         0
    0.7683    0.1690    0.2579    4.0000
U =
    0.6160    0.5853    0.7572    0.0759
         0    0.5923   -0.0228    0.5369
         0         0    0.6819    0.2068
         0         0         0   -0.1484
```

（4）楚列斯基（Cholesky）分解

A 为正定矩阵时可进行楚列斯基分解，由函数 chol 实现，具体的调用格式如下：

$$R = chol(A)$$

这个函数的功能是得到正定矩阵 **A** 的上三角矩阵 **R**，使得 **A=R'*R**。

例 2-43：矩阵的楚列斯基分解示例。

解：MATLAB 程序如下。

```
>> A=[1 1 1 1;1 2 3 4;1 3 6 10;1 4 10 20];
>> R=chol(A)
R =
    1    1    1    1
    0    1    2    3
    0    0    1    3
    0    0    0    1
>> R'*R
ans =
    1    1    1    1
    1    2    3    4
    1    3    6   10
    1    4   10   20
```

（5）QR 分解

QR 分解由函数 qr 实现，具体的调用格式如下。

$$[Q,R]=qr(A)或[Q,R,P]=qr(A)$$

这个函数的功能是得到对称正定矩阵 **A** 的正交矩阵 **Q** 和上三角阵 **R**，使得 **A=QR**；若 **A** 为 $m \times n$ 矩阵，则 **Q** 为 $m \times m$ 矩阵，R 为 $m \times n$ 矩阵。

还可以返回置换矩阵 **P**，满足 **A*P = Q*R**。

例 2-44：矩阵的 QR 分解示例。

解：MATLAB 程序如下。

```
>> A=hilb(4)
A =
    1.0000    0.5000    0.3333    0.2500
    0.5000    0.3333    0.2500    0.2000
    0.3333    0.2500    0.2000    0.1667
    0.2500    0.2000    0.1667    0.1429
>> [Q,R] = qr(A)
Q =
   -0.8381    0.5226   -0.1540   -0.0263
   -0.4191   -0.4417    0.7278    0.3157
```

```
    -0.2794    -0.5288    -0.1395    -0.7892
    -0.2095    -0.5021    -0.6536     0.5261
R =
    -1.1932    -0.6705    -0.4749    -0.3698
         0    -0.1185    -0.1257    -0.1175
         0         0    -0.0062    -0.0096
         0         0         0     0.0002
>> Q*R    % 验证对称正定矩阵 A=QR
ans =
     1.0000     0.5000     0.3333     0.2500
     0.5000     0.3333     0.2500     0.2000
     0.3333     0.2500     0.2000     0.1667
     0.2500     0.2000     0.1667     0.1429
```

（6）舒尔（Schur）分解

舒尔分解由函数 schur 实现。舒尔分解在半定规划、自动化等领域有着重要而广泛的应用，具体的调用格式如下。

- 函数调用格式 1

$$T = schur(A)$$

这个函数格式的功能是产生舒尔矩阵 T，即 T 是主对角线元素为特征值的三角矩阵。

- 函数调用格式 2

$$T = schur(A,flag)$$

这个函数格式的功能是，若 A 有复特征根，则 flag='complex'，否则 flag='real'。

- 函数调用格式 3

$$[U,T] = schur(A,\cdots)$$

这个函数格式的功能是返回止交矩阵 U 和舒尔矩阵 T，满足 $A = U*T*U'$。

例 2-45：矩阵的舒尔分解示例。

解：MATLAB 程序如下。

```
>> A=hilb(4);
>> [U,T]=schur(A)
U =
     0.0292     0.1792    -0.5821     0.7926
    -0.3287    -0.7419     0.3705     0.4519
     0.7914     0.1002     0.5096     0.3224
    -0.5146     0.6383     0.5140     0.2522
T =
     0.0001         0         0         0
         0     0.0067         0         0
         0         0     0.1691         0
         0         0         0     1.5002
>> lambda=eig(A)    % 因为矩阵 A 有复特征值
lambda =
     0.0001
     0.0067
     0.1691
     1.5002
```

2.3.2　向量运算

向量可以看成是一种特殊的矩阵，因此矩阵的运算对向量同样适用。除此以外，向量还是矢量运算的基础，所以还有一些特殊的运算，主要包括向量的点积、叉积和混合积。

1. 向量的四则运算

向量的四则运算与一般数值的四则运算相同，相当于将向量中的元素拆开，分别进行四则运算，最后将运算结果重新组合成向量。

（1）对向量定义、赋值。

```
>> a=logspace(0,5,6)
a =
  1 至 5 列
           1          10         100        1000       10000
  6 列
      100000
```

（2）进行向量加法运算。

```
>> a+10
ans =
  1 至 5 列
          11          20         110        1010       10010
  6 列
      100010
```

（3）进行向量减法运算。

```
>> a-1
ans =
  1 至 5 列
           0           9          99         999        9999
  6 列
       99999
```

（4）进行乘法运算。

```
>> a*5
ans =
  1 至 5 列
           5          50         500        5000       50000
  6 列
      500000
```

（5）进行除法运算。

```
>> a=[2 4 5 3 1];
>> a/2
ans =
    1.0000    2.0000    2.5000    1.5000    0.5000
```

（6）进行简单加减运算。

```
>> a-2+5
ans =
  1 至 5 列
           4          13         103        1003       10003
  6 列
      100003
```

例 2-46：向量的四则运算。

解：MATLAB 程序如下。

```
>> a=logspace(0,5,6);      % 创建一个从 1 到 10⁵，包含 6 个元素的对数分隔值向量 a
>> a+5-(a+1)
ans =
     4     4     4     4     4     4
```

2. 向量的点积运算

在 MATLAB 中，对于向量 a、b，其点积可以利用 $a \cdot b$ 得到，也可以直接用函数 dot 算出，该函数的调用格式见表 2-19。

表 2-19　　　　　　　　　　　　　　　　dot 调用格式

调 用 格 式	说　　　明
dot(a,b)	返回向量 a 和 b 的点积。需要说明的是，a 和 b 必须同维。另外，当 a、b 都是列向量时，dot(a,b) 等同于 $a \cdot b$
dot(a,b,dim)	返回向量 a 和 b 在 dim 维的点积

例 2-47：向量的点积运算示例。

解：MATLAB 程序如下。

```
>> a=[2 4 5 3 1];
>> b=[3  8  10  12  13];
>> c=dot(a,b)
c =
     137
```

3. 向量的叉积运算

在空间解析几何学中，两个向量叉乘的结果是一个过两相交向量交点且垂直于两向量所在平面的向量。在 MATLAB 中，向量的叉积运算可由函数 cross 来实现。函数 cross 调用格式见表 2-20。

表 2-20　　　　　　　　　　　　　　　　cross 调用格式

调 用 格 式	说　　　明
cross(a,b)	返回向量 a 和 b 的叉积。需要说明的是，a 和 b 必须是 3 维的向量
cross(a,b,dim)	返回向量 a 和 b 在 dim 维的叉积。需要说明的是，a 和 b 必须有相同的维数，size(a,dim) 和 size(b,dim) 的结果必须为 3

例 2-48：向量的叉积运算示例。

解：MATLAB 程序如下。

```
>> a=[2 3 4 6];
b=[3 4 6 8];
c=cross(a,b)
a =
     2     3     4     6
错误使用 cross (line 25)
在获取交叉乘积的维度中，a 和 b 的长度必须为 3
>> a=[3 4 6];
>> b=[4 6 8];
>> c=cross(a,b)
c =
    -4     0     2
```

4. 向量的混合积运算

在 MATLAB 中，向量的混合积运算可由以上两个函数（dot、cross）共同来实现。

例 2-49：向量的混合积运算示例。

解：MATLAB 程序如下。

```
>> a=[2 3 4]
>> b=[3 4 6];
>> c=[1 4 5];
>> d=dot(a,cross(b,c))
d =
    -3
```

2.4 MATLAB 的帮助系统

MATLAB 的帮助系统非常完善，这与其他科学计算软件相比是一个突出的特点，要熟练掌握 MATLAB，就必须熟练掌握 MATLAB 帮助系统的应用。所以，用户在学习 MATLAB 的过程中，理解、掌握和熟练应用 MATLAB 帮助系统是非常重要的。

2.4.1 联机帮助系统

选择如图 2-3 所示的"帮助"下拉菜单的前四项中的任何一项，打开 MATLAB 联机帮助系统窗口。

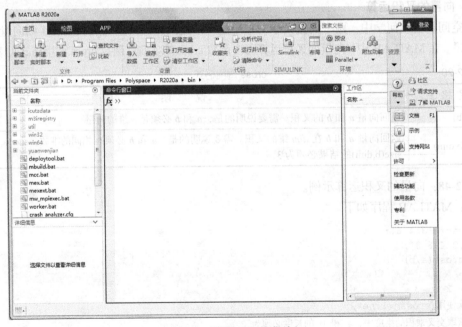

图 2-3 "帮助"下拉菜单

2.4.2 帮助命令

为了使用户更快捷地获得帮助，MATLAB 提供了一些帮助命令，包括 help 命令、lookfor 命令和其他常用的帮助命令。

1．help 命令

help 命令是最常用的帮助命令。在命令行窗口中直接输入"help"命令将会显示与先前操作相关的内容。

例 2-50：搜索命令的相关文件。

解：MATLAB 程序如下。

```
>> pi
ans =
    3.1416
>> help
--- pi 的帮助 ---
pi - 圆的周长与其直径的比率
    此 MATLAB 函数 以 IEEE 双精度形式返回最接近 π 值的浮点数。有关浮点数的详细信息，请参阅浮点数。
    p = pi
    另请参阅 cos, cospi, rad2deg, sin, sinpi
    pi 的文档
```

假如准确知道所要求助的主题词或命令名称，那么使用 help 是获得在线帮助的最简单有效的途径。在平时的使用中，这个命令是最有用的，能最快、最好地解决用户在使用过程中碰到的问题。调用格式如下。

```
>> help 函数（类）名
```

例 2-51：查询函数 eig。

解：MATLAB 程序如下。

```
>> help eig
 eig - 特征值和特征向量
    此 MATLAB 函数 返回一个列向量，其中包含方阵 A 的特征值。
    e = eig(A)
    [V,D] = eig(A)
    [V,D,W] = eig(A)
    e = eig(A,B)
    [V,D] = eig(A,B)
    [V,D,W] = eig(A,B)
    [___] = eig(A,balanceOption)
    [___] = eig(A,B,algorithm)
    [___] = eig(___,eigvalOption)
    另请参阅 balance, condeig, eigs, hess, qz, schur
    eig 的文档
    名为 eig 的其他函数

    [...] = eig(A,B,'chol') is the same as eig(A,B) for symmetric A and
    symmetric positive definite B.  It computes the generalized eigenvalues
    of A and B using the Cholesky factorization of B.

    [...] = eig(A,B,'qz') ignores the symmetry of A and B and uses the QZ
```

```
        algorithm. In general, the two algorithms return the same result,
        however using the QZ algorithm may be more stable for certain problems.
        The flag is ignored when A or B are not symmetric.

        [···] = eig(···,'vector') returns eigenvalues in a column vector
        instead of a diagonal matrix.

        [···] = eig(···,'matrix') returns eigenvalues in a diagonal matrix
        instead of a column vector.

        See also condeig, eigs, ordeig.

        eig 的参考页
        名为 eig 的其他函数
```

2. lookfor 命令

如果知道某个函数的函数名但是不知道该函数的具体用法，help 系列命令可以解决这些问题。然而用户在很多情况下不知道某个函数的确切名称，这时就需要用到 lookfor 命令。lookfor 命令可以根据用户提供的关键字搜索到相关函数。

例 2-52：搜索随机矩阵函数。

解：MATLAB 程序如下。

```
>> lookfor rand
qmult                       - Pre-multiply matrix by random orthogonal matrix.
randcolu                    - Random matrix with normalized columns and specified
singular values.
randcorr                    - Random correlation matrix with specified eigenvalues.
randhess                    - Random, orthogonal upper Hessenberg matrix.
..
```

执行 lookfor 命令后，它对 MATLAB 搜索路径中的每个 M 文件的注释区的第一行进行扫描，发现此行中包含所有查询的字符串，则将该函数名和第一行注释全部显示在显示器上。当然，用户也可以在自己的文件中加入在线注释，并且最好加入。

3. 其他帮助命令

MATLAB 中还有许多其他常用的查询帮助命令，具体如下。

- who：内存变量列表。
- whos：内存变量详细信息。
- what：目录中的文件列表。
- which：确定文件位置。
- exist：变量检验函数。

2.4.3 联机演示系统

除了在使用时查询帮助，对 MATLAB 或某个工具箱的初学者来说，最好的学习办法是查看它的联机演示系统。MATLAB 一向重视演示软件的设计，因此，无论 MATLAB 旧版还是新版，都附带各自的演示程序。只是，新版内容更丰富了。

单击 MATLAB 主窗口功能区的"帮助"中的"示例"选项，或者直接在命令行窗口中键入

"demos"，将进入 MATLAB 帮助系统的主演示页面，如图 2-4 所示。

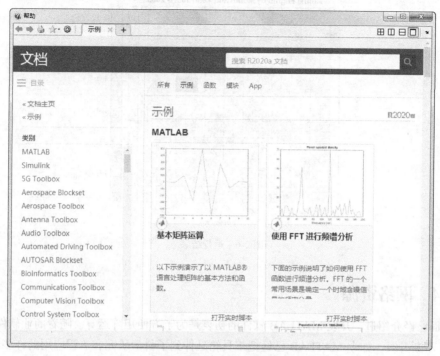

图 2-4　MATLAB 主演示页面

左侧是演示选项，双击某个选项即可进入具体的演示界面，在右侧的显示如图 2-5 所示。

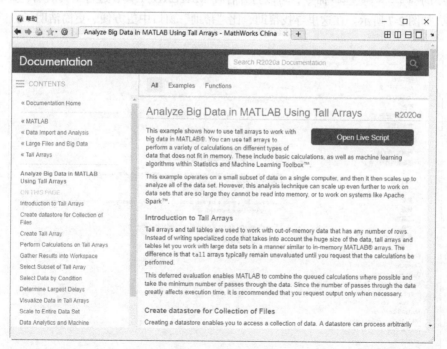

图 2-5　具体演示界面

单击页面上的 Open live Script，打开该实例，运行该实例可以得到如图 2-6 所示的数值结果。

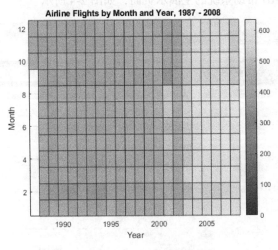

图 2-6　运行结果

2.4.4　网络资源

在前面已经介绍过，开发 MATLAB 软件的初衷是为了方便矩阵运算。随着商业软件的推广，MATLAB 不断升级，如今 MATLAB 已经把工具箱延伸到了科学研究和工程应用的许多领域。各种与实际应用相关的工具箱在 MATLAB 的 Toolboxes 中有了一席之地。

MATLAB 2020 主窗口的左下角有一个与计算机操作系统类似的 按钮，单击该按钮，选择下拉列表中的 Parallel preferences 命令，可以打开各种 MATLAB 工具、进行工具演示、查看工具的说明文档，如图 2-7 所示。在这里寻找帮助，比"帮助"窗口中更方便、更简洁明了。

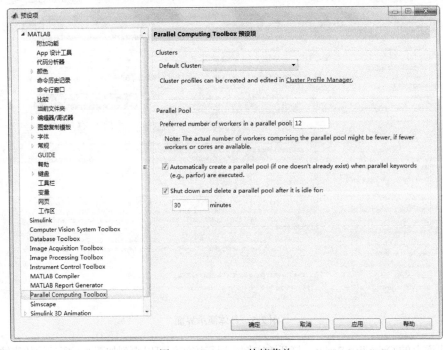

图 2-7　MATLAB 快捷菜单

MATLAB 的联机帮助系统非常系统全面，进入联机帮助系统的方法有以下几种。

- 单击 MATLAB 主窗口的 ⑦ 按钮。
- 在命令行窗口执行 doc 命令。
- 在功能区"资源"→"帮助"下拉菜单中选择"文档"。

联机帮助窗口如图 2-8 所示。窗口上面是查询工具框（见图 2-9），下面显示帮助内容。

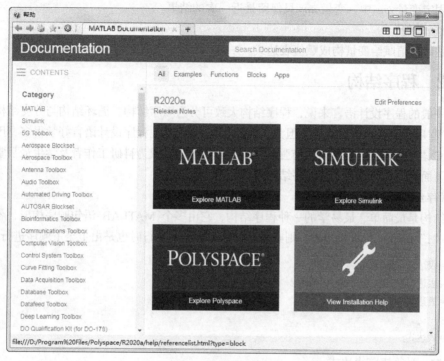

图 2-8　联机帮助窗口

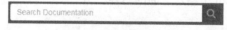

图 2-9　查询工具框

2.5　MATLAB 程序设计

程序设计是以 M 文件为基础的，要想编写好 M 文件就必须学好 MATLAB 程序设计。本节着重讲述 MATLAB 中的程序结构及相应的流程控制。

2.5.1　表达式、表达式语句与赋值语句

在 MATLAB 程序中，广泛使用表达式与赋值语句。

1. 表达式

对于 MATLAB 的数值运算，数值表达式是由常量、数值变量、数值函数或数值矩阵用运算符连接而成的数学关系式。而在 MATLAB 符号运算中，符号表达式是由符号常量、符号变量、符号函数用运算符或专用函数连接而成的符号对象。符号表达式有两类：符号函数与符号方程。MATLAB 程序中，既经常使用数值表达式，也经常使用符号表达式。

2. 表达式语句

单个表达式就是表达式语句。一行可以只有一个语句，也可以有多个语句，此时语句之间以英文输入状态下的分号、逗号或按 "Enter" 键换行而结束。MATLAB 中一个语句可以占多行，由多行构成一个语句时需要使用续行符 "……"；以分号结束的语句执行后不显示运行结果，以逗号或换行结束的语句执行后显示运行结果（即表达式的值）；表达式语句运行后，其表达式的值暂时保留在固定变量 *ans* 中。变量 *ans* 只保留最近一次的结果。

3. 赋值语句

将表达式的值赋给变量构成赋值表达式。

2.5.2 程序结构

对于一般的程序设计语言来说，程序结构大致可分为顺序结构、循环结构与分支结构 3 种，MATLAB 程序设计语言也不例外。但是，MATLAB 要比其他程序设计语言好学得多，因为它的语法不像 C 语言那样复杂，并且具有强大的工具箱，使得它成为科研工作者及学生最易掌握的软件之一。下面将分别对上述 3 种程序结构进行介绍。

1. 顺序结构

顺序结构是最简单、最易学的一种程序结构，它由多个 MATLAB 语句顺序构成，各语句之间用分号 ";" 隔开，若不加分号，则必须分行编写，程序执行时也是由上至下顺序进行的。

```
变量 = 表达式;
变量 = 表达式;
变量 = 表达式;
      ……
变量 = 表达式;
```

例 2-53：计算矩阵表达式。

解：在 M 文件 biaodashi.m 中输入下面的内容。

```
A=[0.10 0.12;0.30 0.41]
B=[51 605;7 18]
C=A*B
D=A^3+B^2
E=sin(A)
```

在命令行窗口中输入 M 文件名称，运行结果如下。

```
>> biaodashi
A =
    0.1000    0.1200
    0.3000    0.4100
B =
    51    605
     7     18
C =
    5.9400    62.6600
   18.1700   188.8800
D =
    1.0e+04 *
    0.6836    4.1745
    0.0483    0.4559
```

```
E =
    0.0998    0.1197
    0.2955    0.3986
```

例 2-54：计算数学表达式。

解：在 M 文件 biaodashi2.m 中输入下面的内容。

```
A=[1 2;3 4;5 6];
A
B=A+sin(A)+exp(2);
B
```

在命令行窗口中输入 M 文件名称，运行结果如下。

```
>> biaodashi2
A =
     1     2
     3     4
     5     6
B =
     9.2305    10.2984
    10.5302    10.6323
    11.4301    13.1096
```

2．循环结构

在利用 MATLAB 进行数值实验或工程计算时，用得最多的便是循环结构了。在循环结构中，被重复执行的语句组称为循环体。常用的循环结构有两种：for-end 循环与 while-end 循环。下面分别简要介绍相应的用法。

（1）for-end 循环

在 for-end 循环中，循环次数一般情况下是已知的，除非用其他语句提前终止循环。这种循环以 for 开头，以 end 结束，其一般形式如下。

```
for  变量 = 表达式
    可执行语句 1
    ……
    可执行语句 n
end
```

其中，表达式通常为形如 $m:s:n$（s 的默认值为 1）的向量，即变量的取值从 m 开始，以间隔 s 递增一直到 n；变量每取一次值，循环便执行一次。

例 2-55：实现对矩阵 A 矩阵值的分配操作。

解：在 M 文件 xunhuan1.m 的利用 for 循环中输入以下内容。

```
s = 10;
H = ones(s);
for c = 1:s
    for r = 1:s
        H(r,c) = 1/(r+c-1);
    end
end
```

在命令行窗口中输入 M 文件名称 xunhuan1，运行结果如下。

```
>> xunhuan1
>> H
```

```
H =
   1 至 7 列
     1.0000    0.5000    0.3333    0.2500    0.2000    0.1667    0.1429
     0.5000    0.3333    0.2500    0.2000    0.1667    0.1429    0.1250
     0.3333    0.2500    0.2000    0.1667    0.1429    0.1250    0.1111
     0.2500    0.2000    0.1667    0.1429    0.1250    0.1111    0.1000
     0.2000    0.1667    0.1429    0.1250    0.1111    0.1000    0.0909
     0.1667    0.1429    0.1250    0.1111    0.1000    0.0909    0.0833
     0.1429    0.1250    0.1111    0.1000    0.0909    0.0833    0.0769
     0.1250    0.1111    0.1000    0.0909    0.0833    0.0769    0.0714
     0.1111    0.1000    0.0909    0.0833    0.0769    0.0714    0.0667
     0.1000    0.0909    0.0833    0.0769    0.0714    0.0667    0.0625
   8 至 10 列
     0.1250    0.1111    0.1000
     0.1111    0.1000    0.0909
     0.1000    0.0909    0.0833
     0.0909    0.0833    0.0769
     0.0833    0.0769    0.0714
     0.0769    0.0714    0.0667
     0.0714    0.0667    0.0625
     0.0667    0.0625    0.0588
     0.0625    0.0588    0.0556
     0.0588    0.0556    0.0526
```

（2）while-end 循环

若不知道所需要的循环到底要执行多少次，就可以选择 while-end 循环，这种循环以 while 开头，以 end 结束，其一般形式如下。

```
while  表达式
    可执行语句 1
    ……
    可执行语句 n
end
```

其中表达式即循环控制语句，它一般是由逻辑运算或关系运算及一般运算组成的表达式。若表达式的值非零，则执行一次循环，否则停止循环。这种循环方式在编写某一数值算法时用得非常多。一般来说，能用 for-end 循环实现的程序也能用 while-end 循环实现。

例 2-56：用 MATLAB 计算 $1+2+\cdots+100$。

解：在 M 文件 mm2.m 中编制如下程序。

```
function f=mm2
%这个函数文件用于演示"while"的用法
%这个函数文件的功能是得到 1 到 100 的和
i=1;sum=0;
while i<=100
    sum=sum+i;
        i=i+1;
end
sum
```

在命令行窗口中运行可得如下结果。

```
>> mm2
sum =
    5050
```

3. 分支结构

这种程序结构也叫选择结构，即根据表达式值的情况来选择执行哪些语句。在编写较复杂的算法的时候一般都会用到此结构。MATLAB 提供了 3 种分支结构：if-else-end 结构、switch-case-end 结构和 try-catch-end 结构，其中较常用的是前两种。下面分别来介绍这 3 种结构的用法。

● if-else-end 结构

这种结构也是复杂结构中最常用的一种分支结构，它有以下 3 种形式。

（1）　if　　　表达式

语句组

end

说明：

若表达式的值非零，则执行 if 与 end 之间的语句组，否则直接执行 end 后面的语句。

例 2-57： 由小到大排列。

解： 在 M 文件 mm3.m 中编制如下程序。

```
function f=mm3(a,b)
%这个函数文件用于演示 "if" 的用法
%这个函数文件的功能是将 a、b 从小到大排列
if a>b
    t=a;
    a=b;
    b=t;
end
a
b
```

在命令行窗口中运行可得如下结果。

```
>> mm3(2,3)
a =
    2
b =
    3
>> mm3(7,3)
a =
    3
b =
7
```

（2）　if　　　表达式

语句组 1

else

语句组 2

end

说明：

若表达式的值非零，则执行语句组 1，否则执行语句组 2。

（3）　if　　　　表达式 1

语句组 1

```
elseif      表达式 2
            语句组 2
elseif      表达式 3
            语句组 3
……          ……
else
            语句组 n
end
```

说明：

程序执行时先判断表达式 1 的值，若非零则执行语句组 1，然后执行 end 后面的语句，否则判断表达式 2 的值，若非零则执行语句组 2，然后执行 end 后面的语句，否则继续上面的过程。如果所有的表达式都不成立，则执行 else 与 end 之间的语句组 n。

例 2-58：编写一个求分段函数 $f(x) = \begin{cases} 3x+2 & x < -1 \\ x & -1 \leqslant x \leqslant 1 \text{ 的程序，并用它来求 } f(0) \text{ 的值。} \\ 2x+3 & x > 1 \end{cases}$

解：（1）创建函数文件。

```
function y=f(x)
%此函数用来求分段函数 f(x)的值
%当 x<1 时,f(x)=3x+2;
%当-1<=x<=1 时, f(x)=x;
%当 x>1 时, f(x)=2x+3;
   if x<-1
     y=3*x+2;
elseif (x>=-1)&(x<=1)
     y=x;
else
     y=2*x+3;
   end
```

（2）求 $f(0)$。

```
>> y=f(0)
y =
   0
```

● switch-case-end 结构

一般来说，这种分支结构也可以由 if-else-end 结构实现，但会使程序变得更加复杂且不易维护。switch-case-end 分支结构一目了然，而且更便于后期维护，这种结构的形式如下。

```
switch      变量或表达式
case        常量表达式 1
            语句组 1
case        常量表达式 2
            语句组 2
            ……
case        常量表达式 n
```

　　　　语句组 n

otherwise

　　　　语句组 $n+1$

end

　　其中，switch 后面的表达式可以是任何类型的变量或表达式，如变量或表达式的值与其后某个 case 后的常量表达式的值相等，就执行这个 case 和下一个 case 之间的语句组，否则就执行 otherwise 后面的语句组 $n+1$，执行完一个语句组程序便退出该分支结构执行 end 后面的语句。

● try-catch-end 结构

　　有些 MATLAB 图书中没有提到这种结构，因为上述两种分支结构足以处理实际中的各种情况了。但是这种结构在程序调试时很有用，因此在这里简单介绍一下这种分支结构，它的一般形式如下。

try

　　语句组 1

catch

　　语句组 2

end

　　在程序不出错的情况下，这种结构只有语句组 1 被执行；若程序出现错误，那么错误信息将被捕获，并存放在 lasterr 变量中，然后执行语句组 2，若在执行语句组的时候，程序又出现错误，那么程序将自动终止，除非相应的错误信息被另一个 try-catch-end 结构所捕获。

　　例 2-59：根据矩阵维数设置是否链接矩阵。

　　解：创建 M 文件 connect.m，编制如下程序。

```
function f=connect(A,B,C)
%这个函数文件的功能是演示 try-catch-end 的用法
%这个函数文件的功能是输出垂直连接的矩阵，若矩阵不能垂直串联，则返回错误信息
try
   C = [A; B];
catch ME
   if (strcmp(ME.identifier,'MATLAB:catenate:dimensionMismatch'))
      msg = ['Dimension mismatch occurred: First argument has ', …
           num2str(size(A,2)),' columns while second has ', …
           num2str(size(B,2)),' columns.'];
      causeException = MException('MATLAB:myCode:dimensions',msg);
      ME = addCause(ME,causeException);
   end
   rethrow(ME)
end
```

　　在命令行窗口中运行可得如下结果。

```
>> A = magic(5);
>> B = ones(5);
>> C = [A; B];
>> connect(A,B,C)
>> C
C =
   17    24     1     8    15
   23     5     7    14    16
```

4	6	13	20	22
10	12	19	21	3
11	18	25	2	9
1	1	1	1	1
1	1	1	1	1
1	1	1	1	1
1	1	1	1	1
1	1	1	1	1

知识拓展：

对于自变量 x 的不同取值范围，有着不同的对应法则，这样的函数通常叫作分段函数。虽然分段函数有几个表达式，但它是一个函数，而不是几个函数。

2.5.3 程序流程控制指令

MATLAB 中还有几个程序流程控制指令，也就是不带输入参数的命令。

1. 中断命令 break

break 命令的作用是中断循环语句的执行。中断的循环语句可以是 for 语句，也可以是 while 语句。当循环语句满足在循环体内设置的条件时，可以通过使用 break 命令使之强行退出循环，而不是达到循环终止条件时再退出循环。在很多情况下，这种判断是十分必要的。显然，循环体内设置的条件必须在 break 命令之前。对于嵌套的循环结构，break 命令只能退出包含它的最内层循环。

例 2-60：计算圆的面积。

解：编制如下程序。

```
function f=mm7
%这个函数文件用于演示 break 的用法
%这个函数文件用于输出面积大于 100 的图的面积
for r=1:10
    area=pi*r*r;
    if area>100
        break;
    end
end
area
```

在命令行窗口中运行可得如下结果。

```
>> mm7
area =
 113.0973
```

计算 $r=1$ 到 $r=10$ 时圆的面积，直到面积 area 大于 100 为止。从上面的 for 循环可以看到：当 area>100 时，执行 break 语句，提前结束循环，即不再继续执行其余的几次循环。

2. return 命令

return 命令的作用是中断函数的运行，返回到上级调用函数。return 命令既可以用在循环体内，也可以用在非循环体内。

3. 等待用户反应命令 pause

pause 命令是暂停命令。运行程序时，pause 命令执行后，程序将暂停，等待用户按任意键后继续执行。pause 命令在程序的调试过程中或者用户需要查看中间结果时是十分有用的。

该命令有如下几种调用格式。

- pause：暂停程序等待回应。
- pause(n)：程序运行过程中，等待 n 秒后继续运行。
- pause on：显示其后的 pause 命令，并执行 pause 命令。
- pause off：显示其后的 pause 命令，但不执行该命令。

2.5.4　人机交互语句

用户可以通过交互式命令协调 MATLAB 程序的执行，通过使用不同的交互式命令不同程度地响应程序运行过程中出现的各种提示。

1. echo 命令

一般情况下，M 文件执行时，文件中的命令不会显示在命令行窗口中，echo 命令可以使文件命令在执行时可见。这对程序的调试和演示很有用。对命令式文件和函数式文件，echo 的作用稍微有些不同。

对命令式文件，echo 的使用比较简单，有如下几种格式。

- echo on：打开命令式文件的回应命令。
- echo off：关闭命令式文件的回应命令。
- echo file：文件在执行中的回应显示开关。
- echo file on：使指定的 file 文件的命令在执行中被显示出来。
- echo file off：关闭指定文件的命令在执行中的回应。
- echo on all：显示其后所有执行文件的执行过程。
- echo off all：关闭其后所有执行文件的显示。

对函数式文件，当执行 echo 命令时，运行某函数式文件，则此文件将不被编译执行，而是被解释执行。这样，文件在执行过程中，每一行都可被看到，但是由于这种解释执行方式速度慢，效率低，因此，一般情况下只用于调试。

2. input 命令

input 命令是用来提示用户从键盘输入数据、字符串或者表达式，并接收输入值的。下面是几种常用的格式。

格式 1：

v=input('string')

这种格式的功能是，以文本字符串 string 为信息给出用户提示，将用户键入的内容赋值给变量 v。

格式 2：

v=input('string', 's')

这种格式的功能是，以文本字符串 string 给出用户提示，将用户键入的内容作为字符串赋值给变量 v。

例 2-61：input 演示。

解：在命令行窗口中输入以下程序。

```
>> n = input('Enter a number: ');
Enter a number:    4
switch n
   case -1
      disp('negative one')
   case 0
```

```
        disp('zero')
    case 1
        disp('positive one')
    otherwise
        disp('other value')
end
other value
```

3. keyboard 命令

keyboard 是调用键盘命令。

当 keyboard 命令出现在一个 M 文件中时，执行该命令则程序暂停，控制权落到键盘上。此时用户通过操作键盘可以输入各种合法的 MATLAB 命令。当用户键入 "return" 并按 "Enter" 键后，控制权交还给 M 文件。在 M 文件中使用该命令，对程序的调试及在程序运行中修改变量都很方便。

4. listdlg 函数

此函数的功能为创建一个列表选择对话框供用户选择输入，调用格式见表 2-21。

表 2-21　　　　　　　　　　　　　　　　　listdlg 调用格式

调 用 格 式	说　　　明
[indx,tf]=listdlg('ListString',list)	创建一个模态对话框，从指定的列表中选择一个或多个项目。list 值是要显示在对话框中的项目列表 返回两个输出参数 indx 和 tf，其中包含有关用户选择了哪些项目的信息。对话框中包括 "全选" "取消" "确定" 按钮。可以使用名称-值对组'SelectionMode','single'将选择限制为单个项目
[indx,tf]=listdlg('ListString',list,Name,Value)	使用一个或多个名称-值对组参数指定其他选项

例 2-62：列表选择对话框演示。

解：MATLAB 程序如下。

```
>> [indx,tf] = listdlg('PromptString', {'选择 MATLAB 要下载版本？'}, 'ListString',
{'2020a','2019a','2018a','2017a ','2016a '}); % 创建一个列表选择对话框
```

得到图 2-10 所示的菜单。

图 2-10　列表选择对话框演示

2.5.5 MATLAB 程序的调试命令

MATLAB 程序设计完成后，程序并不是也不可能是完美无缺、没有任何问题的，甚至有些设计的 MATLAB 程序根本不能运行。此时，一方面可以按程序的功能逐一检查其正确性，另一方面可以用 MATLAB 程序的调试命令对程序进行调试。MATLAB 有多个调试命令。

必须注意到，调试命令不能用于非函数文件；在调试模式下，程序中断后命令行窗口的提示符为 k。

1. dbstop 命令

该命令的功能是以编程方式设置断点。用来临时中断一个函数式文件的执行，给用户提供一个考查函数局部变量的机会。

2. dbcont 命令

该命令的功能是用来恢复因执行 dbstop 命令而中断（中断后的提示符为 k）的程序。用 dbcont 命令恢复程序执行，一直到遇到已经设置的断点或者出现错误，或者返回基本工作区。

3. dbstep 命令

该命令用于执行一行或多行代码。在调试模式下，dbstep 允许用户实现逐行跟踪。

4. dbstack 命令

该命令用来列出调用关系。

5. dbstatus 命令

该命令用来列出全部断点。

6. dbtype 命令

该命令用来显示带行号的文件内容，以协助用户设置断点。

7. dbquit 命令

该命令用来退出调试模式。在调试模式下，dbquit 命令可立即强制中止调试模式，将控制转向基本工作区。此时，函数式文件的执行没有完成，也没有产生返回值。

8. dbclear 命令

该命令用来删除全部断点。

2.6　函数句柄

函数句柄是 MATLAB 中用来间接调用函数的一种语言结构，用以在使用函数过程中保存函数的相关信息，尤其是关于函数执行的信息。

2.6.1　函数句柄的创建与显示

函数句柄的创建可以通过特殊符号@引导函数名来实现。函数句柄实际上就是一个结构数组。

```
>> fun_handle=@new          %创建了函数 new 的函数句柄
fun_handle =
          @new
```

函数句柄的内容可以通过函数 functions 来显示，并返回函数句柄所对应的函数名、类型、文件类型以及加载。函数类型见表 2-22。

表 2-22   函数类型

函 数 类 型	说 明
functions	显示关于函数句柄的信息
simple	未加载的 MATLAB 内部函数、M 文件，或只在执行过程中才能用 type 函数显示内容的函数
subfunction	MATLAB 子函数
private	MATLAB 局部函数
constructor	MATLAB 类的创建函数
overloaded	加载的 MATLAB 内部函数或 M 文件

函数的文件类型是指该函数句柄的对应函数是否为 MATLAB 的内部函数。

函数的加载方式只有当函数类型为 overloaded 时才存在。

例 2-63：余弦函数句柄演示。

解：MATLAB 程序如下。

```
>> fh = @cos;
>> s = functions(fh)
s =
  包含以下字段的 struct:
    function: 'cos'
        type: 'simple'
        file: ''
```

2.6.2   函数句柄的调用与操作

函数句柄的操作可以通过 feval 进行，格式如下。

$$[y1, y2, \cdots, yn] = feval(fhandle, x1, \cdots, xn)$$

其中，fhandle 为函数句柄的名称，$x1, \cdots, xn$ 为参数列表。

这种调用相当于执行以参数列表为输入变量的函数句柄所对应的函数。

例 2-64：正弦函数句柄演示。

解：MATLAB 程序如下。

```
>> fun = 'sin';
>> x1 = pi;
>> y = feval(fun,x1)
y =
  1. 2246e-16
```

2.6.3   辅助函数

在 MATLAB 的程序设计中有几组辅助函数可以用来支持 M 文件的编辑，包括执行函数、容错函数和时间控制函数等，合理使用这些函数可以丰富函数的功能。

1. 执行函数

在 MATLAB 中提供了一系列的执行函数，这些执行函数分别在不同的领域执行不同的功能。具体见表 2-23。

表 2-23　　　　　　　　　　　　　　　　　执行函数及功能

函　数　名	功　　能	函　数　名	功　　能
eval	字符串调用	evalc	执行 MATLAB 表达式
feval	字符串调用 M 文件	evalin	计算工作空间中的表达式
builtin	外部加载调用内置函数	assignin	工作空间中分配变量
run	运行脚本文件		

例 2-65：输入矩阵名称

解：MATLAB 程序如下。

```
>> x = magic(5);
>> expression = input('Enter the name of a matrix: ','s');
Enter the name of a matrix: 1     %用户输入
>> eval(expression)
ans =
    1
```

2. 容错函数

一个程序设计的好坏在很大程度上也取决于其容错能力的大小。MATLAB 中也提供了相应的报错及警告的函数。

函数 error 可以在命令行窗口中显示错误信息，以提示用户或输入错误或调用错误等，调用格式如下。

```
error ( 'MESSAGE' )
```

这种格式的功能：如果调用 M 文件时触发函数 error，则将中断程序的运行，显示错误信息；其他调用格式和相关函数可以查询 MATLAB 中的联机帮助。

3. 时间控制函数

在程序设计中，尤其是在数值计算的程序设计中，计时函数很多时候起到很大的作用，在比较各种算法的执行效率中也起到决定性的作用。MATLAB 系统提供了如下的相关函数。

● 函数 cputime：以 cpu 时间方式计时，其中，输出结果为需要计时的程序段所占用的 cpu 时间。

例 2-66：计算矩阵运行时间。

解：MATLAB 程序如下。

```
>> t=cputime;
>> a=magic(5)+ones(5); % 计算矩阵假发
>> e=cputime-t          % 计算运行时间
e =
    0.0156
```

● 函数 tic、toc：函数 tic 和函数 toc 同时使用来计时。

调用格式如下。

```
tic
  operations
toc
```

这种格式的功能：显示程序 operations 所用的时间，这种格式显示的时间是以秒为单位的。

例 2-67：计算矩阵运行时间 2。

解：MATLAB 程序如下。

```
>> tic
>> A = rand(100);
>> B = magic(100);
>> toc
时间已过 0.003920 秒。
>> C = A'.*B';
>> toc
时间已过 5.015955 秒。
```

另外，MATLAB 还提供了一些其他的时间控制函数，这里以表格形式给出，不再做进一步解释，见表 2-24。

表 2-24   时间控制函数

函 数 名	作 用	函 数 名	作 用
etime	计算两个时刻的时间差	date	以字符型显示当前日期
now	以数值型显示当前的时间和日期	clock	以向量形式显示当前的时间及日期
datenum	转换为数值型格式显示日期	calendar	当月的日历表
datetick	指定坐标轴的日期表达形式	datestr	转换为字符型格式显示日期
weekday	当前日期对应的星期表达	eomday	给出指定年月的当月最后一天
datevec	转换为向量形式显示日期		

4. 内存的管理

众所周知，对于存储的合理操作和管理会提高程序的运行效率。各种系统都是如此，MATLAB 也不例外。

为此，MATLAB 提供了一系列的函数用来管理内存，见表 2-25。

表 2-25   管理内存函数

函 数 名	作 用
load	从磁盘中调出指定变量
pack	重新分配内存
clear	从内存中清除所有变量及函数
save	把指定的变量存储至磁盘
quit	退出 MATLAB 环境，释放所有内存

5. 数据的预定义

虽然在 MATLAB 中没有规定使用变量时必须预先定义，但是对于未定义的变量，如果操作过程中出现越界赋值时，系统将不得不对变量进行扩充，这样的操作大大降低了程序的运行效率，所以，对于可能出现变量维数不断扩大的问题，应当预先估计变量可能出现的最大维数，进行预定义。

6. 函数 profile

为了分析程序执行过程中各个函数的耗时情况，MATLAB 提供了记录 M 文件调用过程的功能，以此来了解文件执行过程中出现的瓶颈问题。

实现 M 文件调用记录的函数为 profile，profile 的调用格式见表 2-26。

表 2-26 profile 的调用格式

调 用 格 式	说　　明
profile action	使用指定的选项启动或重新启动探查器，action 可指定为以下选项之一 on：启动探查器，并清除以前记录的探查统计信息 off：停止探查器 resume：重新启动探查器，而不清除以前记录的统计信息 clear：清除记录的统计信息 viewer：停止探查器并在"探查器"窗口中显示结果 info：停止探查器并返回包含结果的结构体 status：返回包含探查器状态信息的结构体
profile action option1 … optionN	使用指定的选项启动或重新启动探查器，其中的控制参数 action 有多种，见表 2-27
s=profile('status')	显示当前的调用状态
stats=profile('info')	中断调用并返回记录结果

表 2-27 调用记录函数 option 选项

参　　数	功　　能
-history	记录确定序列的函数调用
-historysize integer	指定要记录的函数进入和退出事件的数目。默认情况下，historysize 为 1000000
-nohistory	默认设置，禁用记录函数调用的确切顺序
timer 'performance'	默认设置，使用操作系统提供的时钟挂钟时间来测量性能
-timer 'processor'	直接使用来自处理器的挂钟时间
-timer 'real'	使用操作系统报告的系统时间
-timer 'cpu'	使用计算机时间并跨所有线程汇总时间

例 2-68：描述对函数的调用。

解：MATLAB 程序如下。

```
>> profile on
>> A = rand(5);
>> B = magic(5);
>> p = profile('info')
p =
  包含以下字段的 struct:
     FunctionTable: [36×1 struct]
   FunctionHistory: [2×218 double]
    ClockPrecision: 3.9473e-07
        ClockSpeed: 2.6000e+09
              Name: 'MATLAB'
          Overhead: 0
```

profsave 函数以 HTML 格式保存配置文件报告，该命令的调用格式见表 2-28。

表 2-28 profsave 的调用格式

调 用 格 式	说 明
profsave	为 profile 返回的结构体的 FunctionTable 字段中列出的每个函数单独创建一个 HTML 文件，默认情况下，将 HTML 文件存储在名为 profile_results 的当前文件夹的子文件夹中
profsave(profinfo)	以 HTML 格式保存分析结果 profinfo
profsave(profinfo,dirname)	以 HTML 格式保存分析结果 profinfo，并将它们存储在 dirname 指定的文件夹中

2.7 操作实例——调用记录结果的显示

本节用一个例子说明如何显示调用记录的结果。

编制 M 文件 mprof.m。

```
function f=mprof
%This function is devoted to demonstrate the use of 'profile'
profile on
plot(magic(35))
profile viewer
profsave(profile('info'),'profile_results')
profile on -history
plot(magic(4));
 p = profile('info');
for n = 1:size(p.FunctionHistory,2)
  if p.FunctionHistory(1,n)==0
     str = 'entering function: ';
  else
     str = ' exiting function: ';
  end
    disp([str p.FunctionTable(p.FunctionHistory(2,n)).FunctionName]);
end
```

在命令行窗口中运行后得到如下结果。

```
>> mprof  % 调用 M 文件
entering function: zh2_7
entering function: mprof
entering function: magic
 exiting function: magic
entering function: newplotwrapper
entering function: newplot
  ......
```

并得到图 2-11 所示的页面。

本页面包括函数名称（包括内置函数、函数和子函数等）、调用次数、总时间、自用时间和总时间图。

程序运行结果如图 2-12 所示。

下面介绍图 2-13 html 格式的静态复制。

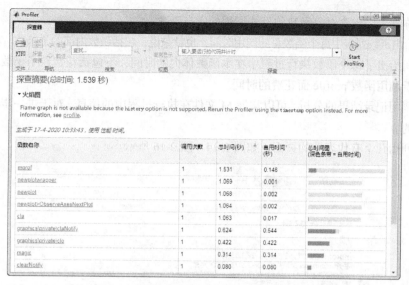

图 2-11　调用、耗时记录

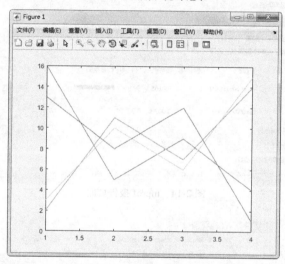

图 2-12　程序运行结果

图 2-13　html 格式格式摘要

函数名称列表中包含对象函数的形式调用的所有函数。

总时间给出函数列表中每个函数总的调用时间，也就是说，包括函数内部的子函数所耗用的时间。

自用时间给出了每个函数执行过程中在本函数体内的时间，不包括花费在子函数上的时间，但是包括由于调用函数 profile 而花费的时间。

通过对调用记录结果的分析，可以掌握 M 文件在执行过程中的信息，对于进一步优化编程是非常有意义的。

这里仅列出几个有代表性的页面，如图 2-14 ~ 图 2-16 所示。

图 2-14　mprof 报告页面

图 2-15　函数 magic 页面

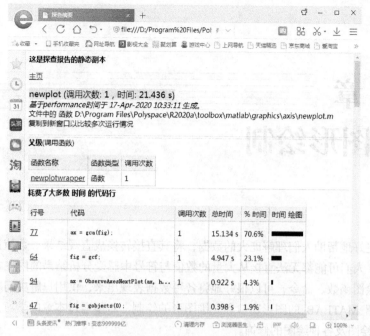

图 2-16 newplot 函数页面

第3章
二维图形绘制

内容指南

图形可以更好地帮助人们理解庞大的数据，将其直接转换成直观结果。数值计算与符号计算无论多么正确，人们可能都无法直接从大量的数值与符号中感受分析结果的内在本质。MATLAB提供了大量的绘图函数、命令，可以很好地将各种数据表现出来，供用户解决问题。

本章将介绍 MATLAB 的图形窗口和二维图形的绘制。希望通过本章的学习，读者能够进行MATLAB 二维绘图及各种绘图的修饰。

知识重点

- 二维曲线的绘制
- 图形属性设置

3.1　二维曲线的绘制

二维曲线是将平面上的数据连接起来的平面图形，数据点可以用向量或矩阵来提供。MATLAB 的大量数据计算给二维曲线提供了应用平台，这也是 MATLAB 有别于其他科学计算的编程语言的特点，MATLAB 实现了数据结果的可视化，且具有强大的图形功能。

3.1.1　绘制二维图形

MATLAB 提供了各类函数用于绘制二维图形。

1. Figure 命令

在 MATLAB 的命令行窗口中输入 "figure"，将打开一个图 3-1 所示的图形窗口。

在 MATLAB 的命令行窗口输入绘图命令（如plot 命令）时，系统会自动建立一个图形窗口。有时，在输入绘图命令之前已经有图形窗口打开，这时绘图命令会自动将图形输出到当前窗口。当前窗口通常是最后一个使用的图形窗口，这个窗口的图形也将被覆盖，而用户往往不希望这样。学完本节内容，读者便能轻松地解决这个问题。

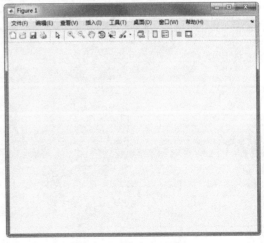

图 3-1　新建的图形窗口

在 MATLAB 中，使用函数 figure 来建立图形窗口。调用格式见表 3-1。

表 3-1 figure 调用格式

调 用 格 式	说 明
figure	创建一个图形窗口
figure('PropertyName',PropertyValue,…)	对指定的属性 PropertyName，用指定的属性值 PropertyValue（属性名与属性值成对出现）创建一个新的图形窗口；对于那些没有指定的属性，则用默认值，属性名与属性值对如表 3-2 所示
f = figure(…)	返回 Figure 对象 f，可使用 f 在创建图窗后查询或修改其属性
figure(f)	将 f 指定的图窗作为当前图窗，并将其显示在其他所有图窗的上面
figure(n)	创建一个编号为 Figure(n)的图形窗口，其中 n 是一个正整数，表示图形窗口的句柄

表 3-2 属性名与属性值对

属 性 名	说 明	属 性 值
'Name'	名称	''（默认）、字符向量、字符串标量
'Color'	背景色	RGB 三元组、十六进制颜色代码、'r'、'g'、'b'……
'Position'	可绘制区域的位置和大小	[left bottom width height]形式的向量，此区域不包括图窗边框、标题栏、菜单栏和工具栏
'Units'	测量单位	'pixels'（默认）、'normalized'、'inches'、'centimeters'、'points'、'characters'

figure 函数产生的图形窗口的编号是在原有编号基础上加 1，如果用户想关闭图形窗口，则可以使用命令 close。如果用户不想关闭图形窗口，仅仅是想将该窗口的内容清除，则可以使用函数 clf 来实现。

另外，命令 clf(rest)除了能够消除当前图形窗口的所有内容以外，还可以将该图形除了位置和单位属性外的所有属性都重新设置为默认状态。当然，也可以通过使用图形窗口中的菜单项来实现相应的功能，这里不再赘述。

2. plot 绘图函数

plot 函数是最基本的绘图命令，也是最常用的一个绘图命令。当执行 plot 命令时，系统会自动创建一个新的图形窗口。若之前已经有图形窗口打开，那么系统会将图形画在最近打开过的图形窗口上，原有图形也将被覆盖。本节将详细讲述该命令的各种用法。

plot 函数主要有下面几种调用格式。

（1）plot(x)

这个函数格式的功能如下。

● 当 **x** 是实向量时，则绘制出以该向量元素的下标（即向量的长度，可用 MATLAB 函数 length()求得的值为横坐标），以该向量元素的值为纵坐标的一条连续曲线。

● 当 **x** 是实矩阵时，按列绘制出每列元素值相对齐下标的曲线，曲线数等于 **x** 的列数。

● 当 **x** 是负数矩阵时，按列分别绘制出以元素实部为横坐标，以元素虚部为纵坐标的多条曲线。

例 3-1：随机生成一个行向量 **a** 以及一个实方阵 **b**，并用 MATLAB 的 plot 画图命令作出 **a**、**b** 的图像。

解：MATLAB 程序如下。

```
>> a=magic(10);
>> plot(a)
```

运行后所得的图像为图 3-2。

例 3-2：绘制三角函数曲线。

解：MATLAB 程序如下。

```
>> x=0:pi/100: pi;        %创建 0 到无的向量 x，元素间隔为 pi/100
>> Y=cos(x)+sin(x);
>> plot(Y)
```

运行后所得的图像如图 3-3 所示。

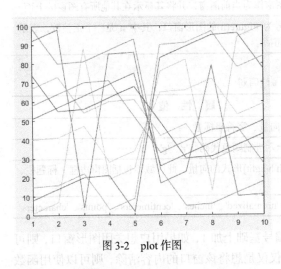

图 3-2   plot 作图

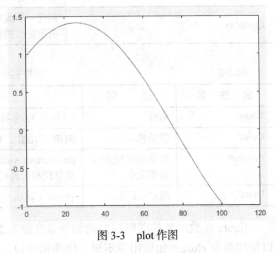

图 3-3   plot 作图

（2）plot(x,y)

这个函数格式的功能如下。

- 当 *x*、*y* 是同维向量时，绘制以 *x* 为横坐标、*y* 为纵坐标的曲线。
- 当 *x* 是向量、*y* 是有一维与 *x* 等维的矩阵时，绘制出多根不同颜色的曲线，曲线数等于 *y* 阵的另一维数，*x* 作为这些曲线的横坐标。
- 当 *x* 是矩阵、*y* 是向量时，同上，但以 *y* 为横坐标。
- 当 *x*、*y* 是同维矩阵时，以 *x* 对应的列元素为横坐标，以 *y* 对应的列元素为纵坐标分别绘制曲线，曲线数等于矩阵的列数。

例 3-3：绘制三角函数曲线。

解：MATLAB 程序如下。

```
>> t=0:pi/100: pi;
>> Y=cos(t)+sin(t);
>> plot(t,Y)
```

运行后所得的图像如图 3-4 所示。

对比图 3-3 与图 3-4，观察两图有何区别，从而分析是何种原因导致这种结果。

例 3-4：复数向量绘图。

解：MATLAB 程序如下。

```
>> clear
>> x=0:2*pi/90:4*pi;
>> y=x.*exp(i*x);
>> plot(real(y),imag(y))
```

运行后得到如图 3-5 所示的图形。

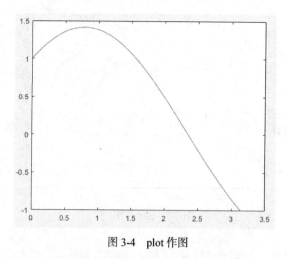

图 3-4 plot 作图

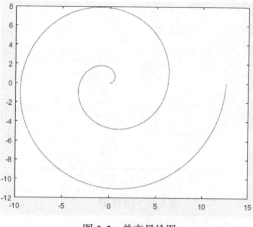

图 3-5 单变量绘图

（3）plot(x1,y1,x2,y2,…)

这个函数格式的功能是绘制多条曲线。在这种用法中，（xi,yi）必须是成对出现的，上面的命令等价于逐次执行 plot(xi,yi)命令，其中 $i=1$，2……

例 3-5：三角函数绘图。

解：MATLAB 程序如下。

```
>> x=0:pi/100:2*pi;
>> y1=sin(2*x);
>> y2=2*cos(2*x);
>> plot(x,y1,x,y2)
```

运行后得到如图 3-6 所示的图形。

（4）plot(x,y,s)

其中 x、y 为向量或矩阵，s 为用单引号标记的字符串，用来设置所画数据点的类型、大小、颜色以及数据点之间连线的类型、粗细、颜色等。实际应用中，s 是某些字母或符号的组合，这些字母和符号会在后面进行介绍。s 可以省略，此时将由 MATLAB 系统默认设置。

（5）plot(x1,y1,s1,x2,y2,s2,…)

这种格式的用法与用法 3 相似，不同之处的是此格式有参数的控制，运行此命令等价于依次执行 plot(xi,yi,si)，其中 $i=1$，2……

例 3-6：在同一个图上画出 $y=\log x$，$y=\dfrac{e^{0.1x}}{5000}$ 的图像。

解：MATLAB 程序如下。

```
>> x1=linspace(1,100);
>> x2=x1/10;
>> y1=log(x1);
>> y2=exp(x2)./5000;
>> plot(x1,y1,x2,y2)
```

运行结果如图 3-7 所示。

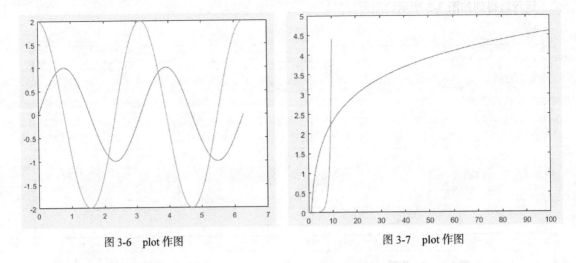

图 3-6　plot 作图　　　　　　　　　图 3-7　plot 作图

（6）plot(…,Name,Value)

这种格式使用一个或多个 Name-Value 对组参数指定线条属性，线条的设置属性如表 3-3 所示。

表 3-3　　　　　　　　　　　　　　　　线条属性表

字　　符	说　　明	参　数　值
color	线条颜色	指定为 RGB 三元组、十六进制颜色代码、颜色名称或短名称
LineWidth	指定线宽	默认为 0.5
Marker	标记符号	'+'、'o'、'*'、'.'、'x'、'square'或's'、'diamond'或'd'、'v'、'^'、'>'、'<'、'pentagram'或'p'、'hexagram'或'h'、'none'
MarkerIndices	要显示标记的数据点的索引	[a b c]在第 a、第 b 和第 c 个数据点处显示标记
MarkerEdgeColor	指定标识符的边缘颜色	'auto'（默认）、RGB 三元组、十六进制颜色代码、'r'、'g'、'b'
MarkerFaceColor	指定标识符的填充颜色	'none'（默认）、'auto'、RGB 三元组、十六进制颜色代码、'r'、'g'、'b'
MarkerSize	指定标识符的大小	默认为 6
DatetimeTickFormat	刻度标签的格式	'yyyy-MM-dd'、'dd/MM/yyyy'、'dd.MM.yyyy'、'yyyy 年 MM 月 dd 日'、'MMMM d, yyyy'、'eeee, MMMM d, yyyy HH:mm:ss'、'MMMM d, yyyy HH:mm:ss Z'
DurationTickFormat	刻度标签的格式	'dd:hh:mm:ss' 'hh:mm:ss' 'mm:ss' 'hh:mm'

（7）plot(plot(ax,…)

在由 ax 指定的坐标区中绘制图形。

（8）h=plot(…)

创建由图形线条对象组成的列向量 h，可以使用 h 修改图形数据的属性。

3. 设置曲线样式

曲线一律采用"实线"线型，不同曲线将按表 3-5 所给出的前 7 种颜色（蓝、绿、红、青、品红、黄、黑）顺序着色。

s 的合法设置见表 3-4 ~ 表 3-6。

表 3-4   线型符号及说明

线 型 符 号	符 号 含 义	线 型 符 号	符 号 含 义
-	实线（默认值）	:	点线
--	虚线	-.	点画线

表 3-5   颜色控制字符表

字 符	色 彩	RGB 值
b(blue)	蓝色	001
g(green)	绿色	010
r(red)	红色	100
c(cyan)	青色	011
m(magenta)	品红	101
y(yellow)	黄色	110
k(black)	黑色	000
w(whitc)	白色	111

表 3-6   线型控制字符表

字 符	数 据 点	字 符	数 据 点
+	加号	>	向右三角形
o	小圆圈	<	向左三角形
*	星号	s	正方形
.	实点	h	正六角星
x	交叉号	p	正五角星
d	棱形	v	向下三角形
^	向上三角形		

例 3-7：用图形表示函数 $y1 = e^{-x}, y2 = x^2, y3 = \sin(2x)$ 在[0，1]区间十等分点处的值。

解：MATLAB 程序如下。

```
>> x=0:0.1:1;
>> y1=x.*exp(-x);
>> y2=x.^2;
>> y3=sin(2*x);
>> plot(x,y1,'b*',x,y2,'m:',x,y3,'r')
```

运行结果如图 3-8 所示。

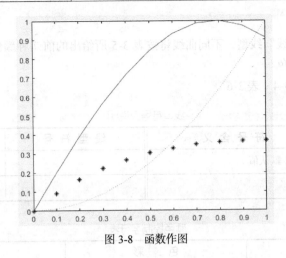

图 3-8　函数作图

3.1.2　多图形显示

在实际应用中，为了进行不同数据的比较，有时需要在同一个视窗下观察不同的图像，这就需要用不同的操作命令进行设置。

1. 图形分割

如果要在同一图形窗口中分割出所需要的几个窗口来，可以使用 subplot 函数，它的调用格式如表 3-7 所示。

表 3-7　　　　　　　　　　　　　　　　subplot 调用格式

调 用 格 式	说　　明
subplot(m,n,p)	将当前窗口分割成 $m \times n$ 个视图区域，并指定第 p 个视图为当前视图
subplot(m,n,p,'replace')	删除位置 p 处的现有坐标区并创建新坐标区
subplot(m,n,p,'align')	创建新坐标区，以便对齐图框。此选项为默认行为
subplot(m,n,p,ax)	将现有坐标区 ax 转换为同一图窗中的子图
subplot('Position',pos)	在 pos 指定的自定义位置创建坐标区。指定 pos 作为[left bottom width height]形式的四元素向量。如果新坐标区与现有坐标区重叠，新坐标区将替换现有坐标区
subplot(⋯,Name,Value)	使用一个或多个名称-值对组参数修改坐标区属性
ax = subplot(⋯)	返回创建的 Axes 对象，可以使用 ax 修改坐标区
subplot(ax)	将 ax 指定的坐标区设为父图窗的当前坐标区。如果父图窗尚不是当前图窗，此选项不会使父图窗成为当前图窗

需要注意的是，这些子图的编号是按行来排列的，例如第 s 行第 t 个视图区域的编号为$(s-1) \times n+t$。如果在此命令之前并没有任何图形窗口被打开，那么系统将会自动创建一个图形窗口，并将其为割成 $m \times n$ 个视图区域。

在命令行窗口中输入下面的程序。

```
>> subplot(2,1,1)
>> subplot(2,1,2)
```

弹出如图 3-9 所示的图形显示窗口，在该窗口中显示两行一列的两个图形。

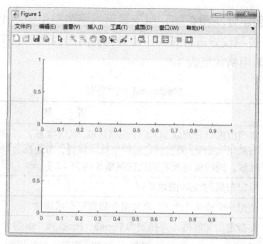

图 3-9　显示图形分割

例 3-8： 显示 2×2 图形分割。

解： MATLAB 程序如下。

```
>> t1=(0:11)/11*pi;    % 创建 0 到 π 的向量 t1，默认元素间隔为 pi/11
>> t2=(0:400)/400*pi;  % 创建 0 到 π 的向量 t2，默认元素间隔为 pi/400
>> t3=(0:50)/50*pi;    % 创建 0 到 π 的向量 t3，默认元素间隔为 pi/50
>> y1=sin(t1).*sin(9*t1);  % 定义以向量 t1 为自变量的函数表达式 y1
>> y2=sin(t2).*sin(9*t2);  % 定义以向量 t2 为自变量的函数表达式 y2
>> y3=sin(t3).*sin(9*t3);  % 定义以向量 t3 为自变量的函数表达式 y3
>> subplot(2,2,1),plot(t1,y1,'r.')  % 绘制曲线 1，以 t1 为横坐标、以 y1 为纵坐标，曲线颜色为红
色，曲线样式为实点。显示第一个图形，如图 3-10 所示
>> subplot(2,2,2),plot(t1,y1,t1,y1,'r.')  %显示第二个图形——两条曲线，第一条曲线以 t1 为横
坐标、y1 为纵坐标，曲线颜色为红色，曲线样式为实点；第二条曲线以 t1 为横坐标、y1 为纵坐标，不设置线型与颜色，
使用默认参数，为蓝色实线，如图 3-11 所示
>> subplot(2,2,3),plot(t2,y2,'r.')  % 显示第三个图形，曲线以 t2 为横坐标、y2 为纵坐标，曲线颜
色为红色，曲线样式为实点，如图 3-12 所示。该图与图 3-10 相比，曲线轮廓、颜色、线型均相同，取值点个数不同，
曲线轮廓更精确。
>> subplot(2,2,4),plot(t3,y3)  %显示第四个图形，曲线以 t3 为横坐标、y3 为纵坐标，未设置线型与颜
色，使用默认参数，为蓝色实线，如图 3-13 所示。
```

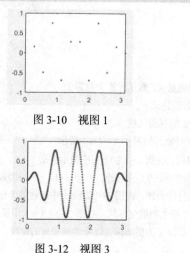

图 3-10　视图 1

图 3-11　视图 2

图 3-12　视图 3

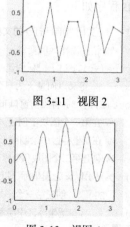

图 3-13　视图 4

　　tiledlayout 函数用于创建分块图布局，用于显示当前图窗中的多个绘图。如果没有图窗，MATLAB 创建一个图窗并按照设置进行布局。如果当前图窗包含一个现有布局，MATLAB 使用新布局替换该布局。它的调用格式见表 3-8。

表 3-8　　　　　　　　　　　　　　　　　　tiledlayout 调用格式

调 用 格 式	说　　明
tiledlayout(m,n)	将当前窗口分割成 $m \times n$ 个视图区域，默认状态下，只有一个空图块填充整个布局。当调用 nexttile 函数创建新的坐标区域时，布局都会根据需要进行调整以适应新坐标区，同时保持所有图块的纵横比约为 $4:3$
tiledlayout('flow')	指定布局的'flow'图块排列
tiledlayout(⋯,Name,Value)	使用一个或多个名称-值对组参数指定布局属性
tiledlayout(parent,⋯)	在指定的父容器（可指定为 Figure、Panel 或 Tab 对象）中创建布局
t = tiledlayout(⋯)	返回 TiledChartLayout 对象 t，使用 t 配置布局的属性

　　分块图布局包含覆盖整个图窗或父容器的不可见图块网格。每个图块可以包含一个用于显示绘图的坐标区。创建布局后，调用 nexttile 函数将坐标区对象放置到布局中。然后调用绘图函数在该坐标区中绘图。nexttile 函数的调用格式见表 3-9。

表 3-9　　　　　　　　　　　　　　　　　　nexttile 调用格式

调 用 格 式	说　　明
nexttile	创建一个坐标区对象，再将其放入当前图窗中的分块图布局的下一个空图块中
nexttile(tilenum)	指定要在其中放置坐标区的图块的编号。图块编号从 1 开始，按从左到右、从上到下的顺序递增。如果图块中有坐标区或图对象，nexttile 会将该对象设为当前坐标区
nexttile(span)	创建一个占据多行或多列的坐标区对象。指定 span 作为[r c]形式的向量。坐标区占据 r 行×c 列的图块。坐标区的左上角位于第一个空的 $r \times c$ 区域的左上角
nexttile(tilenum,span)	创建一个占据多行或多列的坐标区对象。将坐标区的左上角放置在 tilenum 指定的图块中
nexttile(t,⋯)	在 t 指定的分块图布局中放置坐标区对象
ax = nexttile(⋯)	返回坐标区对象 ax，使用 ax 对坐标区设置属性

　　例 3-9：图窗布局应用。

　　解：MATLAB 程序如下。

```
>> close all    % 关闭当前已打开的文件
>> clear        % 清除工作区的变量
>> x = linspace(-pi,pi);  % 创建-π 到 π 的向量 x，默认元素个数为 100
>> y = sin(x);  % 定义以向量 x 为自变量的函数表达式 y1
>> tiledlayout(2,2)  % 将当前窗口布局为 2×2 的视图区域
>> nexttile     % 在第一个图块中创建一个坐标区对象，如图 3-14（a）所示
>> plot(x)      % 在新坐标区中绘制图形，绘制曲线，在图 3-14（b）中显示图形 1
>> nexttile     % 创建第二个图块和坐标区，并在新坐标区中绘制图形，在图 3-14（c）中显示新建的坐标区域
>> plot(x,y)    %显示以 x 为横坐标、以 y 为纵坐标的曲线，在图 3-14（d）中新建的坐标区域中绘制图形
>> nexttile([1 2])  % 创建第三个图块，占据 1 行 2 列的坐标区，在图 3-14（e）中显示新建的坐标区域
>> plot(x,y)         %在新坐标区中绘制图形,显示以 x 为横坐标、以 y 为纵坐标的曲线，在图 3-14（f）中
新建的坐标区域中绘制图形
```

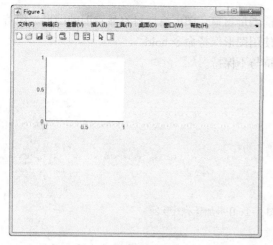

（a）创建坐标区域

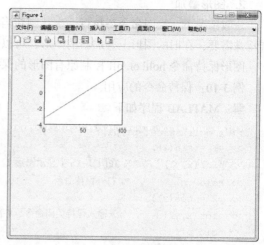

（b）绘制图形 1

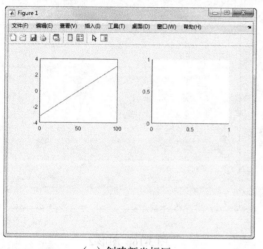

（c）创建新坐标区

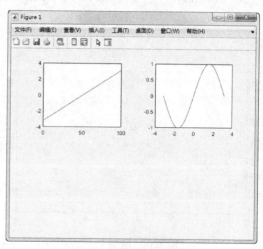

（d）绘制新坐标区图形

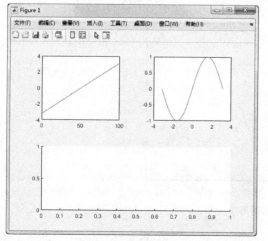

（e）创建新坐标区

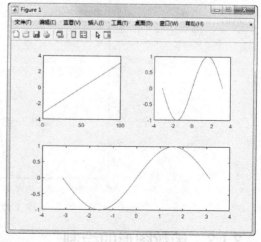

（f）绘制新坐标区图形

图 3-14 图窗布局

2. 图形叠加

一般情况下，绘图命令每执行一次就刷新当前图形窗口，图形窗口将不显示旧的图形。但若有特殊需要，在旧的图形上叠加新的图形，可以使用图形保持命令 hold。

图形保持命令 hold on/off 控制原有图形的保持与不保持。

例 3-10：保持命令的应用。

解：MATLAB 程序如下。

```
>> x = linspace(-pi,pi);
>> y1 = sin(x);
>> plot(x,y1)          % 在图 3-15 中显示图形 1
>> hold on             % 打开保持命令
>> y2 = cos(x);
>> plot(x,y2)          %未输入保持关闭命令，在图 3-16 中叠加显示图形 2
>> hold off
>> y3 = sin(2*x);
>> plot(x,y3)          %关闭保持命令，单独显示图形 3，如图 3-17 所示
```

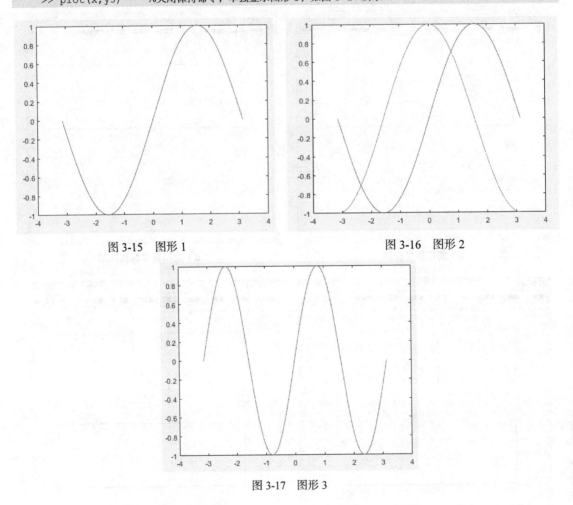

图 3-15　图形 1　　　　　　　　　　　　图 3-16　图形 2

图 3-17　图形 3

3.1.3　函数图形的绘制

fplot 函数是一个专门用于画图像的函数。plot 函数也可以画一元函数图像，两个函数的区别如下。

● plot 函数是依据给定的数据点来作图的,而在实际情况中,一般并不清楚函数的具体情况,因此依据所选取的数据点作的图像可能会忽略真实函数的某些重要特性,给科研工作造成不可估计的损失。

● fplot 函数用来指导数据点的选取,通过其内部自适应算法,在函数变化比较平稳处,它所取的数据点就会相对稀疏一点,在函数变化明显处所取的数据点就会自动密一些,因此用 fplot 函数所作出的图像要比用 plot 函数作出的图像光滑准确。

fplot 函数的主要调用格式见表 3-10。

表 3-10　　　　　　　　　　　　　fplot 调用格式

调 用 格 式	说 明
fplot(f)	在 x 默认区间[-5,5]内绘制由函数 $y = f(x)$ 定义的曲线。定义的曲线改用函数句柄,例如'sin(x)',改为@(x)sin(x)
fplot(f,lim)	在 lim 指定的范围内画出一元函数 f 的图形,将区间指定为[xmin xmax]形式的二元素向量
fplot(f,lim,s)	用指定的线型 s 画出一元函数 f 的图形
fplot(f,lim,n)	画一元函数 f 的图形时,至少描出 $n+1$ 个点
fplot(funx,funy)	在 t 的默认间隔[-5,5]上绘制由 $x = funx(t)$ 和 $y = funy(t)$ 定义的曲线
fplot(funx,funy,tinterval)	在指定的时间间隔内绘制。将间隔指定为[tmin,tmax]形式的二元向量
fplot(⋯,LineSpec)	指定线条样式、标记符号和线条颜色。例如,'-r'绘制一条红线。在前面语法中的任何输入参数组合之后使用此选项
fplot(⋯,Name,Value)	使用一个或多个名称-值对参数指定行属性
fplot(ax,⋯)	绘制到由 x 指定的轴中,而不是当前轴(GCA)。指定轴作为第一个输入参数
fp = fplot(⋯)	根据输入返回函数行对象或参数化函数行对象。使用 FP 查询和修改特定行的属性
[X,Y] = fplot(f,lim,⋯)	只返回横坐标与纵坐标的值给变量 X 和 Y,不绘制图形,如用户想绘制出图形,可用命令 plot(X,Y)

例 3-11:作出函数 $y = \sin x$、$y = \sin^3 x$,$x \in [1, 4]$ 的图像。

解:MATLAB 程序如下。

```
>> subplot(2,1,1),fplot(@(x)sin(x),[1,4]);
>> subplot(2,1,2),fplot(@(x)sin(x).^3,[1,4]);
```

运行结果如图 3-18 所示。

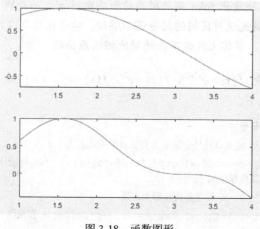

图 3-18　函数图形

提示：

在命令行窗口中输入以下内容。

```
subplot(2,1,1),fplot('sin(x)',[1,4]);
弹出如图 3-2 所示的函数图形，但显示警告
警告：以后的版本中将会删除 fplot 的字符输入。请改用
fplot(@(x)sin(x))。
> In fplot (line 105)
```

例 3-12：作出函数 $y = \sin\dfrac{1}{x}$，$x \in [0.01,\ 0.02]$ 的图像。

解：MATLAB 程序如下。

```
>> x=linspace(0.01,0.02,50);
>> y=sin(1./x);
>> subplot(2,1,1),plot(x,y)
>> subplot(2,1,2),fplot(@(x)sin(1/x),[0.01,0.02])
```

运行结果如图 3-19 所示。

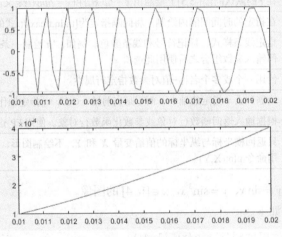

图 3-19　fplot 与 plot 的比较

注意：

从图 3-19 可以很明显地看出 fplot 函数所画的图要比用 plot 函数所作的图光滑精确。这主要是因为分点取得太少，也就是说对区间的划分还不够细，读者往往会以为对长度为 0.01 的区间作50 等分的划分已经够细了，事实上这远不能精确地描述原函数。

例 3-13：绘制指数函数 $f(x) = e^{x^2+2x}$，$f(x) = e^{2x}$，$f(x) = e^{x^2}$，$x \in [-\pi,\ \pi]$ 的图像。

解：MATLAB 程序如下。

```
>> syms x    % 定义符号变量 x
>> f=exp(x^2+2*x); % 定义以符号变量 x 为自变量的函数表达式 f
>> subplot(2,2,1),fp=fplot(@(x) exp(2*x),[-pi,pi]);   %将视图分为 2 行 2 列 4 个视图，在视图
1 中绘制函数曲线，将函数对象属性赋值给 fp
>> fp.LineStyle = ':';  % 设置曲线线型为点线
>> subplot(2,2,2),fp=fplot(@(x) exp(x.^2),[-pi,pi]);% 在视图 2 中绘制函数曲线，将函数对象
属性赋值给 fp
```

```
>> fp.Color = 'r';  %设置曲线颜色为红色
>> subplot(2,2,3),fp=fplot(@(x) exp(x.^2+2*x),[-pi,pi]);  % 在视图 3 中绘制函数曲线，将函
数对象属性赋值给 fp
>> fp.Marker = 'x';   % 在曲线中提那家标记，标记类型为五角星
>> fp.MarkerEdgeColor = 'b';  %曲线标记颜色为蓝色
>> subplot(2,2,4),fplot(f)   % 在视图 4 中绘制函数曲线
```

运行结果如图 3-20 所示。

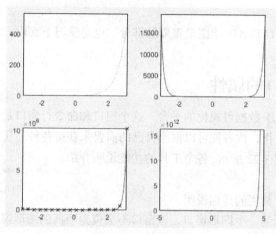

图 3-20　函数图形

例 3-14：将窗口分为 3 个，分别绘制函数 $f(x) = \sin x^2$、$f(x) = \cos x^5$、$f(x) = \sin x^2 + \cos x^5$ 的图形，其中，$x \in [0,5\pi]$。

解：MATLAB 程序如下。

```
>> syms x
>> subplot(1,3,1),fplot(sin(x)^2,[0,5*pi])
>> subplot(1,3,2),fplot(cos(x)^5,[0,5*pi])
>> subplot(1,3,3),fplot(sin(x)^2+cos(x)^5,[0,5*pi])
```

运行结果如图 3-21 所示。

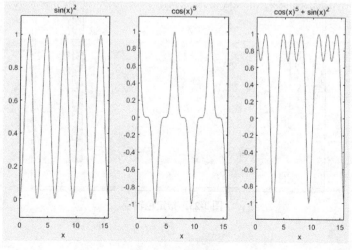

图 3-21　函数图形

知识拓展：

若能由函数方程 $F(x, y) = 0$ 确定 y 为 x 的函数 $y = f(x)$，即 $F(x, f(x)) \equiv 0$，就称 y 是 x 的隐函数。

3.2 图形属性设置

本节内容是学习用 MATLAB 绘图最重要的部分，也是学习下面内容的基础。本节将会详细介绍一些常用的控制参数。

3.2.1 图形窗口的属性

图形窗口是 MATLAB 数据可视化的平台，这个窗口和命令行窗口是相互独立的。如果能熟练掌握图形窗口的各种操作，读者便可以根据自己的需要来获得各种高质量的图形。

图形窗口工具栏如图 3-22 所示，各个工具的功能说明介绍如下。

图 3-22 图形窗口工具栏

下面是对图形窗口工具栏的详细说明。

：单击此图标将新建一个图形窗口，该窗口不会覆盖当前的图形窗口，编号紧接着当前窗口最后一个。

：打开图形窗口文件（扩展名为.fig）。

：将当前的图形以.fig 文件的形式存到用户所希望的目录下。

：打印图形。

：单击此图标后会在图形的右边出现一个色轴（见图 3-23），这将给用户在编辑图形色彩时带来很大的方便。

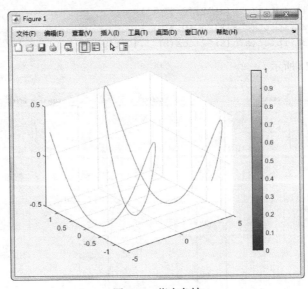

图 3-23 指定色轴

知识拓展：

图 3-24 中的三维曲线程序如下。

```
>> syms x y z
>> fplot3(x,sin(x)+cos(x),sin(x).*cos(x))
```

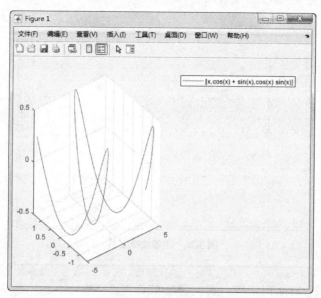

图 3-24　添加图形标注

：此图标用来给图形加标注。单击此图标后，在图形的右上方会出现，双击框内数据名称所在的区域，可以将 x 改为读者所需要的数据。

：单击此图标后，鼠标双击图形对象，在图形的下面会出现图 3-25 所示的图形编辑器窗口，可以对图形进行相应的编辑。

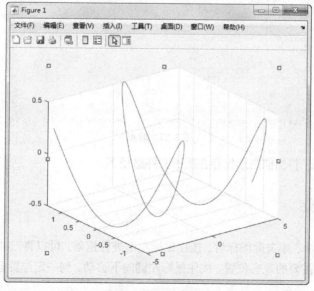

图 3-25　图形编辑器

将鼠标放在图形界面中的图像上，显示图形工具快捷，如图 3-26 所示。

：单击此图标后，光标会变为十字架形状，将十字架的中心放在图形的某一点上，然后单击鼠标左键会在图上出现该点在所在坐标系中的坐标值，如图 3-27 所示。

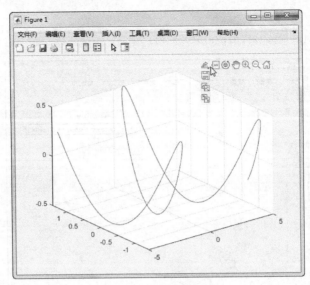

图 3-26　图像快捷工具

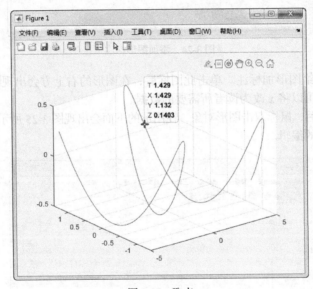

图 3-27　取点

　　🖫：另存为命令，将当前图形保存在图形文件路径下。

　　🖻：复制为图像。

　　🖺：复制为向量图。

　　🗐：数据提示。

　　◎：三维旋转命令，单击此图标后，按住鼠标左键进行拖动，可以将三维图形进行旋转操作，以便用户找到自己所需要的观察位置。按住鼠标左键向下移动，到一定位置会出现图 3-28 所示的螺旋线的俯视图。

　　🖐：平移命令，按住鼠标左键移动图形。

　　🔍：用鼠标单击或框选图形，可以放大图形窗口中的整个图形或图形的一部分。

　　🔍：缩小图形窗口中的图形。

　　⌂：还原视图命令，单击该图标，还原平移旋转的视图至曲线初始生成状态。

例 3-15：绘制隐函数 $f(x,y) = x^2 - y^4 = 0$ 在 $x \in (-2\pi, \ 2\pi)$，$y \in (-2\pi, \ 2\pi)$ 上的图像。

解：MATLAB 程序如下。

```
>> x=-2*pi:0.1*pi:2*pi;
>> y=-2*pi:0.1*pi:2*pi;
>> f=x.^2-y.^4;
>> plot(x,f,'mp')
```

运行结果如图 3-29 所示。

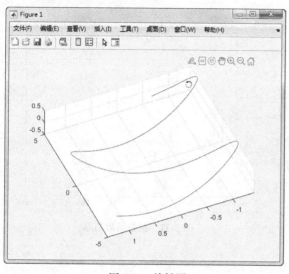

图 3-28　旋转图

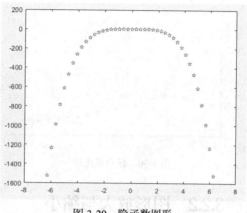

图 3-29　隐函数图形

例 3-16：任意描点的点样式图。

解：MATLAB 程序如下。

```
>> close all
>> x=0:pi/20:pi;
>> y1=sin(x);
>> y2=cos(x);
>> y3=x.^2;
>> hold on
>> plot(x,y1,'r*')
>> plot(x,y2,'kp')
>> plot(x,y3,'md')
>> hold off
```

运行结果如图 3-30 所示。

说明：

hold on 命令用来使当前轴及图形保持不变，准备接受此后 plot 所绘制的新的曲线。hold off 命令使当前轴及图形不再保持上述性质。

例 3-17：曲线属性的设置。绘制函数 $y1 = \sin t$，$y2 = \sin t \sin(9t)$ 图像。

解：MATLAB 程序如下。

```
>> t=0:pi/100:pi;
>> y1=sin(t);
>> y2=sin(t).*sin(9*t);
```

```
>> t3=pi*(0:9)/9;
>> y3=sin(t3).*sin(9*t3);
>> plot(t,y1,'r:',t,y2,'-bo')
>> hold on
>> plot(t3,y3,'s','MarkerSize',10,'MarkerEdgeColor',[0,1,0],'MarkerFaceColor',[1,0.8,0])
>> hold off
>> plot(t,y1,'r:',t,y2,'-bo',t3,y3,'s','MarkerSize',10,'MarkerEdgeColor', [0,1,0],
'MarkerFaceColor', [1,0.8,0])
```

运行结果如图 3-31 所示。

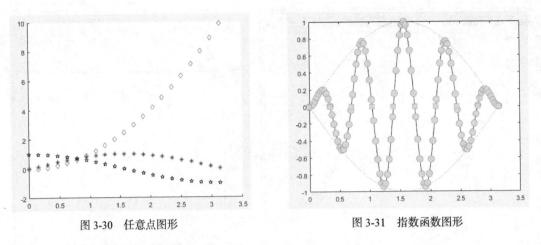

图 3-30   任意点图形   图 3-31   指数函数图形

3.2.2   图形放大与缩小

在工程实际中，常常需要对某个图像的局部性质进行仔细观察，这时可以通过 zoom 函数将局部图像进行放大，从而便于用户观察。

zoom 函数的调用格式见表 3-11。

表 3-11   zoom 调用格式

调 用 格 式	说　　明
zoom on	打开交互式图形放大功能
zoom off	关闭交互式图形放大功能
zoom out	将系统返回非放大状态，并将图形恢复原状
zoom reset	系统将记住当前图形的放大状态，作为放大状态的设置值，当使用 zoom out 或双击鼠标时，图形并不是返回到原状，而是返回 reset 时的放大状态
zoom	用于切换放大的状态：on 和 off
zoom xon	只对 x 轴进行放大
zoom yon	只对 y 轴进行放大
zoom(factor)	用放大系数 factor 进行放大或缩小，而不影响交互式放大的状态。若 factor>1，系统将图形放大 factor 倍；若 0<factor≤1，系统将图形放大 1/factor 倍
zoom(fig, option)	对窗口 fig（不一定为当前窗口）中的二维图形进行放大，其中参数 option 为 on、off、xon、yon、reset、factor 等
h=zoom(figure_handle)	返回缩放模式对象，通过数字图句柄 h 来控制模式的行为

在使用这个函数时，要注意当一个图形处于交互式的放大状态时，有两种方法来放大图形。

一种是用鼠标左键单击需要放大的部分，可使此部分放大一倍，这一操作可进行多次，直到MATLAB 的最大显示为止；单击鼠标右键，可使图形缩小一半，这一操作可进行多次，直到还原图形为止。另一种是用鼠标拖出要放大的部分，系统将放大选定的区域。该函数的作用与图形窗口中放大图标的作用是一样的。

3.2.3　颜色控制

在绘图的过程中，给图形加上不同的颜色，会大大增加图像的可视化效果。在计算机中，颜色是通过对红、绿、蓝 3 种颜色进行适当的调配得到的。在 MATLAB 中，这种调配是用一个三维向量[R G B]实现的，其中 R、G、B 的值代表 3 种颜色之间的相对亮度，它们的取值范围均在0～1。表 3-12 中列出了一些常用的颜色调配方案。

表 3-12　　　　　　　　　　　　　　　颜色调配表

调　配　矩　阵	颜　　色	调　配　矩　阵	颜　　色
[1 1 1]	白色	[1 1 0]	黄色
[1 0 1]	洋红色	[0 1 1]	青色
[1 0 0]	红色	[0 0 1]	蓝色
[0 1 0]	绿色	[0 0 0]	黑色
[0.5 0.5 0.5]	灰色	[0.5 0 0]	暗红色
[1 0.62 0.4]	红负色	[0.49 1 0.83]	碧绿色

在 MATLAB 中，控制及实现这些颜色调配的主要函数为 colormap，它的调用格式也非常简单，见表 3-13。

表 3-13　　　　　　　　　　　　　　colormap 调用格式

调　用　格　式	说　　明
colormap([R G B])	设置当前色图为由矩阵[R G B]所调配出的颜色
colormap('default')	设置当前色图为默认颜色
cmap = colormap	获取当前色图的调配矩阵

利用调配矩阵来设置颜色是很麻烦的。为了使用方便，MATLAB 提供了几种常用的色图。表 3-14 给出了这些色图名称及调用函数。

表 3-14　　　　　　　　　　　　　　色图及调用函数

调用函数	色图名称	调用函数	色图名称
autumn	红色、黄色阴影色图	jet	hsv 的一种变形（以蓝色开始和结束）
bone	带一点蓝的灰度色图	lines	线性色图
colorcube	增强立方色图	pink	粉红色图
cool	青红浓淡色图	prism	光谱色图
copper	线性铜色	spring	洋红、黄色阴影色图
flag	红、白、蓝、黑交错色图	summer	绿色、黄色阴影色图
gray	线性灰度色图	white	全白色图
hot	黑、红、黄、白色图	winter	蓝色、绿色阴影色图
hsv	色彩饱和色图（以红色开始和结束）		

3.2.4 坐标系与坐标轴

上面讲到，在工程实际中往往会遇到不同坐标系或坐标轴下的图像问题。一般情况下绘图函数使用的都是笛卡儿（直角）坐标系。下面简单介绍几个工程计算中常用的其他坐标系下的绘图函数。

1. 坐标系的调整

MATLAB 的绘图函数可根据要绘制的曲线数据的范围自动选择合适的坐标系，使得曲线尽可能清晰地显示出来，所以一般情况下用户不必自己选择绘图坐标。但是有些图形，如果用户感觉自动选择的坐标系不合适，则可以利用函数 axis()选择新的坐标系。

axis 函数的调用格式见表 3-15。

表 3-15   axis 调用格式

调 用 格 式	说 明
axis (limits)	设置 x、y、z 坐标的最小值和最大值。函数输入参数可以是 4 个[xmin xmax ymin ymax]，也可以是 6 个[xmin xmax ymin ymax zmin zmax]，还可以是 8 个[xmin xmax ymin ymax zmin zmax cmin cmax]（cmin 是对应于颜色图中的第一种颜色的数据值，cmax 是对应于颜色图中的最后一种颜色的数据值），分别对应于二维、三维或四维坐标系的最大和最小值 对于极坐标区，以下列形式指定范围[thetamin thetamax rmin rmax]：将 *theta* 轴范围设置为从 thetamin 到 thetamax，将 r 轴范围设置为从 rmin 到 rmax
axis style	使用 style 样式设置轴范围和尺度，进行限制和缩放
axis mode	设置 MATLAB 是否自动选择限制。将模式指定为 manual、auto 或 semiautomatic（手动、自动或半自动）选项之一，如'auto x'
axis ydirection	原点放在轴的位置
axis visibility	设置坐标轴的可见性
lim = axis	返回当前坐标区的 x 轴和 y 轴范围。对于三维坐标区，还会返回 z 轴范围。对于极坐标区，它返回 *theta* 轴和 r 轴范围
[m,v,d] = axis('state')	返回坐标轴范围选择、坐标区可见性和 y 轴方向的当前设置
…= axis(ax,…)	使用 ax 指定的坐标区或极坐标区

注意：

相应的最小值必须小于最大值。

例 3-18： 调整坐标系。

解： MATLAB 程序如下。

```
>> x = 0:pi/100:2*pi;
>> y = sin(x);
>> plot(x,y)      % 自动显示坐标系，如图 3-32（a）所示。
>> axis([0 pi -2 2])    % 调整坐标系后的图形，如图 3-32（b）所示。
```

运行结果如图 3-32 所示。

2. 极坐标系下绘图

在 MATLAB 中，polar 函数用来绘制极坐标系下的函数图像，但不建议使用，可使用 polarplot 替代，polarplot 函数的调用格式见表 3-16。

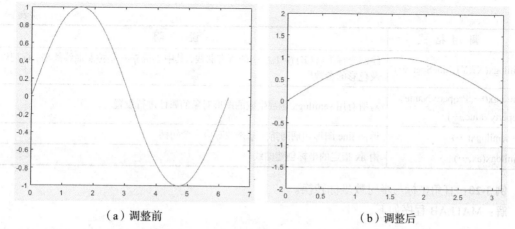

(a) 调整前	(b) 调整后

图 3-32 调整坐标系

表 3-16   polarplot 调用格式

调 用 格 式	说 明
polarplot (theta,rho)	在极坐标系中绘图，*theta* 代表弧度，*rho* 代表极坐标矢径
polarplot (theta,rho,s)	在极坐标系中绘图，参数 *s* 的内容与 plot 函数相似

例 3-19：极坐标系下的向量绘图。

解：MATLAB 程序如下。

```
>> theta = linspace(0,6*pi);
>> rho1 = theta/10;
>> polarplot(theta,rho1)
>> rho2 = theta/12;
>> hold on
>> polarplot(theta,rho2,'--')
>> hold off
```

运行结果如图 3-33 所示。

3. 半对数坐标系下绘图

半对数坐标系在工程中也是很常用的，MATLAB 提供的 semilogx 与 semilogy 函数可以很容易实现这种作图方式。semilogx 函数用来绘制 *x* 轴为半对数坐标的曲线，semilogy 函数用来绘制 *y* 轴为半对数坐标的曲线，它们的调用格式是一样的。以 semilogx 函数为例，其调用格式见表 3-17。

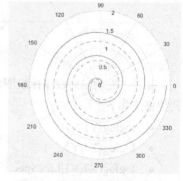

图 3-33 极坐标系下的向量绘图

表 3-17   semilogx 调用格式

调 用 格 式	说 明
semilogx(X)	绘制以 10 为底对数刻度的 *x* 轴和线性刻度的 *y* 轴的半对数坐标曲线，若 **X** 是实矩阵，则按列绘制每列元素值相对其下标的曲线图，若为复矩阵，则等价于 semilogx(real(X),imag(X))命令
semilogx(X1,Y1,…)	对坐标对(X_i,Y_i) (i=1,2,…)，绘制所有的曲线，如果(X_i,Y_i)是矩阵，则以(X_i,Y_i)对应的行或列元素为横或纵坐标绘制曲线

调 用 格 式	说　　明
semilogx(X1,Y1,LineSpec,…)	绘制坐标为(Xi,Yi) $(i=1,2,…)$的所有曲线，其中 *LineSpec* 是控制曲线线型、标记以及色彩的参数
semilogx(…,'PropertyName', PropertyValue,…)	对所有用 semilogx 函数生成的图形对象的属性进行设置
h = semilogx(…)	返回 line 图形句柄向量，每条线对应一个句柄
Semilogx(ax,…)	由 ax 指定的坐标创建曲线

例 3-20：直角坐标与半对数坐标转换。

解：MATLAB 程序如下。

```
>> x = 0:1000;
>> y = log(x);
>> plot(x,y)
>> figure        % 打开图形 2
>> semilogx(x,y)
```

运行结果如图 3-34 所示。

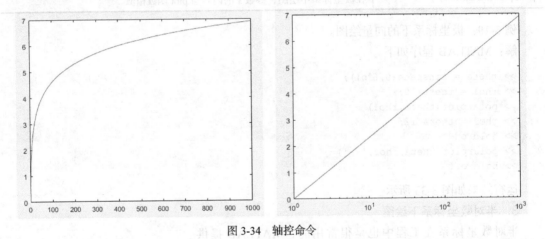

图 3-34　轴控命令

除了上面的半对数坐标绘图外，MATLAB 还提供了双对数坐标系下的绘图函数 loglog，它的调用格式如下。

- loglog(Y)
- loglog(X1,Y1,…)
- loglog(X1,Y1,LineSpec,…)
- loglog(…,'PropertyName',PropertyValue,…)
- loglog(ax,…)
- h = loglog(…)

格式与半对数坐标类似，这里不再赘述。

4. 坐标轴控制

MATLAB 的绘图函数可根据要绘制的曲线数据的范围自动选择合适的坐标系，使得曲线尽可能清晰地显示出来，所以一般情况下用户不必自己选择绘图坐标系。但是有些图形，如果用户感觉自动选择的坐标系不合适，则可以利用 axis 函数选择新的坐标系。

axis 函数用于控制坐标轴的显示、刻度、长度等特征，它有很多种使用方式，表 3-18 列出了一些常用的调用格式。

表 3-18   axis 调用格式

调 用 格 式	说　　明
axis([xmin xmax ymin ymax])	设置当前坐标轴的 x 轴与 y 轴的范围
axis([xmin xmax ymin ymax zmin zmax])	设置当前坐标轴的 x 轴、y 轴与 z 轴的范围
axis([xmin xmax ymin ymax zmin zmax cmin cmax])	设置当前坐标轴的 x 轴、y 轴与 z 轴的范围，以及当前颜色刻度范围
v = axis	返回一包含 x 轴、y 轴与 z 轴的刻度因子的行向量，其中 v 为一个四维或六维向量，这取决于当前坐标为二维还是三维的
axis auto	自动计算当前轴的范围，该命令也可针对某一个具体坐标轴使用，例如： auto x，自动计算 x 轴的范围 auto yz，自动计算 y 轴与 z 轴的范围
axis manual	把坐标固定在当前的范围，这样，若保持状态（hold）为 on，后面的图形仍用相同界限
axis tight	把坐标轴的范围定为数据的范围，即将 3 个方向上的纵高比设为同一个值
axis fill	该命令用于将坐标轴的取值范围（即上下限值）分别设置为绘图所用数据在相应方向上的最大、最小值
axis ij	将二维图形的坐标原点设置在图形窗口的左上角，坐标轴 i 垂直向下，坐标轴 j 水平向右
axis xy	使用笛卡儿坐标系
axis equal	设置坐标轴的纵横比，使在每个方向的数据单位都相同，其中 x 轴、y 轴与 z 轴将根据所给数据在各个方向的数据单位自动调整其纵横比
axis image	效果与命令 axis equal 相同，只是图形区域刚好紧紧包围图像数据
axis square	设置当前图形为正方形（或立方体形），系统将调整 x 轴、y 轴与 z 轴，使它们有相同的长度，同时相应地自动调整数据单位之间的增加量
axis normal	自动调整坐标轴的纵横比，还有用于填充图形区域的、显示于坐标轴上的数据单位的纵横比
axis vis3d	该命令将冻结坐标系此时的状态，以便进行旋转
axis off	关闭所用坐标轴上的标记、格栅和单位标记，但保留由 text 和 gtext 设置的对象
axis on	显示坐标轴上的标记、单位和格栅
[mode,visibility,direction] = axis('state')	返回表明当前坐标轴的设置属性的 3 个参数 mode、visibility、direction，它们的可能取值见表 3-19

表 3-19   参数

参　　数	可 能 取 值
mode	'auto'或'manual'
visibility	'on'或'off'
direction	'xy'或'ij'

例 3-21：坐标系与坐标轴转换实例。

解：MATLAB 程序如下。

```
>> t=0:2*pi/99:2*pi;
>> x=1.15*cos(t);y=3.25*sin(t);
>> subplot(2,3,1),plot(x,y),axis normal
>> subplot(2,3,2),plot(x,y),axis equal
>> subplot(2,3,3),plot(x,y),axis square
>> subplot(2,3,4),plot(x,y),axis image
>> subplot(2,3,5),plot(x,y),axis image fill
>> subplot(2,3,6),plot(x,y),axis tight
```

运行结果如图 3-35 所示。

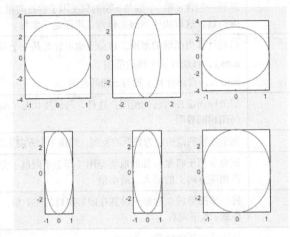

图 3-35　轴控命令

3.2.5　图形注释

MATLAB 中提供了一些常用的图形标注函数，利用这些函数可以为图形添加标题图例，为图形的坐标轴加标注，也可以把说明、注释等文本放到图形的任何位置。

1. 注释图形标题及轴名称

在 MATLAB 绘图函数中，title 函数用于给图形对象加标题，它的调用格式也非常简单，见表 3-20。

表 3-20　title 调用格式

调 用 格 式	说　明
title('text')	在当前坐标轴上方的正中央放置字符串 text 作为图形标题
title(target,'text')	将标题字符串 text 添加到指定的目标对象
title('text','PropertyName',PropertyValue,…)	对由命令 title 生成的图形对象的属性进行设置，输入参数 "text" 为要添加的标注文本
h = title(…)	返回作为标题的 text 对象句柄

说明：

可以利用 gcf 与 gca 函数来获取当前图形窗口与当前坐标轴的句柄。

对坐标轴进行标注，相应的函数为 xlabel、ylabel、zlabel，作用分别是对 x 轴、y 轴、z 轴进行标注。添加标注时它们的调用格式都是一样的，下面以 xlabel 为例进行说明，见表 3-21。

表 3-21   xlabel 调用格式

调 用 格 式	说 明
xlabel('string')	在当前轴对象中的 x 轴上标注说明语句 string
xlabel(fname)	先执行函数 fname，返回一个字符串，然后在 x 轴旁边显示出来
xlabel('text','PropertyName',PropertyValue,···)	指定轴对象中要控制的属性名和要改变的属性值，参数 "text" 为要添加的标注名称

例 3-22： 绘制三角函数图形。

解： MATLAB 程序如下。

```
>> x=linspace(0,10*pi,100);
>> plot(x,cos(x)+sin(x))
>> title('正弦波与余弦波之和')
>> xlabel('x 坐标')
>> ylabel('y 坐标')
```

运行结果如图 3-36 所示。

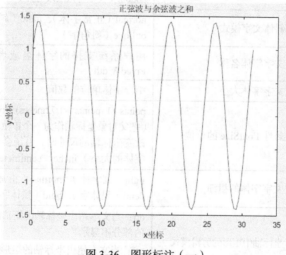

图 3-36   图形标注（一）

2. 图形标注

在给所绘得的图形进行详细的标注时，常用的两个函数是 text 与 gtext，它们均可以在图形的具体部位进行标注。

- text 函数

text 函数的调用格式见表 3-22。

表 3-22   text 调用格式

调 用 格 式	说 明
text(x,y,'string')	在图形中指定的位置 (x,y) 上显示字符串 string
text(x,y,z,'string')	在三维图形空间中的指定位置 (x,y,z) 上显示字符串 string
text(x,y,z,'string','PropertyName',PropertyValue,···)	在三维图形空间中的指定位置 (x,y,z) 上显示字符串 string，且对指定的属性进行设置，表 3-23 给出了属性名、含义及属性值的有效值与默认值

表 3-23　　　　　　　　　　　　text 属性列表

属 性 名	含 义	有 效 值	默 认 值
Editing	能否对文字进行编辑	on、off	off
Interpretation	tex 字符是否可用	tex、none	tex
Extent	text 对象的范围（位置与大小）	[left,bottom, width, height]	随机
HorizontalAlignment	文字水平方向的对齐方式	left、center、right	left
Position	文字的位置范围	[x,y,z]直角坐标系	[ ]（空矩阵）
Rotation	文字对象的方位角度	标量［单位为度（°）]	0
Units	文字范围与位置的单位	pixels（屏幕上的像素点）、normalized（把屏幕看成一个长、宽为 1 的矩形）、inches、centimeters、points、data	data
VerticalAlignment	文字垂直方向的对齐方式	normal（正常字体）、italic（斜体字）、oblique（斜角字）、top（文本外框顶上对齐）、cap（文本字符顶上对齐）、middle（文本外框中间对齐）、baseline（文本字符底线对齐）、bottom（文本外框底线对齐）	middle
FontAngle	设置斜体文字模式	normal（正常字体）、italic（斜体字）、oblique（斜角字）	normal
FontName	设置文字字体名称	用户系统支持的字体名或者字符串 FixedWidth	Helvetica
FontSize	设置文字字体大小	结合字体单位的数值	10 points
FontUnits	设置属性 FontSize 的单位	points（1 points =1/72inches）、normalized（把父对象坐标轴作为一个单位长度；当改变坐标轴的尺寸时，系统会自动改变字体的大小）、inches、centimeters、pixels	points
FontWeight	设置文字字体的粗细	light（细字体）、normal（正常字体）、demi（黑体字）、bold（黑体字）	normal
Clipping	设置坐标轴中矩形的剪辑模式	on：当文本超出坐标轴的矩形时，超出的部分不显示 off：当文本超出坐标轴的矩形时，超出的部分显示	off
EraseMode	设置显示与擦除文字的模式	normal、none、xor、background	normal
SelectionHighlight	设置选中文字是否突出显示	on、off	on
Visible	设置文字是否可见	on、off	on
Color	设置文字颜色	有效的颜色值：ColorSpec	—
HandleVisibility	设置文字对象句柄对其他函数是否可见	on、callback、off	on
HitTest	设置文字对象能否成为当前对象	on、off	on
Seleted	设置文字是否显示出"选中"状态	on、off	off
Tag	设置用户指定的标签	任何字符串	' '（即空字符串）
Type	设置图形对象的类型	字符串'text'	—

续表

属 性 名	含 义	有 效 值	默 认 值
UserData	设置用户指定数据	任何矩阵	[]（即空矩阵）
BusyAction	设置如何处理对文字回调过程中断的句柄	cancel、queue	queue
DuttonDownFcn	设置当鼠标在文字上单击时，程序做出的反应	字符串	' '（即空字符串）
CreateFcn	设置当文字被创建时，程序做出的反应	字符串	' '（即空字符串）
DeleteFcn	设置当文字被删除（通过关闭或删除操作）时，程序做出的反应	字符串	' '（即空字符串）

表 3-23 中的这些属性及相应的值都可以通过 get 函数来查看，以及用 set 函数来修改。

text 函数中的'\rightarrow'是 TeX 字符串。在 MATLAB 中，TeX 中的一些希腊字母、常用数学符号、二元运算符号、关系符号以及箭头符号都可以直接使用。

例 3-23：绘制函数图形 $y = x^3 - 12x$。

解：MATLAB 程序如下。

```
>> x = linspace(-5,5);
>> y = x.^3-12*x;
>> plot(x,y)
>> xt = [-2 2];
>> yt = [16 -16];
>> str = {'local max','local min'};
>> text(xt,yt,str)
```

运行结果如图 3-37 所示。

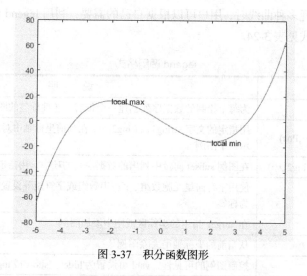

图 3-37　积分函数图形

● gtext 函数

gtext 函数可以让用户操作鼠标在图形的任意位置进行标注。当光标进入图形窗口时，会变成一个大十字架形，等待用户的操作。它的调用格式如下。

```
gtext( 'string','property',propertyvalue,…)
```

调用这个命令后，图形窗口中的鼠标指针会成为十字光标，通过移动鼠标指针来进行定位，即光标移到预定位置后按下鼠标左键或键盘上的任意键都会在光标位置显示指定文本"string"。由于要用鼠标操作，该命令只能在 MATLAB 命令行窗口中运行。

例 3-24：绘制向量图形，并在曲线上标出红色函数名。

解：MATLAB 程序如下。

```
>> plot(1:10)
>> gtext('My Plot','Color','red','FontSize',14)
```

运行结果如图 3-38 所示。

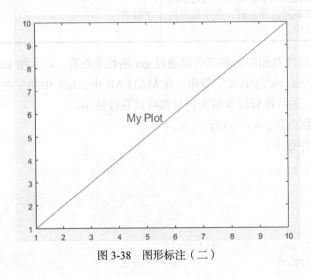

图 3-38　图形标注（二）

- 图例标注

当在一幅图中出现多种曲线时，用户可以根据自己的需要，利用 legend 函数对不同的图例进行说明。它的调用格式见表 3-24。

表 3-24　　　　　　　　　　　　　　　　legend 调用格式

调 用 格 式	说　　明
legend	为每个绘制的数据序列创建一个带有描述性标签的图例
legend('string1','string2',…,Pos)	用指定的文字 string1，string2，…，在当前坐标轴中对所给数据的每一部分显示一个图例
legend(subset,'string1','string2',…)	在图例 subset 向量中列出的数据序列的项中，用指定的文字显示图例
legend(labels)	使用字符向量元胞数组、字符串数组或字符矩阵设置标签的每一行字符串作为标签
legend(target,…)	在 target 指定的坐标区或图中添加图例
legend('off')	从当前的坐标轴中去除图例
legend(vsbl)	控制图例的可见性，vsbl 可设置为'hide'、'show'或'toggle'
legend(bkgd)	删除图例背景和轮廓。bkgd 的默认值为'boxon'，即显示图例背景和轮廓
legend(…,Name,Value)	使用一个或多个名称-值对组参数来设置图例属性。设置属性时，必须使用元胞数组{}指定标签

续表

调 用 格 式	说 明
legend(···,'Location',lcn)	设置图例位置。'Location'用于设定放置位置，包括'north'、'south'、'east'、'west'、'northeast'等
egend(···,'Orientation',ornt)	Ornt 指定图例的放置方向，默认值为'vertical'，即垂直堆叠图例项；'horizontal' 表示并排显示图例项
lgd = legend(···)	返回 Legend 对象。可使用 lgd 在创建图例后查询和设置图例属性
h = legend(···)	返回图例的句柄向量

例 3-25：添加绘图注释。

解：MATLAB 程序如下。

```
>> t=[0:0.1:5];
>> y1=exp(-0.5*t).*sin(2*t);
>> y=diff(y1);
>> y2=[0.2 y];
>> plot(t,y1,'r-',t,y2,'m:')
>> title('位置与速度曲线');
>> legend('位置','速度');
>> xlabel('时间 t');ylabel('位置 x,速度 dx/dt');
>> grid on
```

在图形窗口中会得到图 3-39 所示的效果。

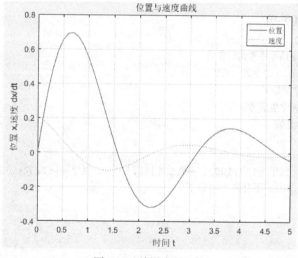

图 3-39 绘图注释函数

注意：

在 MATLAB 中，汉字状态下输入的括号和标点等不被认为是命令的一部分，所以在输入命令的时候，一定要在英文状态下输入完整命令。

3. 分格线控制

为了使图像的可读性更强，可以利用 grid 函数给二维或三维图形的坐标面增加分格线，它的调用格式见表 3-25。

表 3-25　　　　　　　　　　　　　　　　　　grid 调用格式

调 用 格 式	说　明
grid on	给当前的坐标轴增加分格线
grid off	从当前的坐标轴中去除分格线
grid	转换分隔线的显示与否的状态
grid minor	切换改变次网格线的可见性。次网络线出现在刻度线之间，并非所有类型的图都支持次网络线
grid(axes_handle,on|off)	对指定的坐标轴 axes_handle 是否显示分隔线

3.3　操作实例——编写一个普通话等级考试评定函数

考试成绩若在 97 ~ 100（含 97，100），则评定为"一级甲等"；若在 92 ~ 97（含 92），则评定为"一级乙等"；若在 87 ~ 92（含 87），则评定为"二级甲等"；若在 80 ~ 87（含 80），则评定为"二级乙等"；若在 70 ~ 80（含 70），则评定为"三级甲等"；若在 60 ~ 70（含 60），则评定为"三级乙等"；若在 60 分以下，则评定为"不合格"。

操作步骤如下。

1. 创建函数文件 pst.m

```
function pst(Number,Name,Score)
% 此函数用来评定普通话等级考试的成绩
% Name,Number,Score 为参数，需要用户输入
% Name 中的元素为学生姓名
% Number 中的元素为学生准考证号
% Score 中元素为学分数
% 统计学生人数
n=length(Name);
% 将分数区间划开：一级甲等[97,100]，一级乙等[92,97]，二级甲等[87,92]，二级乙等[80,87]，三级甲
等[70,80]，三级乙等[60,70]，不合格（60 以下）
for i=0:20
    A_level{i+1}=97+i;
    if i<=20
        B_level{i+1}=92+i;
        if i<=20
            C_level{i+1}=87+i;
            if i<=20
                D_level{i+1}=80+i;
                if i<=20
                    E_level{i+1}=70+i;
                    if i<=20
                        F_level{i+1}=60+i;
                    end
                end
            end
        end
    end
end
```

```
end
% 创建存储成绩等级的数组
Level=cell(1,n);
% 创建结构体 S
S=struct('Number',Number,'Name',Name,'Score',Score,'Level',Level);
% 根据学生成绩，给出相应的等级
for i=1:n
    switch S(i).Score
        case A_level
            S(i).Level='一级甲等';        %分数在 97～100 为"一级甲等"
menu('S(i).Name', '普通话等级考试成绩为','一级甲等',)
        case B_level
            S(i).Level='一级乙等';        %分数在 92～97 为"一级乙等"
        case C_level
            S(i).Level='二级甲等';        %分数在 87～92 为"二级甲等"
case D_level
            S(i).Level='二级乙等';        %分数在 80～870 为"二级乙等"
case E_level
            S(i).Level='三级甲等';        %分数在 70～80 为"三级甲等"
case F_level
            S(i).Level='三级乙等';        %分数在 60～70 为"三级乙等"
        otherwise
            S(i).Level='不合格';        %分数在 60 以下为"不合格"
    end
end
% 显示所有学生的成绩等级评定系统
k=menu('普通话等级考试成绩查询','准考证号','姓名');
if k==1
    disp(['准考证号',blanks(12),'学生姓名',blanks(4),'成绩',blanks(8),'等级']);
    for i=1:n
        disp([num2str(S(i).Number),blanks(8),
num2str(S(i).Name),blanks(8),num2str(S(i).Score),blanks(8),S(i).Level]);
    end
    else
    disp(['学生姓名',blanks(4),'准考证号',blanks(12),'成绩',blanks(8),'等级']);
    for i=1:n
            disp([num2str(S(i).Name),blanks(8),
num2str(S(i).Number),blanks(8),num2str(S(i).Score),blanks(8),S(i).Level]);
    end
    end
```

2. 构造一个成绩名单以及相应的分数，查看运行结果

```
>> Name={'赵一','章二','郑三','孙四','周五','钱六'};
>>  Number={201805110101,201805110102, 201805110103, 201805110104, 201805110105,
201805110106};
>> Score={90,48,82,99,65,100};
>> pst(Number,Name,Score)
```

弹出如图 3-40 所示的运行窗口，单击需要查询的选项按钮，显示不同的结果。

图 3-40　查询系统

选择"准考证号"，命令行窗口显示如下结果。

准考证号	学生姓名	成绩	等级
201805110101	赵一	90	二级甲等
201805110102	章二	48	不合格
201805110103	郑三	82	二级乙等
201805110104	孙四	99	一级甲等
201805110105	周五	65	三级乙等
201805110106	钱六	100	一级甲等

选择"姓名"，命令行窗口显示如下结果。

学生姓名	准考证号	成绩	等级
赵一	201805110101	90	二级甲等
章二	201805110102	48	不合格
郑三	201805110103	82	二级乙等
孙四	201805110104	99	一级甲等
周五	201805110105	65	三级乙等
钱六	201805110106	100	一级甲等

3. 绘制成绩与分数线图

```
>> a= [Score{1} Score{2} Score{3} Score{4} Score{5} Score{6}];    %将单位性变量转换为矩阵
>> plot(a)     %绘制成绩图形
>> hold on         % 打开保持命令
>> title('学生成绩')
>> gtext('考试成绩','Color','red','FontSize',14)
>> line([0,6],[60,60],'linestyle','--','color','r');          %绘制分数线
>> gtext('及格线','Color','b','FontSize',14)
```

在图形界面显示图 3-41 所示的考试成绩显示图。

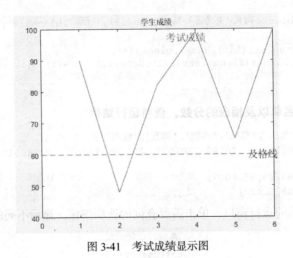

图 3-41　考试成绩显示图

第4章
三维图形绘制

内容指南

MATLAB 三维图形绘图涉及的问题比二维图形绘图多，用于三维图形绘图的 MATLAB 高级绘图函数对许多问题都设置了默认值，应尽量使用默认值，必要时认真阅读联机帮助。

知识重点

- 三维绘图
- 三维图形修饰处理

4.1 三维绘图

为了显示三维图形，MATLAB 提供了各种各样的函数。有一些函数可在三维空间中画线，而另一些可以画曲面与线格框架。另外，颜色可以用来代表第四维。当颜色以这种方式使用时，它不再具有像照片中那样显示色彩的自然属性，而且也不具有基本数据的内在属性，所以把它称作彩色。本章主要介绍三维图形的作图方法和效果。

4.1.1 三维曲线绘图函数

1. plot3 函数

plot3 函数是二维绘图 plot 函数的扩展，因此它们的调用格式也基本相同，只是在参数中多加了一个第三维的信息。例如 plot(x,y,s)与 plot3(x,y,z,s)的意义是一样的，前者绘的是二维图，后者绘的是三维图，后面的参数 s 也是用来控制曲线的类型、粗细、颜色等。因此，这里就不给出它的具体调用格式了，读者可以按照 plot 函数的格式来学习。

例 4-1：二维、三维图形绘制。

解：MATLAB 程序如下。

```
>> z = linspace(0,4*pi,250);
>> x = 2*cos(z) + rand(1,250);
>> y = 2*sin(z) + rand(1,250);
>> plot(y,z)              %绘制二维图形，如图 4-1 所示
>> plot3(x,y,z)            %绘制三维图形，如图 4-2 所示
```

例 4-2：绘制空间线。

解：MATLAB 程序如下。

```
>> load seamount
>> subplot(2,1,1);
>> plot(y,z)
>> subplot(2,1,2);
>> plot3(x,y,z)
```

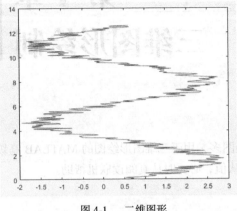

图 4-1　二维图形

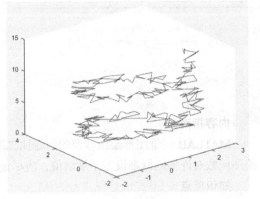

图 4-2　三维图形

运行上述命令后会在图形窗口出现图 4-3 所示的图形。

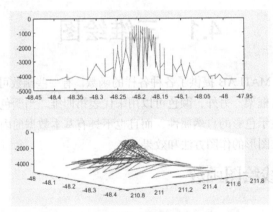

图 4-3　空间直线

2. fplot3 函数

同二维情况一样，三维绘图里也有一个专门绘制符号函数的函数 fplot3，该函数的调用格式见表 4-1。

表 4-1　　　　　　　　　　　　　　　　fplot3 调用格式

调 用 格 式	说　　明
fplot3(x,y,z)	在系统 t 默认区间[-5,5]上画出空间曲线 $x = x(t)$，$y = y(t)$，$z = z(t)$ 的图形
fplot3(x,y,z,[a,b])	绘制上述参数曲线在 t 区间指定为[a,b]上的三维网格图
fplot3(…,LineSpec)	设置三维曲线线型、标记符号和线条颜色
fplot3(…,Name,Value)	使用一个或多个名称-值对组参数指定线条属性
fplot3(ax,…)	将图形绘制到 ax 指定的坐标区中，而不是当前坐标区中
fp = fplot3(…)	使用此对象查询和修改特定线条的属性

例 4-3：绘制三维图形，函数如下。

$$\begin{cases} x = \sin\theta + \theta \\ y = \cos\theta + \theta \qquad \theta \in [0,\ 10\pi] \\ z = \theta \end{cases}$$

解：MATLAB 程序如下。

```
>> t=0:pi/100:10*pi;
>> plot3(sin(t)+ t,cos(t)+ t,t)
>> title('螺旋曲线')
>> xlabel('sint'),ylabel('cost'),zlabel('t')
```

运行上述命令后会在图形窗口出现图 4-4 所示的图形。

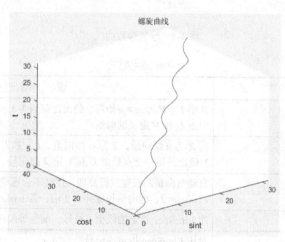

图 4-4 螺旋曲线

例 4-4：画出下面圆锥螺线的图像。

$$\begin{cases} x = t\cos t \\ y = t\sin t \qquad t \in [0,\ 20\pi] \\ z = t^2 \end{cases}$$

解：MATLAB 程序如下。

```
>> syms t
>> x=t*cos(t);
>> y=t*sin(t);
>> z=t^2;
>> fplot3(x,y,z,[0,20*pi])
>> title('圆锥螺线')
>> xlabel(x,'tcos(t)'),ylabel(y,'tsin(t)'),zlabel(z,'t')
```

运行结果如图 4-5 所示。

3. 箭头图

上面两个函数绘制的图也可以叫作箭头图，但即将要讲的箭头图比上面两个箭头图更像数学中的向量，即它的箭头方向为向量方向，箭头的长短表示向量的大小。这种图的绘制函数是 quiver 与 quiver3，前者绘制的是二维图形，后者绘制的是三维图形。它们的调用格式也十分相似，只是后者比前者多一个坐标参数，因此只介绍一下 quiver 的调用格式，见表 4-2。

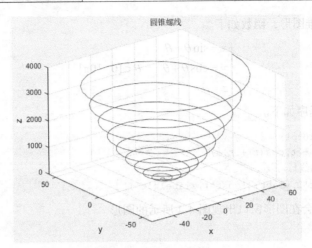

图 4-5 绘制参数曲线

表 4-2   quiver 调用格式

调 用 格 式	说　明
quiver(U,V)	其中 U、V 为 $m \times n$ 矩阵，绘出在范围为 $x = 1 ：n$ 和 $y = 1 ：m$ 的坐标系中由 U 和 V 定义的向量
quiver(X,Y,U,V)	若 X 为 n 维向量，Y 为 m 维向量，U、V 为 $m \times n$ 矩阵，则画出由 X、Y 确定的每一个点处由 U 和 V 定义的向量
quiver(···,scale)	自动对向量的长度进行处理，使之不会重叠。可以对 $scale$ 进行取值，若 $scale=2$，则向量长度伸长 2 倍，若 $scale=0$，则如实画出向量图
quiver(···,LineSpec)	用 LineSpec 指定的线型、符号、颜色等画向量图
quiver(···,LineSpec,'filled')	对用 LineSpec 指定的记号进行填充
quiver(···,'PropertyName',PropertyValue,···)	为该函数创建的箭头图对象指定属性名称和属性值对组
quiver(ax,···)	将图形绘制到 ax 坐标区中
h = quiver(···)	返回每个向量图的句柄

quiver 与 quiver3 这两个函数经常与其他的绘图函数配合使用。

例 4-5：绘制 $z = xe^{-x^2 - y^2}$ 上的法线方向向量。

解：MATLAB 程序如下。

```
>> close all
>> [X,Y] = meshgrid(-2:0.25:2,-1:0.2:1);
>> Z = X.* exp(-X.^2 - Y.^2);
>> [U,V,W] = surfnorm(X,Y,Z);
>> subplot(1,2,1) , [DX,DY] = gradient(Z,.2,.2);
>> quiver(X,Y,DX,DY)
>> title('二维法向量图')
>> subplot(1,2,2) ,quiver3(X,Y,Z,U,V,W,0.5)
>> hold on
>> surf(X,Y,Z)
>> view(-35,45)
>> axis([-2 2 -1 1 -.6 .6])
>> hold off
>> title('三维法向量图')
```

运行结果如图 4-6 所示。

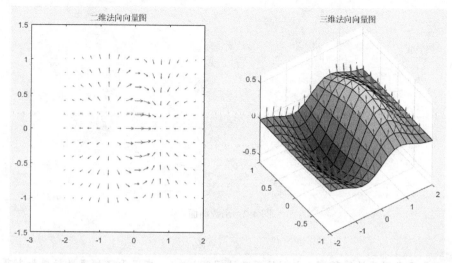

图 4-6 法向向量图

4.1.2 三维网格函数

1. mesh 函数

该命令生成的是由 X、Y 和 Z 指定的网线面，而不是单根曲线，它的主要调用格式见表 4-3。

表 4-3 mesh 调用格式

调 用 格 式	说 明
mesh(X,Y,Z)	绘制三维网格图，颜色和曲面的高度相匹配。若 X 与 Y 均为向量，且 length $(X)=n$, length $(Y)=m$, 而$[m, n]=\text{size}(Z)$, 空间中的点(X(j), Y(i), Z(i,j))为所画曲面网线的交点；若 X 与 Y 均为矩阵，则空间中的点($X(i,j)$, $Y(i,j)$, $Z(i,j)$)为所画曲面的网线的交点
mesh(Z)	生成的网格图满足 $X=1$：n 与 $Y=1$：m, $[n, m]=\text{size}(Z)$, 其中 Z 为定义在矩形区域上的单值函数
mesh(Z,c)	同 mesh(Z)，只不过颜色由 c 指定
mesh(…, 'PropertyName', PropertyValue, …)	对指定的属性 PropertyName 设置属性值 PropertyValue，可以在同一语句中对多个属性进行设置
$h=\text{mesh}(…)$	返回图形对象句柄

例 4-6：绘制函数 $z=\sin(r)/r$。

解：MATLAB 程序如下。

```
>> close all
>> [X,Y] = meshgrid(-8:.5:8);
>> R = sqrt(X.^2 + Y.^2) + eps;
>> Z = sin(R)./R;
>> C = del2(Z);
>> figure
>> mesh(X,Y,Z,C,'FaceLighting','gouraud','LineWidth',0.3)
>> title('函数曲面')
>> xlabel('x'),ylabel('y'),zlabel('z')
```

运行结果如图 4-7 所示。

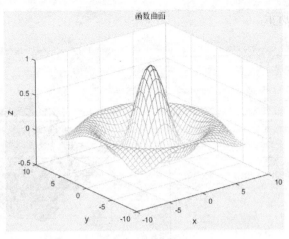

图 4-7 函数曲面

提示：

del2（Z）函数用于计算所有点之间使用默认间距 h = 1，应用于 Z 的离散拉普拉斯算子。

知识拓展：

meshgrid 函数用于生成网格图中点的坐标，在二维、三维绘图中应用广泛。

在 MATLAB 中，控制及实现这些颜色调配的主要函数为 colormap，它的调用格式也非常简单，如表 4-4 所示。

表 4-4　　　　　　　　　　　　　　　colormap 调用格式

调 用 格 式	说 明
colormap([R G B])	设置当前色图为由矩阵[R G B]所调配出的颜色
colormap map	将当前图窗的颜色图设置为预定义的颜色图之一
colormap('default')	设置当前色图为默认颜色
cmap=colormap	获取当前色的调配矩阵
cmap=colormap(target)	返回 target 指定的图窗、坐标区或图的颜色图

利用调配矩阵来设置颜色是很麻烦的。为了使用方便，MATLAB 提供了几种常用的色图。表 4-5 给出了这些色图名称及调用函数。

表 4-5　　　　　　　　　　　　　　　色图及调用函数

调用函数	色图名称	调用函数	色图名称
autumn	红色黄色阴影色图	jet	hsv 的一种变形（以蓝色开始和结束）
bone	带一点蓝色的灰度色图	lines	线性色图
colorcube	增强立方色图	pink	粉红色图
cool	青红浓淡色图	prism	光谱色图
copper	线性铜色	spring	洋红黄色阴影色图
flag	红、白、蓝、黑交错色图	summer	绿色黄色阴影色图
gray	线性灰度色图	white	全白色图
hot	黑、红、黄、白色图	winter	蓝色绿色阴影色图
hsv	色彩饱和色图（以红色开始和结束）		

2. meshgrid 函数

meshgrid 函数用来生成二元函数 $z = f(x,y)$ 中 xy 平面上的矩形定义域中数据点矩阵 X 和 Y, 或者是三元函数 $u = f(x,y,z)$ 中立方体定义域中的数据点矩阵 X、Y 和 Z。它的调用格式也非常简单, 见表 4-6。

表 4-6   meshgrid 调用格式

调 用 格 式	说 明
[X,Y]=meshgrid(x,y)	向量 X 为 xy 平面上矩形定义域的矩形分割线在 x 轴的值, 向量 Y 为 xy 平面上矩形定义域的矩形分割线在 y 轴的值。输出向量 X 为 xy 平面上矩形定义域的矩形分割点的 x 轴坐标值, 输出向量 Y 为 xy 平面上矩形定义域的矩形分割点的 y 轴坐标值
[X,Y]=meshgrid(x)	等价于形式[X,Y]=meshgrid(x,x)
[X,Y,Z]=meshgrid(x,y,z)	向量 X 为立方体定义域在 x 轴上的值, 向量 Y 为立方体定义域在 y 轴上的值, 向量 Z 为立方体定义域在 z 轴上的值。输出向量 X 为立方体定义域中分割点的 x 轴坐标值, Y 为立方体定义域中分割点的 y 轴坐标值, Z 为立方体定义域中分割点的 z 轴坐标值
[X,Y,Z]=meshgrid(x)	等价于形式[X,Y,Z] = meshgrid(x,x,x)

对于一个三维网格图, 有时用户不想显示背后的网格, 这时可以利用 hidden 函数来实现这种要求。它的调用格式也非常简单, 见表 4-7。

表 4-7   hidden 调用格式

调 用 格 式	说 明
hidden on	将网格设为不透明状态
hidden off	将网格设为透明状态
hidden	在 on 与 off 之间切换

例 4-7: 绘制 $Z = X^2 + Y^2, x \in [-4, 4]$ 的曲面。

解: MATLAB 程序如下。

利用该函数绘制两个图, 一个不显示其背后的网格, 另一个显示其背后的网格。

```
>> close all
>> t=-4:0.1:4;
>> [X,Y]=meshgrid(t);
>> Z=X.^2+Y.^2;
>> subplot(1,2,1)
>> mesh(X,Y,Z),hidden on
>> title('不显示网格')
>> subplot(1,2,2)
>> mesh(X,Y,Z),hidden off
>> title('显示网格')
```

运行结果如图 4-8 所示。

例 4-8: 绘制下面函数的三维网格表面图。

$$Z^2 = X^2 + Y^2$$

解: MATLAB 程序如下。

```
>> x = -2:0.25:2;
>> y = x;
```

```
>> [X,Y] = meshgrid(x);
>> Z=sqrt(X.^2 + Y.^2);
>> surf(X,Y,Z)
>> hidden on
>> title('带网格线的三维表面图')
```

运行结果如图 4-9 所示。

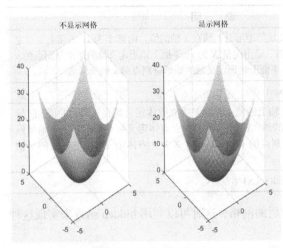

图 4-8　曲面图像

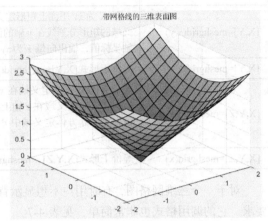

图 4-9　三维网格表面图

3. fmesh 函数

该函数专门用来绘制符号函数 $f(x,y)$（即 f 是关于 x、y 的数学函数的字符串表示）的三维网格图形，它的调用格式见表 4-8。

表 4-8　　　　　　　　　　　　　　　　　fmesh 调用格式

调用格式	说　　明
fmesh(f)	绘制 $f(x,y)$ 在系统默认区域 $x \in (-5, 5)$，$y \in (-5, 5)$ 内的三维网格图
fmesh (f,[a,b])	绘制 $f(x,y)$ 在区域 $x \in (a, b)$，$y \in (a, b)$ 内的三维网格图
fmesh (f,[a,b,c,d])	绘制 $f(x,y)$ 在区域 $x \in (a, b)$，$y \in (c, d)$ 内的三维网格图
fmesh (x,y,z)	绘制参数曲面 $x = x(s, t)$，$y = y(s, t)$，$z = z(s, t)$ 在系统默认的区域 $s \in (-5, 5)$，$t \in (-5, 5)$ 内的三维网格图
fmesh (x,y,z,[a,b])	绘制上述参数曲面在 $x \in (a, b)$，$y \in (a, b)$ 内的三维网格图
fmesh (x,y,z,[a,b,c,d])	绘制上述参数曲面在 $x \in (a, b)$，$y \in (c, d)$ 内的三维网格图
fmesh(…,LineSpec)	设置网格的线型、标记符号和颜色
fmesh(…,Name,Value)	使用一个或多个名称-值对组参数指定网格的属性
fmesh(ax,…)	将图形绘制到 ax 指定的坐标区中，而不是当前坐标区 gca 中
fs = fmesh(…)	使用 fs 来查询和修改特定曲面的属性

例 4-9：绘制下面函数的三维网格表面图。

$$f(x, y) = e^y \sin x + e^x \cos y \quad (-\pi < x, \ y < \pi)$$

$$f(x, y) = x\, e^{-x^2 - y^2}$$

解：MATLAB 程序如下。

```
>> close all
>> syms x y
>> f=sin(x)*exp(y)+cos(y)*exp(x);
>> subplot(1,2,1) ,fmesh(f,[-pi,pi])
>> title('区间[-pi,pi]带网格线的三维表面图')
>> subplot(1,2,2) , fmesh(x,y,x.*exp(-x.^2-y.^2))
>> title('默认区间[-5,5]带网格线的三维曲线')
```

运行结果如图 4-10 所示。

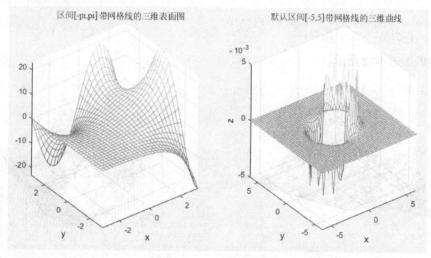

图 4-10　三维网格表面图

4.1.3　三维曲面函数

曲面图是在网格图的基础上，在小网格之间用颜色填充而成的。它的一些特性正好和网格图相反，它的线条是黑色的，线条之间有颜色；而在网格图里，线条之间是黑色的，而线条有颜色。在曲面图里，人们不必考虑像网格图一样隐蔽线条，但要考虑用不同的方法对表面加色彩。

1. surf 函数

surf 函数的调用格式与 mesh 函数完全一样，这里就不再详细说明了，读者可以参考 mesh 函数的调用格式。

例 4-10：计算 $f(x,y,z)=x^3y^2z^3$ 的三维表面图。

解：MATLAB 程序如下。

```
>> clear
>> x = -3:0.2:3;
>> y = x.^2;
>> z = x';
>> f = x.^3 .* y.^2.*z.^3;
>> surf(x,y,f)
>> xlabel('x')
>> ylabel('y')
>> zlabel('z')
```

计算结果如图 4-11 所示。

例 4-11：画出参数曲面 $Z = X^2 + Y^2$，$x \in [-4, 4]$ 的图像。

解：MATLAB 程序如下。

```
>> x=-4:4;
>> y=x;
>> [X,Y]=meshgrid(x,y);
>> Z=X.^2+Y.^2;
>> surf(X,Y,Z);
>> colormap(hot)
>> hold on
>> stem3(X,Y,Z,'bo')
>> hold off
>> xlabel('x'),ylabel('y'),zlabel('z')
>> axis([-5,5,-5,5,0,inf])
```

运行结果如图 4-12 所示。

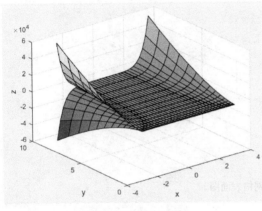

图 4-11　三维表面图

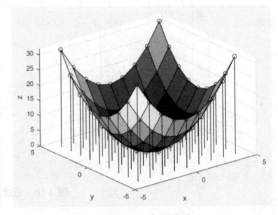

图 4-12　球面图形

2. fsurf 函数

该函数专门用来绘制符号函数 $f(x,y)$（即 f 是关于 x，y 的数学函数的字符串表示）的表面图形，它的调用格式见表 4-9。

表 4-9　　　　　　　　　　　　　　　　　　fsurf 调用格式

调 用 格 式	说 明
fsurf(f)	绘制 $f(x,y)$ 在系统默认区域 $x \in (-5, 5)$，$y \in (-5, 5)$ 内的三维表面图
fsurf(f,[a,b])	绘制 $f(x,y)$ 在区域 $x \in (a, b)$，$y \in (a, b)$ 内的三维表面图
fsurf(f,[a,b,c,d])	绘制 $f(x,y)$ 在区域 $x \in (a, b)$，$y \in (c, d)$ 内的三维表面图
fsurf(x,y,z)	绘制参数曲面 $x = x(s, t)$，$y = y(s, t)$，$z = z(s, t)$ 在系统默认的区域 $s \in (-5, 5)$，$y \in (-5, 5)$ 内的三维表面图
fsurf(x,y,z,[a,b])	绘制上述参数曲面在 $x \in (a, b)$，$y \in (a, b)$ 内的三维表面图
fsurf($x,y,z,[a,b,c,c]$)	绘制上述参数曲面在 $x \in (a, b)$，$y \in (c, d)$ 内的三维表面图
fsurf($\cdots$,LineSpec)	设置线型、标记符号和曲面颜色
fsurf($\cdots$,Name,Value)	使用一个或多个名称–值对组参数指定曲面属性
fsurf(ax,$\cdots$)	将图形绘制到 ax 指定的坐标区中
fs = fsurf($\cdots$)	使用 fs 来查询和修改特定曲面的属性

与上面的 mesh 函数一样，surf 也有两个同类的函数：surfc 与 surfl。surfc 用来画出有基本等值线的曲面图，surfl 用来画出一个有亮度的曲面图。

例 4-12：画出下面参数曲面的图像。

$$\begin{cases} x = \sin(s+t) \\ y = \cos(s+t) \\ z = s \end{cases} \quad -\pi < s, \ t < \pi$$

解：MATLAB 程序如下。

```
>> close all
>> syms s t
>> x=sin(s+t);
>> y=cos(s+t);
>> z=s;
>> fsurf(x,y,z,[-pi,pi])
>> title('符号函数曲面图')
```

运行结果如图 4-13 所示。

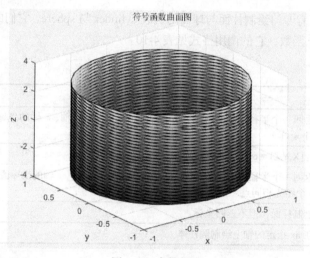

图 4-13　参数曲面

例 4-13：绘制函数图像，函数如下。

$$f(x,y) = \text{real}(\text{atan}(x + i*y)), \ -2\pi < x < 2\pi, \ -2\pi < y < 2\pi$$

解：MATLAB 程序如下。

```
>> syms f(x,y)
>> f(x,y) = real(atan(x + i*y));
>> fsurf(f)
```

运行结果如图 4-14 所示。

小技巧：

如果读者想查看曲面背后图形的情况，可以在曲面的相应位置打个洞孔，即将数据设置为 NaN，所有的 MATLAB 作图函数都忽略 NaN 的数据点，在该点出现的地方留下一个洞孔。

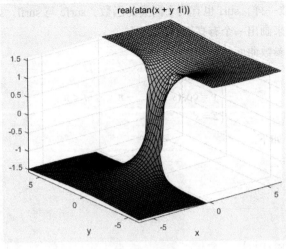

图 4-14　三维图形

4.1.4　柱面与球面

在 MATLAB 中，有专门绘制柱面与球面的函数 cylinder 与 sphere，它们的调用格式也非常简单。首先来看 cylinder 函数，它的调用格式见表 4-10。

表 4-10　　　　　　　　　　　　　　　　cylinder 调用格式

调 用 格 式	说　　　　明
[X,Y,Z] = cylinder	返回一个半径为 1、高度为 1 的圆柱体的 x 轴、y 轴、z 轴的坐标值[X,Y,Z]（均为 21×21 矩阵）
[X,Y,Z] = cylinder(r)	与[X,Y,Z] = cylinder(r,20)等价
[X,Y,Z] = cylinder(r,n)	返回一个半径为 r、高度为 1 的圆柱体的 x 轴、y 轴、z 轴的坐标值，圆柱体的圆周有指定 n 个距离相同点
cylinder(…)	绘制柱面，但不返回坐标
cylinder(ax,…)	在 ax 指定的轴上绘制圆柱体

小技巧：

用 cylinder 可以作棱柱的图像，例如运行 cylinder(2,6)将绘出底面为正六边形、半径为 2 的棱柱。

例 4-14：绘制三维陀螺锥面。

解： MATLAB 程序如下。

```
>> close all     % 关闭当前已打开的文件
>> clear         % 清除工作区的变量
>> t1=[0:0.1:0.9];     % 创建 0 到 0.9 的向量 t1，元素间隔为 0.1
>> t2=[1:0.1:2];       % 创建 1 到 2 的向量 t2，元素间隔为 0.1
>> r=[t1,-t2+2];       % 定义以向量 t1、t2 为自变量的矩阵 r
>> [X,Y,Z]=cylinder(r,30); % 返回半径为 r、高度为 1 的圆柱体的 x 轴、y 轴、z 轴的坐标值，圆柱体
的圆周有 30 个距离相同的点
>> surf(X,Y,Z)        % 使用返回的坐标[X,Y,Z]绘制圆柱体曲面
```

所得结果如图 4-15 所示。

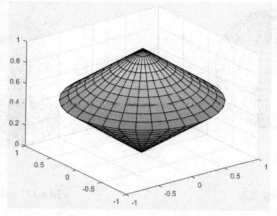

图 4-15　三维陀螺锥面

sphere 函数用来生成三维直角坐标系中的球面，它的调用格式见表 4-11。

表 4-11　　　　　　　　　　　　　　　　　sphere 调用格式

调 用 格 式	说　　　明
sphere	绘制单位球面，该单位球面由 20×20 个面组成
sphere(*n*)	在当前坐标系中画出由 $n \times n$ 个面组成的球面
[*x*,*y*,*z*]=sphere(*n*)	返回 3 个$(n+1) \times (n+1)$的直角坐标系中的球面坐标矩阵
Sphere(ax,…)	在由 ax 指定的坐标区中，而不是在当前坐标区中创建球体

例 4-15：绘制设置颜色的球体。

解：MATLAB 程序如下。

```
>> close all
>> k = 5;
>> n = 2^k-1;
>> [x,y,z] = sphere(n);
>> c = hadamard(2^k);
>> figure
>> surf(x,y,z,c);
>> colormap([1 1 0; 0 1 1])
>> axis equal
>> xlabel('x-axis'),ylabel('y-axis '),zlabel('z-axis')
```

运行结果如图 4-16 所示。

例 4-16：画出一个变化的柱面。

解：MATLAB 程序如下。

```
>> close all
>> t=0:pi/10:2*pi;
>> [X,Y,Z]=cylinder(2*cos(t),30);
>> surf(X,Y,Z)
>> axis square
>> xlabel('x-axis'),ylabel('y-axis '),zlabel('z-axis')
```

运行结果如图 4-17 所示。

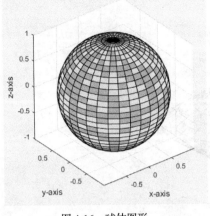

图 4-16　球体图形

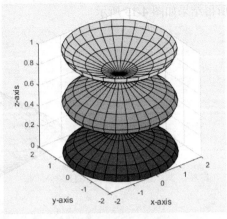

图 4-17　cylinder 作图

4.1.5　散点图

散点图在回归分析中是指数据点在直角坐标系平面上的分布图。通常用于比较跨类别的聚合数据。散点图中包含的数据越多，比较的效果就越好。

二维散点图主要用于展示数据的分布和聚合情况，也可以通过散点图来推导趋势公式；三维散点图就是在由 3 个变量确定的三维空间中研究变量之间的关系，由于同时考虑了 3 个变量，常常可以发现在两维图形中发现不了的信息。本节主要介绍三维散点图的函数 scatter3。

scatter3 函数生成的是由 X、Y 和 Z 指定的网线面，而不是单根曲线。scatter3 函数的主要调用格式见表 4-12。

表 4-12　　　　　　　　　　　　　　　　scatter3 调用格式

调用格式	说　　　明
scatter3(X,Y,Z)	在 X、Y 和 Z 指定的位置显示圆
scatter3(X,Y,Z,S)	以 S 指定的大小绘制每个圆
scatter3(X,Y,Z,S,C)	用 C 指定的颜色绘制每个圆
scatter3(…,'filled')	使用前面语法中的任何输入参数组合填充圆圈
scatter3(…,markertype)	markertype 指定标记类型
scatter3(…,Name,Value)	对指定的属性 Name 设置属性值 Value，可以在同一语句中对多个属性进行设置
scatter3(ax,…)	在 ax 指定的坐标轴中绘制散点图
h = scatter3(…)	使用 h 修改散点图的属性

例 4-17：绘制三维散点图。

解：MATLAB 程序如下。

```
>> figure
>> [X,Y,Z] = sphere(16);
>> x = [0.5*X(:); 0.75*X(:); X(:)];
>> y = [0.5*Y(:); 0.75*Y(:); Y(:)];
>> z = [0.5*Z(:); 0.75*Z(:); Z(:)];
>> scatter3(x,y,z)
```

运行结果如图 4-18 所示。

例 4-18：绘制螺旋散点图。

解：MATLAB 程序如下。

```
>> x=1:0.1:10;          %定义 x
>> y=sin(x);            %定义 y
>> z=cos(x);            %定义 z
>> scatter3(x,y,z,'filled')
>> view(-30,10)
```

运行结果如图 4-19 所示。

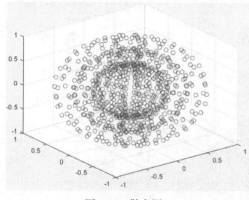

图 4-18　散点图

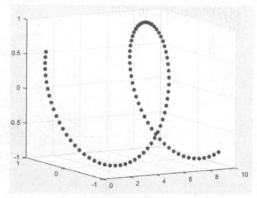

图 4-19　螺旋散点图

4.1.6　三维图形等值线

在军事、地理等学科中经常会用到等值线。在 MATLAB 中有许多绘制等值线的函数，主要介绍以下几个。

1. contour3 函数

contour3 是三维绘图中最常用的绘制等值线的函数，该函数生成一个定义在矩形格栅上曲面的三维等值线图，它的调用格式见表 4-13。

表 4-13　　　　　　　　　　　　　　　　contour3 调用格式

调 用 格 式	说　　明
contour3(Z)	画出三维空间角度观看矩阵 Z 的等值线图，其中 Z 的元素被认为是距离 xy 平面的高度，矩阵 Z 至少为 2 阶的。等值线的条数与高度是自动选择的。若[m, n]=size (Z)，则 x 轴的范围为[1, n]，y 轴的范围为[1, m]
contour3(X,Y,Z)	用 X 与 Y 定义 x 轴与 y 轴的范围。若 X 为矩阵，则 X(1,:)定义 x 轴的范围；若 Y 为矩阵，则 Y(:,1)定义 y 轴的范围；若 X 与 Y 同时为矩阵，则它们必须同型；若 X 或 Y 有不规则的间距，contour3 还是使用规则的间距计算等值线，然后将数据转变给 X 或 Y
contour3(···,n)	画出由矩阵 Z 确定的 n 条等值线的三维图
contour3(···,v)	在参量 v 指定的高度上画出三维等值线，当然等值线条数与向量 v 的维数相同。若想只画一条高度为 h 的等值线，则输入 contour3(Z,[h,h])
contour3(···, LineSpec)	用参量 LineSpec 指定的线型与颜色画等值线
contour3(···,Name,Value)	使用名称-值对组参数指定等高线图的属性
contour3(ax,···)	在 ax 指定的目标坐标区中显示等高线图
[M,h]=contour3(···)	画出图形，同时返回与函数 contourc 中相同的等值线矩阵 m，包含所有图形对象的句柄向量 h

例 4-19：绘制函数的等值线图。

解：MATLAB 程序如下。

```
>> close all
>> t=-4:0.1:4;
>> [x,y]=meshgrid(t);
>> z = x^2 + y^2;
>> contour3(x,y,z);
>> title('函数等值线图');
>> xlabel('x-axis'),ylabel('y-axis '),zlabel('z-axis')
```

运行结果如图 4-20 所示。

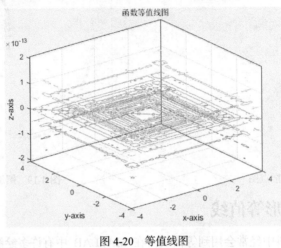

图 4-20　等值线图

2. contour 函数

contour3 用于绘制二维图时等价于 contour，contour 用来绘制二维等值线，可以看作一个三维曲面向 xy 平面上的投影，它的调用格式见表 4-14。

表 4-14　contour 调用格式

调 用 格 式	说　　明
contour(Z)	把矩阵 Z 中的值作为一个二维函数的值，等值线是一个平面的曲线，平面的高度 v 是 MATLAB 自动选取的
contour(X,Y,Z)	(X,Y) 是平面 Z=0 上点的坐标矩阵，Z 为相应点的高度值矩阵
contour(…,n)	画出 n 条等值线，在 n 个自动选择的层级（高度）上显示等高线
contour(…,v)	在指定的高度 v 上画出等值线，v 指定为二元素行向量 $[k,k]$
contour(…,LineSpec)	用参量 LineSpec 指定的线型与颜色画等值线
contour(…,Name,Value)	使用名称-值对组参数指定等高线图的属性
contour(ax,…)	在 ax 指定的目标坐标区中显示等高线图
[C,h] = contour(…)	返回等值矩阵 C 和线句柄或块句柄列向量 h，每条线对应一个句柄，句柄中的 userdata 属性包含每条等值线的高度值

例 4-20：绘制曲面 $z = x^2 e^{\sin y}$ 在 $x \in [-2\pi, 2\pi]$，$y \in [-2\pi, 2\pi]$ 的图像及其在 xy 面的等值线图。

解：MATLAB 程序如下。

```
>> close all
>> x=linspace(-2*pi,2*pi,100);
```

```
>> y=x;
>> [X,Y]=meshgrid(x,y);
>> Z=(X.^2).*exp(sin(Y));
>> subplot(1,2,1);
>> surf(X,Y,Z);
>> title('曲面图像');
>> subplot(1,2,2);
>> contour(X,Y,Z);
>> title('二维等值线图')
```

运行结果如图 4-21 所示。

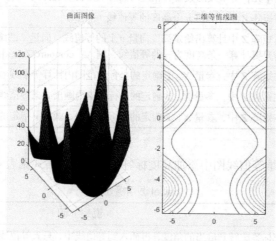

图 4-21 等值线图

3. contourf 函数

此函数用来填充二维等值线图，即先画出不同等值线，然后将相邻的等值线之间用同一颜色进行填充，填充用的颜色决定于当前的色图颜色。

contourf 函数的调用格式见表 4-15。

表 4-15   contourf 调用格式

调 用 格 式	说 明
contourf(Z)	矩阵 Z 的等值线图，其中 Z 理解成距平面 xy 的高度矩阵。Z 至少为 2 阶的，等值线的条数与高度是自动选择的
contourf(Z,n)	画出矩阵 Z 的 n 条高度不同的填充等值线
contourf(Z,v)	画出矩阵 Z 的由 v 指定的高度的填充等值图
contourf(X,Y,Z)	画出矩阵 Z 的填充等值线图，其中 X 与 Y 用于指定 x 轴与 y 轴的范围。若 X 与 Y 为矩阵，则必须与 Z 同型；若 X 或 Y 有不规则的间距，contour3 还是使用规则的间距计算等高线，然后将数据转变给 X 或 Y
contourf(X,Y,Z,n)	画出矩阵 Z 的 n 条高度不同的填充等值线，其中 X、Y 参数同上
contourf(X,Y,Z,v)	画出矩阵 Z 的由 v 指定高度的填充等值线图，其中 X、Y 参数同上
contourf(⋯,LineSpec)	用参量 LineSpec 指定的线型与颜色画等值线
contourf(⋯,Name,Value)	使用名称-值对组参数指定填充等高线图的属性
contourf(ax,⋯)	在 ax 指定的目标坐标区中显示填充等高线图
M=contourf(⋯)	返回等高线矩阵 M，其中包含每个层级的顶点的 (x,y) 坐标
[M,C] = contourf(⋯)	画出图形，同时返回与函数 contourc 中相同的等高线矩阵 M，M 也可被函数 clabel 使用，返回包含 patch 图形对象的句柄向量 C

4. contourc 函数

该函数计算等值线矩阵 C，该矩阵可用于函数 contour、contour3 和 contourf 等。矩阵 Z 中的数值确定平面上的等值线高度值，等值线的计算结果用矩阵 Z 维数决定间隔的宽度。

contourc 函数的调用格式见表 4-16。

表 4-16   contourc 调用格式

调 用 格 式	说　明
C = contourc(Z)	从矩阵 Z 中计算等值矩阵，其中 Z 的维数至少为 2 阶，等值线为矩阵 Z 中数值相等的单元，等值线的数目和相应的高度值是自动选择的
C = contourc(Z,n)	在矩阵 Z 中计算出 n 个高度的等值线
C = contourc(Z,v)	在矩阵 Z 中计算出给定高度向量 v 上的等值线，向量 v 的维数决定了等值线的数目。若只要计算一条高度为 a 的等值线，输入：contourc(Z,[a,a])
C = contourc(X,Y,Z)	在矩阵 Z 中，参量 X、Y 确定的坐标轴范围内计算等值线
C = contourc(X,Y,Z,n)	在矩阵 Z 中，参量 X、Y 确定的坐标范围内画出 n 条等值线
C = contourc(X,Y,Z,v)	在矩阵 Z 中，参量 X、Y 确定的坐标范围内，画在 v 指定的高度上的等值线

5. clabel 函数

clabel 函数用来在二维等值线图中添加高度标签，它的调用格式见表 4-17。

表 4-17   clabel 调用格式

调 用 格 式	说　明
clabel(C,h)	把标签旋转到恰当的角度，再插入到等值线中，只有等值线之间有足够的空间时才加入，这决定于等值线的尺度，其中 C 为等高矩阵
clabel(C,h,v)	在指定的高度 v 上显示标签 h
clabel(C,h,'manual')	手动设置标签。用户用鼠标左键或空格键在最接近指定的位置上放置标签，用键盘上的回车键结束该操作
t=clabel(C,h,'manual')	返回为等高线添加的标签文本对象 t
clabel(C)	在从函数 clabel 生成的等高矩阵 C 的位置上添加标签。此时标签的放置位置是随机的
clabel(C,v)	在给定的位置 v 上显示标签
clabel(C,'manual')	允许用户通过鼠标来给等高线贴标签
t1=clabel(…)	返回创建的文本和线条对象
clabel(…,Name,Value)	使用一个或多个 Name,Value 对组参数修改标签外观

对上面的调用格式，需要说明的一点是，若命令中有 h，则会对标签进行恰当的旋转，否则标签会竖直放置，且在恰当的位置显示一个 "+" 号。

例 4-21：绘制等高线图及其修饰。

解：MATLAB 程序如下。

```
>> close all    % 关闭当前已打开的文件
>> clear    % 清除工作区的变量
>> x=linspace(-2*pi,2*pi,100);  % 创建-2π 到 2π 的向量 x，元素个数为 100
>> y=x;    % 定义以向量 x 为自变量的函数表达式 y
>> [X,Y]=meshgrid(x,y); % 通过向量 x、y 定义二维网格矩阵 X、Y
>> Z=X.^2+exp(sin(Y)); % 通过网格数据 X、Y 定义函数表达式 Z，得到二维矩阵 Z
```

```
>> subplot(221); contour(X,Y,Z);  % 将视图分割为 2×2 的 4 个窗口，在第 1 个窗口中绘图二维等高线
   >> subplot(222); contour3(X,Y,Z,10);  % 将视图分割为 2×2 的 4 个窗口，在第 2 个窗口中绘图三维
等高线，等高线条数为 10
   >> subplot(223);clabel(contour(X,Y,Z),4);  % clabel 函数用于为等高线添加标签，将视图分割为
2×2 的 4 个窗口，在第 3 个窗口中绘制等高线并添加高程标签，contour(X,Y,Z)得到等值矩阵 C 和线句柄或块句柄
列向量 h，设置等高线层级值为 4
   >> subplot(224);clabel(contour(X,Y,Z),[1 10 20]);  % 将视图分割为 2×2 的 4 个窗口，在第 4
个窗口中绘制等高线并添加高程标签，设置等高线层级值为[1 10 20]
```

得到的结果如图 4-22 所示。

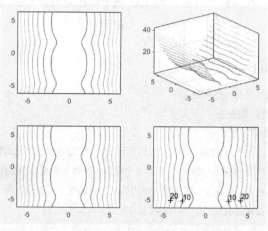

图 4-22　等高线及修饰

6. fcontour 函数

该函数专门用来绘制符号函数 $f(x,y)$（即 f 是关于 x、y 的数学函数的字符串表示）的等值线图，它的调用格式见表 4-18。

表 4-18　　　　　　　　　　　　　　fcontour 调用格式

调 用 格 式	说　　　明
fcontour (f)	绘制 f 在系统默认的区域 $x \in (-5, 5)$，$y \in (-5, 5)$ 上的等值线图
fcontour (f,[a,b])	绘制 f 在区域 $x \in (a,b)$，$y \in (a,b)$ 上的等值线图
fcontour (f,[a,b,c,d])	绘制 f 在区域 $x \in (a,b)$，$y \in (c,d)$ 上的等值线图
fcontour(···,LineSpec)	设置等高线的线型和颜色
fcontour(···,Name,Value)	使用一个或多个名称-值对组参数指定线条属性
fcontour(ax,···)	在 ax 指定的坐标区中绘制等值线图
fc =fcontour (···)	返回 FunctionContour 对象 fc，使用 fc 查询和修改特定 FunctionContour 对象的属性

7. fsurfc 函数

该函数用来绘制函数 $f(x,y)$的带等值线的三维表面图，其中函数 f 是一个以字符串形式给出的二元函数。

fsurfc 函数的调用格式见表 4-19。

表 4-19   fsurf 调用格式

调用格式	说　明
fsurfc(f,'ShowContours','on')	绘制 f 在默认区间 $x\in(-5,5),y\in(-5,5)$ 上带等值线的三维表面图，'ShowContours'选项表示在曲面下显示等高线图，默认值为设置'off'（默认），设置为'on'，显示曲面图下的等高线
fsurfc(f,[a,b], 'ShowContours','on')	绘制 f 在区域 $x\in(a,b),y\in(a,b)$ 上带等值线的三维表面图
fsurfc(f,[a,b,c,d], 'ShowContours','on')	绘制 f 在区域 $x\in(a,b),y\in(c,d)$ 上带等值线的三维表面图

例 4-22： 在区域 $x\in[-\pi,\ \pi]$，$y\in[-\pi,\ \pi]$ 上绘制下面函数的带等值线的三维表面图。

$$f(x,y)=-\frac{e^{\sin(x+y)}}{x^2+y^2}$$

解： MATLAB 程序如下。

```
>> close all    % 关闭当前已打开的文件
>> clear    % 清除工作区的变量
>> syms x y  %定义符号变量 x y
>> f=-exp(sin(x+y))/(x^2+y^2);  % 定义以向量 x、y 为自变量的二元函数表达式 f
>> subplot(1,2,1);  % 将视图分割为 1×2 的 2 个窗口，在第 1 个窗口中绘图
>> fsurf(f,[-pi,pi]);  % 在 xy 定义的区域内绘制二元函数 f 三维曲面图
>> title('三维曲面不显示等高线');  %为图形添加标题
>> subplot(1,2,2);  % 将视图分割为 1×2 的 2 个窗口，在第 2 个窗口中绘图
>> fsurf(f,[-pi,pi], 'ShowContours','on');   % 在 xy 定义的区域内绘制二元函数 f 三维曲面图，
并显示显示曲面图下的等高线
>> title('三维曲面显示等高线')  %为图形添加标题
>> view(60,45)  % 更改视图角度
```

运行结果如图 4-23 所示。

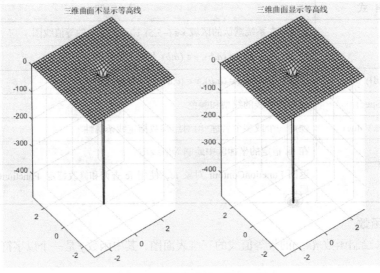

图 4-23   带等值线的三维表面图

4.2 三维图形修饰处理

本节主要讲一些常用的三维图形修饰处理函数，在 3.4 节中已经讲了一些二维图形修饰处理函数，这些函数在三维图形里同样适用。下面来看一下在三维图形里特有的图形修饰处理函数。

4.2.1 视角处理

在现实空间中，从不同角度或位置观察某一事物就会有不同的效果，即会有"横看成岭侧成峰"的感觉。三维图形表现的正是一个空间内的图形，因此在不同视角及位置都会有不同的呈现效果，这在工程实际中也是经常遇到的。MATLAB 提供的 view 函数能够很好地满足这种需要。

view 函数用来控制三维图形的观察点和视角，它的调用格式见表 4-20。

表 4-20 view 调用格式

调 用 格 式	说 明
view(az,el)	给三维空间图形设置观察点的方位角 az 与仰角 el
view([az,el])	给三维空间图形设置观察点的方位角 az 与仰角 el
view([x,y,z])	将点（x,y,z）设置为视点
view(2)	设置默认的二维形式视点，其中 az=0，el=90°，即从 z 轴上方观看
view(3)	设置默认的三维形式视点，其中 az=-37.5°，el=30°
[az,el] = view	返回当前的方位角 az 与仰角 el
view(ax,…)	指定目标坐标区的角度

对于这个函数需要说明的是，方位角 az 与仰角 el 为两个旋转角度。做一个通过视点和 z 轴平行的平面，与 xy 平面有一交线，该交线与 y 轴的反方向的、按逆时针方向（从 z 轴的方向观察）计算的夹角，就是观察点的方位角 az；若角度为负值，则按顺时针方向计算。在通过视点与 z 轴的平面上，用一直线连接视点与坐标原点，该直线与 xy 平面的夹角就是观察点的仰角 el；若仰角为负值，则观察点转移到曲面下面。

例 4-23：在同一窗口中绘制半径随正切函数变化的柱面的各种视图。

解：MATLAB 程序如下。

```
>> close all
>> t=0:pi/10:2*pi;
>> [X,Y,Z]=cylinder(tan(t),30);
>> subplot(2,2,1)
>> surf(X,Y,Z),title('三维视图')
>> subplot(2,2,2)
>> surf(X,Y,Z),view(90,0)
>> title('侧视图')
>> subplot(2,2,3)
>> surf(X,Y,Z),view(0,0)
>> title('正视图')
```

```
>> subplot(2,2,4)
>> surf(X,Y,Z),view(0,90)
>> title('俯视图')
```

运行结果如图 4-24 所示。

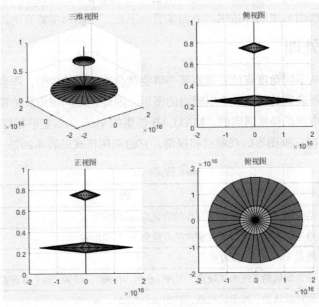

图 4-24   视图转换

例 4-24：在区域 $x \in [-\pi, \pi]$，$y \in [-\pi, \pi]$ 上绘制下面函数的带等值线的三维表面图。

$$f(x,y) = \frac{e^{\tan(x+y)}}{x^2 + y^2}$$

解：MATLAB 程序如下。

```
>> close all
>> [X,Y]=meshgrid(-pi:01*pi:pi);
>> Z=exp(tan(X+Y))./(X.^2+Y.^2);
>> subplot(2,2,1)
>> surf(X,Y,Z),title('三维视图')
>> subplot(2,2,2)
>> surf(X,Y,Z),view(90,0)
>> title('侧视图')
>> subplot(2,2,3)
>> surf(X,Y,Z),view(0,0)
>> title('正视图')
>> subplot(2,2,4)
>> surf(X,Y,Z),view(0,90)
>> title('俯视图')
```

运行结果如图 4-25 所示。

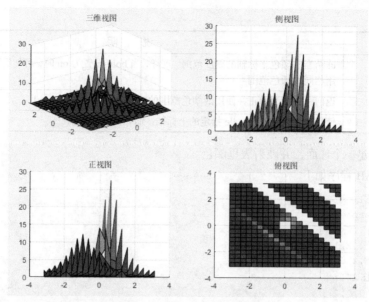

图 4-25　转换视角的三维表面图

4.2.2　颜色处理

前面介绍了 colormap 函数的主要用法，这里针对三维图形再讲几个处理颜色的函数。

1. 色图明暗控制函数

MATLAB 中，控制色图明暗的函数是 brighten，它的调用格式见表 4-21。

表 4-21　　　　　　　　　　　　　　brighten 调用格式

调用格式	说　明
brighten(beta)	增强或减小色图的色彩强度，若 0<*beta*<1，则增强色图强度；若−1<*beta*<0，则减小色图强度
brighten(map,beta)	增强或减小颜色图 map 指向的对象的色彩强度 *beta*
newmap=brighten(…)	返回一个比当前色图增强或减弱的新的颜色图，当前图窗不受影响
brighten(fbeta)	该命令变换图窗 f 指定的颜色图的强度，其他图形对象（例如坐标区、坐标区标签和刻度）的颜色也会受到影响

2. 色轴刻度

caxis 函数控制着对应色图的数据值的映射图，设置颜色图范围。它通过将被变址的颜色数据（CData）与颜色数据映射（CDataMapping）设置为 scaled，影响着任何的表面、块、图像；该函数还改变坐标轴图形对象的属性 Clim 与 ClimMode。

caxis 函数的调用格式见表 4-22。

表 4-22　　　　　　　　　　　　　　caxis 调用格式

调用格式	说　明
caxis([cmin cmax])	将颜色的刻度范围设置为[*cmin cmax*]。数据中小于 *cmin* 或大于 *cmax* 的，将分别映射于颜色图的第一行与最后一行；处于 *cmin* 与 *cmax* 之间的数据将线性地映射于当前色图
caxis('auto')或 caxis auto	让系统自动地计算数据的最大值与最小值对应的颜色范围，这是系统的默认状态。数据中的 Inf 对应于最大颜色值；−Inf 对应于最小颜色值；带颜色值设置为 NaN 的面或边界将不显示

调 用 格 式	说　　明
caxis manual 或 caxis ('manual')	冻结当前颜色坐标轴的刻度范围。这样，当 hold 设置为 on 时，可使后面的图形命令使用相同的颜色范围
v = caxis	返回一包含当前正在使用的颜色范围的二维向量 $v=[cmin\ cmax]$
caxis(axes_handle,…)	使用由参量 axis_handle 指定的坐标轴，而非当前坐标轴

例 4-25：创建一个球面，并映射表里颜色。

解：MATLAB 程序如下。

```
>> close all
>> [X,Y,Z]=sphere;
>> C=X.*sin(Y);
>> subplot(1,2,1);
>> surf(X,Y,Z,C);
>> title('图1');
>> subplot(1,2,2);
>> surf(X,Y,Z,C);
>> caxis([-1 0]);
>> title('图2')
```

运行结果如图 4-26 所示。

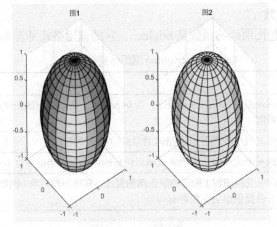

图 4-26　色轴控制图

在 MATLAB 中，还有一个画色轴的函数 colorbar，这个函数在图形窗口的工具条中有相应的图标。它在命令行窗口的调用格式见表 4-23。

表 4-23　　　　　　　　　　　　　　　　colorbar 调用格式

调 用 格 式	说　　明
colorbar	在当前图形窗口中显示当前色轴
colorbar(location)	设置色轴相对于坐标区的位置，包括'eastoutside'（默认）、'north'、'south'、'east'、'west'、'northoutside'等
colorbar(…,Name,Value)	使用一个或多个名称-值对组参数修改颜色栏外观，包括下面的选项 'Location'：相对于坐标区的位置 'TickLabels'：刻度线标签

调 用 格 式	说　　明
colorbar(···,Name,Value)	'TickLabelInterpreter'：刻度标签中字符的解释，'tex'（默认）、'latex'、'none' 'Ticks'：刻度线位置 'Direction'：色阶的方向，'normal'（默认）或'reverse' 'FontSize'：字体大小
colorbar(h,···)	在 h 指定的坐标区或图上放置一个色轴，若图形宽度大于高度，则将色轴水平放置
h=colorbar(···)	返回一个指向色轴的句柄，可以在创建颜色栏后使用此对象设置属性
colorbar('off')	删除与当前坐标区或图关联的所有颜色栏。可使用 colorbar('delete')或 colorbar('hide')格式
colorbar(target,'off')	删除与目标坐标区或图关联的所有颜色栏

3. 颜色渲染设置

shading 函数用来控制曲面与补片等的图形对象的颜色渲染，同时设置当前坐标轴中的所有曲面与补片图形对象的属性 EdgeColor 与 FaceColor。

shading 函数的调用格式见表 4-24。

表 4-24　　　　　　　　　　　　　　　shading 调用格式

调 用 格 式	说　　明
shading flat	使网格图上的每一线段与每一小面有一相同颜色，该颜色由线段末端的颜色确定；或由小面的、有小型的下标或索引的 4 个角的颜色确定
shading faceted	用重叠的黑色网格线来达到渲染效果。这是默认的渲染模式
shading interp	在每一线段与曲面上显示不同的颜色，该颜色为通过在每一线段两边或为不同小曲面之间的色图的索引或真颜色进行内插值得到的颜色
Shading(axes_handle,···)	将着色类型应用于 axes_handle 指定的坐标区中的对象

例 4-26：观察球体的不同渲染模式下的图像。

解：MATLAB 程序如下。

```
>> subplot(131)
>> sphere(16)
>> title('Faceted Shading (Default)')
>> subplot(132)
>> sphere(16)
>> shading flat
>> title('Flat Shading')
>> subplot(133)
>> sphere(16)
>> shading interp
>> title('Interpolated Shading')
```

运行结果会有 3 个图形视图出现，每个窗口的图形如图 4-27 所示。

例 4-27：针对下面的函数比较上面 3 种调用格式得出图形的不同。

$$z = x^2 + e^{\sin y} \quad -10 \leqslant x, \ y \leqslant 10$$

解：MATLAB 程序如下。

```
>> [X,Y]=meshgrid(-10:0.5:10);
>> Z=X.^2+exp(sin(Y));
>> subplot(2,2,1);
```

```
>> surf(X,Y,Z);
>> title('三维视图');
>> subplot(2,2,2), surf(X,Y,Z),shading flat;
>> title('shading flat');
>> subplot(2,2,3), surf(X,Y,Z),shading faceted;
>> title('shading faceted');
>> subplot(2,2,4) ,surf(X,Y,Z),shading interp;
>> title('shading interp')
```

运行结果如图 4-28 所示。

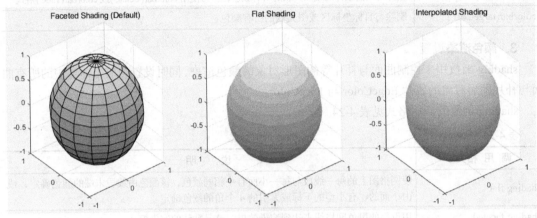

图 4-27　色图强弱对比

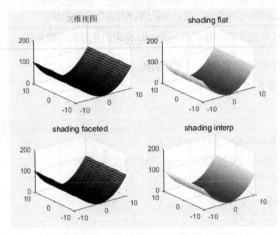

图 4-28　颜色渲染控制图

4.2.3　光照处理

在 MATLAB 中绘制三维图形时，不仅可以画出带光照模式的曲面，还能在绘图时指定光线的来源。

1. 带光照模式的三维曲面

surfl 函数用来画一个带光照模式的三维曲面图，该函数显示一个带阴影的曲面，结合了周围的、散射的和镜面反射的光照模式。想获得较平滑的颜色过渡，则需要使用有线性强度变化的色图（如 gray、copper、bone、pink 等）。

surfl 函数的调用格式见表 4-25。

表 4-25　surfl 调用格式

调 用 格 式	说　明
surfl(Z)	以向量 **Z** 的元素生成一个三维的带阴影的曲面，其中阴影模式中的默认光源方位为从当前视角开始，逆时针转 45°
surfl(X,Y,Z)	以矩阵 **X**、**Y**、**Z** 生成的一个三维的带阴影的曲面，其中阴影模式中的默认光源方位为从当前视角开始，逆时针转 45°
surfl(…,'light')	用一个 MATLAB 光照对象（light object）生成一个带颜色、带光照的曲面，这与用默认光照模式产生的效果不同
sur fl(…,'cdata')	改变曲面颜色数据（color data），使曲面成为可反光的曲面
surfl(…,s)	指定光源与曲面之间的方位 s，其中 s 为一个二维向量[azimuth，elevation]，或者三维向量[sx, sy, sz]，默认光源方位为从当前视角开始，逆时针转 45°
surfl(X,Y,Z,s,k)	指定反射常系数 k，其中 k 为一个定义环境光（ambient light）系数（$0 \leqslant ka \leqslant 1$）、漫反射(diffuse reflection)系数（$0 \leqslant kb \leqslant 1$）、镜面反射(specular reflection)系数（$0 \leqslant ks \leqslant 1$）与镜面反射亮度（以像素为单位）等的四维向量[ka, kd, ks, shine]，默认值为 k=[0.55 0.6 0.4 10]
surfl(ax,…)	在 ax 指定的坐标区中绘制图形
h = surfl(…)	返回一个曲面图形句柄向量 h

对于这个命令的调用格式需要说明的一点是，参数 **X**、**Y**、**Z** 确定的点定义了参数曲面的"里面"和"外面"，若用户想曲面的"里面"有光照模式，只要使用 surfl(X',Y',Z')即可。

例 4-28：绘出山峰函数在有光照情况下的三维图形。

解：MATLAB 程序如下。

```
>> close all
>> [X,Y]=meshgrid(-5:0.25:5);
>> Z=peaks(X,Y);
>> subplot(1,2,1)
>> surfl(X,Y,Z)
>> title('外面有光照')
>> subplot(1,2,2)
>> surfl(X',Y',Z')
>> title('里面有光照')
```

运行结果如图 4-29 所示。

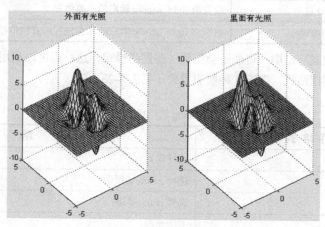

图 4-29　光照控制图比较

2. 光源位置及照明模式

在绘制带光照的三维图像时,可以利用 light 函数与 lightangle 函数来确定光源位置,其中 light 函数用于在直角坐标系中创建光源对象,调用格式非常简单,具体如表 4-26 所示。

表 4-26　　　　　　　　　　　　　　　　light 调用格式

调 用 格 式	说 明
light('PropertyName',propertyvalue,…)	使用给定属性的指定值创建一个 Light 对象
light(ax,…)	在 ax 指定的坐标区中创建光源对象
handle = light(…)	返回创建的 Light 对象

光源对象有 3 个重要的光源对象属性。

Color:光源对象投射的光线的颜色,决定来自光源的定向光的颜色。场景中对象的颜色由对象和光源的颜色共同决定。

Style:决定光源是从指定位置向所有方向发光的点源(Style 设置为 local),还是放置在无限远处,从指定位置的方向发出平行光线的光源(Style 设置为 infinite)。

Position:以坐标区数据单位指定光源的位置。在光源无限远的情况下,Position 指定光源的方向。

```
light('color',s1,'style',s2,'position',s3)    %其中'color'、'style'与'position'的位置可
以互换, s1、s2、s3 为相应的可选值
```

例如:

```
light('position',[1 0 0])    %表示光源从无穷远处沿 x 轴向原点照射过来
```

lightangle 函数用于在球面坐标中创建或定位光源对象,它的调用格式见表 4-27。

表 4-27　　　　　　　　　　　　　　　　lightangle 调用格式

调 用 格 式	说 明
lightangle(az,el)	在由方位角 az 和仰角 el 确定的位置放置光源
lightangle(ax,az,el)	在 ax 指定的坐标区而不是当前坐标区上创建光源
light_handle=lightangle(az,el)	创建一个光源位置并在 light_handle 里返回 light 的句柄
lightangle(light_handle,az,el)	设置由 light_handle 确定的光源位置
[az,el]=lightangle(light_handle)	返回由 light_handle 确定的光源位置的方位角和仰角

在确定了光源位置后,用户可能还会用到一些照明模式,这一点可以利用 lighting 函数来实现,它主要有 4 种调用格式,即有 4 种照明模式,见表 4-28。

表 4-28　　　　　　　　　　　　　　　　lighting 调用格式

调 用 格 式	说 明
lighting flat	选择顶光
lighting gouraud	选择 gouraud 照明
lighting phong	选择 phong 照明
lighting none	关闭光源

例 4-29：球体的色彩变换。

解：MATLAB 程序如下。

```
>> close all
>> [x,y,z]=sphere(40);
>> colormap(jet)
>> subplot(1,2,1);
>> surf(x,y,z),shading interp
>> light('position',[2,-2,2],'style','local')
>> lighting phong
>> subplot(1,2,2)
>> surf(x,y,z,-z),shading flat
>> light,lighting flat
>> light('position',[-1 -1 -2],'color','y')
>> light('position',[-1,0.5,1],'style','local','color','w')
```

运行结果如图 4-30 所示。

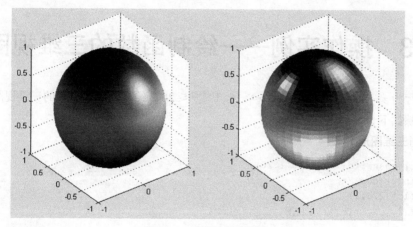

图 4-30 光源控制图比较

例 4-30：针对下面的函数比较上面 3 种调用格式得出图形的不同。

$$z = \frac{\sin\sqrt{x^2+y^2}}{\sqrt{x^2+y^2}} \quad -7.5 \leqslant x,\ y \leqslant 7.5$$

解：MATLAB 程序如下。

```
>> [X,Y]=meshgrid(-7.5:0.5:7.5);
>> Z=sin(sqrt(X.^2+Y.^2))./sqrt(X.^2+Y.^2);
>> subplot(1,2,1);
>> surf(X,Y,Z),shading interp
>> light('position',[2,-2,2],'style','local')
>> lighting phong
>> title('三维视图');
>> subplot(1,2,2), surf(X,Y,Z), shading flat
>> light,lighting flat
>> light('position',[-1 -1 -2],'color','y')
>> light('position',[-1,0.5,1],'style','local','color','w')
>> title('shading flat');
```

运行结果如图 4-31 所示。

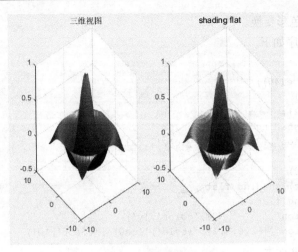

图 4-31　光照控制图

4.3　操作实例——绘制函数的三维视图

函数方程为 $z = \sin(x) + \cos(y)$，$1 \leqslant x \leqslant 10$，$1 \leqslant y \leqslant 20$，绘制该函数方程的三维视图。
操作步骤如下。

1.　绘制三维图形

```
>> [X,Y]=meshgrid(1:0.5:10,1:20);
>> Z=sin(X)+cos(Y);
>> subplot(2,3,1)
>> surf(X,Y,Z),title('主视图')
```

运行结果如图 4-32 所示。

2.　转换视图

```
>> subplot(2,3,2)
>> surf(X,Y,Z),view(20,15),title('三维视图')
```

运行结果如图 4-33 所示。

3.　填充图形

```
>> subplot(2,3,3)
>> colormap(hot)
>> hold on
>> stem3(X,Y,Z,'bo'),view(20,15),title('填充图')
```

运行结果如图 4-34 所示。

4.　半透明视图

```
>> subplot(2,3,4)
>> surf(X,Y,Z),view(20,15)
>> shading interp
>> alpha(0.5)
>> colormap(summer)
>> title('半透明图')
```

运行结果如图 4-35 所示。

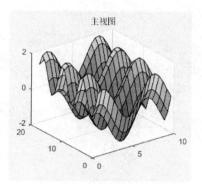

图 4-32　主视图

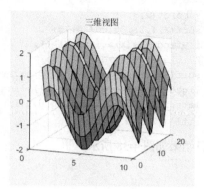

图 4-33　转换视角

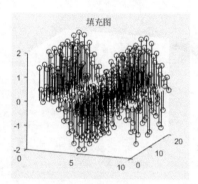

图 4-34　填充结果

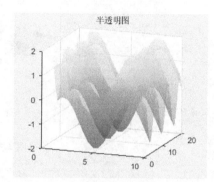

图 4-35　半透明图

5. 透视图

```
>> subplot(2,3,5)
>> surf(X,Y,Z),view(20,15)
>> shading interp
>> hold on,mesh(X,Y,Z),colormap(hot)    %透视图结果如图 4-36 所示
>> hold off
>> hidden off
>> axis equal,
>> title('透视图')
```

转换坐标系后运行结果如图 4-37 所示。

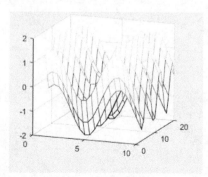

图 4-36　透视图结果

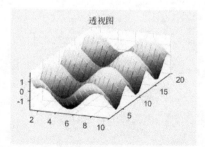

图 4-37　坐标系转换结果

6. 裁剪处理

```
>> subplot(2,3,6)
>> surf(X,Y,Z), view(20,15)
>> ii=find(abs(X)>6|abs(Y)>6);
>> Z(ii)=zeros(size(ii));
>> surf(X,Y,Z),shading interp;colormap(copper)
>> light('position',[0,-15,1]);lighting phong
>> material([0.8,0.8,0.5,10,0.5])
>> title('裁剪图')
```

运行结果如图 4-38 所示。

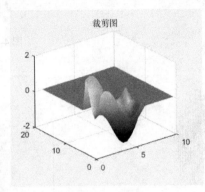

图 4-38　裁剪图

第5章
图像绘制

内容指南

为了满足用户对图形输出的各种需求，MATLAB 还提供了各种对图形与图像的高级处理方法。MATLAB 的三维绘图比二维绘图复杂一些，为了显示三维图形，MATLAB 提供了各种各样的函数，有些函数可画曲面与线格框架，同时，还介绍了动画演示功能。

知识重点

- 网格图形
- 彗星图
- 向量图形
- 图像处理
- 动画演示

5.1　网格图形

二维、三维绘图有一个非常常用的函数 meshgrid，该函数用来生成二元函数 $z = f(x,y)$ 在 xy 平面上的矩形定义域中的数据点矩阵 X 和 Y，它的调用格式也非常简单，见表 5-1。

表 5-1　　　　　　　　　　　　　　　meshgrid 调用格式

调 用 格 式	说　　明
[X,Y] = meshgrid(x,y)	向量 X 为 xy 平面上矩形定义域的矩形分割线在 x 轴的值，向量 Y 为 xy 平面上矩形定义域的矩形分割线在 y 轴的值。输出向量 X 为 xy 平面上矩形定义域的矩形分割点的横坐标值矩阵，输出向量 Y 为 xy 平面上矩形定义域的矩形分割点的纵坐标值矩阵
[X,Y] = meshgrid(x)	等价于形式[X,Y] = meshgrid(x,x)
[X,Y,Z]=meshgrid(x,y,z)	创建由向量 x、y 和 z 定义的三维网格坐标 X、Y 和 Z，X、Y 和 Z 表示的网格的大小为 $\text{length}(y) \times \text{length}(x) \times \text{length}(z)$
[X,Y,Z]=meshgrid(x)	等价于形式[X,Y,Z]= meshgrid(x,x,x),返回网格大小为 $\text{length}(x) \times \text{length}(x) \times \text{length}(x)$ 的三维网格坐标

例 5-1：创建二维网格坐标。

解：MATLAB 程序如下。

```
>> clear
>> close all
```

```
>> x = 1:3;
>> y = 1:5;
>> [X,Y] = meshgrid(x,y)
X =
     1     2     3
     1     2     3
     1     2     3
     1     2     3
     1     2     3
Y =
     1     1     1
     2     2     2
     3     3     3
     4     4     4
     5     5     5
>> subplot(1,2,1),
>> plot(X)
>> subplot(1,2,2)
>> plot(Y)
```

运行结果如图 5-1 所示。

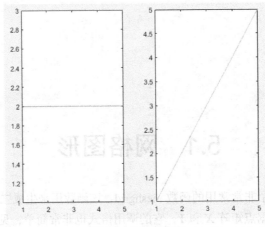

图 5-1　二维坐标图

5.2　彗星图

二维绘图有一个特殊的图形函数 comet，用来生成二维彗星图，comet 函数的调用格式也非常简单，见表 5-2。

表 5-2　　　　　　　　　　　　　　　　　　comet 调用格式

调 用 格 式	说　　明
comet(y)	显示向量 *y* 的彗星图。彗星图是动画图，其中一个圆（彗星头部）跟踪屏幕上的数据点。彗星主体是位于头部之后的尾部。彗星尾巴是跟踪整个函数的实线
comet(x,y)	显示向量 *y* 对向量 *x* 的彗星图
comet(x,y,p)	指定长度为 *p**length(*y*)的彗星主体。*p* 默认为 0.1
comet(ax,⋯)	将图形绘制到 *ax* 坐标区中，而不是当前坐标区(gca)中

例 5-2：创建二维彗星图。

解：MATLAB 程序如下。

```
>> clear
>> close all
>> t = 0:.01:2*pi;
>> x = cos(2*t).*(cos(t).^2);
>> y = sin(2*t).*(sin(t).^2);
>> comet(x,y);
```

运行结果如图 5-2 所示。

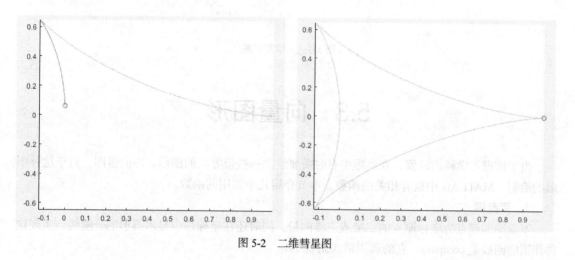

图 5-2　二维彗星图

相对应的，MATLAB 还有一个绘制三维彗星图的函数 comet3，comet3 函数的调用格式也非常简单，见表 5-3。

表 5-3　　　　　　　　　　　　　　comet3 调用格式

调 用 格 式	说　　明
comet3(z)	显示向量 z 的彗星图
comet3(x,y,z)	显示经过点$[x(i),y(i),z(i)]$曲线的彗星图
comet3(x,y,z,p)	指定长度为 $p*$length(y) 的彗星主体。p 必须介于 0 和 1 之间
comet3(ax,⋯)	将图形绘制到 ax 坐标区中，而不是当前坐标区(gca)中

例 5-3：创建三维彗星图。

解：MATLAB 程序如下。

```
>> clear
>> close all
>> t = 0:.01:20*pi;
>> x = cos(2*t).*(cos(t).^2);
>> y = sin(2*t).*(sin(t).^2);
>> z=t.^2;
>> comet3(x,y,t);
```

运行结果如图 5-3 所示。

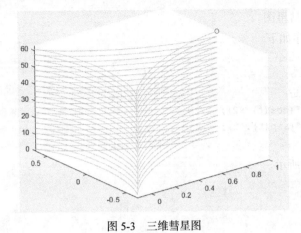

图 5-3　三维彗星图

5.3　向量图形

由于物理等学科的需要，在实际中有时需要绘制一些带方向的图形，即向量图。对于这种图形的绘制，MATLAB 中也有相关的函数，本节介绍几个常用的函数。

1. 罗盘图

罗盘图即起点为坐标原点的二维或三维向量，同时还在坐标系中显示圆形的分隔线。实现这种作图的函数是 compass，它的调用格式见表 5-4。

表 5-4　　　　　　　　　　　　　　compass 调用格式

调 用 格 式	说 明
compass(X,Y)	参量 X 与 Y 为 n 维向量，显示 n 个箭头，箭头的起点为原点，箭头的位置为[$X(i)$,$Y(i)$]
compass(Z)	参量 Z 为 n 维复数向量，命令显示 n 个箭头，箭头起点为原点，箭头的位置为[real(Z), imag(Z)]
compass(…,LineSpec)	用参量 LineSpec 指定箭头图的线型、标记符号、颜色等属性
compass(axes_handle,…)	在句柄 axes_handle 指向的坐标区绘制罗盘图
h = compass(…)	返回 line 对象的句柄给 h

例 5-4：绘制随机矩阵特征值的罗盘图。

解：MATLAB 程序如下。

```
>> clear
>> close all
>> rng(0,'twister') % 初始化随机矩阵
>> M = randn(20,20);
>> Z = eig(M);
>> subplot(1,2,1),
>> plot(Z)
>> title('二维图')
>> subplot(1,2,2)
>> compass(Z)
>> title('罗盘图')
```

运行结果如图 5-4 所示。

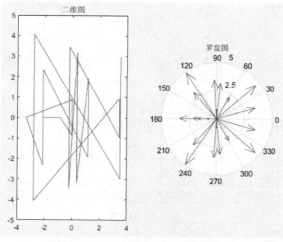

图 5-4　二维图与罗盘图

2. 羽毛图

羽毛图是在横坐标上等距地显示向量的图形，看起来就像鸟的羽毛一样。它的绘制函数是 feather，该函数的调用格式见表 5-5。

表 5-5　　　　　　　　　　　　　　　　　　　　feather 调用格式

调 用 格 式	说　　明
feather(U,V)	显示由参量向量 U 与 V 确定的向量，其中 U 包含作为相对坐标系中的 x 成分，V 包含作为相对坐标系中的 y 成分
feather(Z)	显示复数参量向量 Z 确定的向量，等价于 feather(real(Z),imag(Z))
feather(…,LineSpec)	用参量 LineSpec 报指定的线型、标记符号、颜色等属性画出羽毛图
feather(axes_handle,…)	在句柄 axes_hande 指向的坐标区中绘制羽毛图
h=feather(…)	返回对象的句柄给 h

例 5-5：绘制正弦函数的羽毛图。

解：MATLAB 程序如下。

```
>> clear
>> close all
>> x=-pi:pi/10:pi;
>> y=sin(x);
>> subplot(1,2,1)
>> [u,v] = pol2cart(x,y);
>> feather(u,v)
>> title('u,v羽毛图')
>> subplot(1,2,2)
>> feather(x,y)
>> title('x,y羽毛图')
```

运行结果如图 5-5 所示。

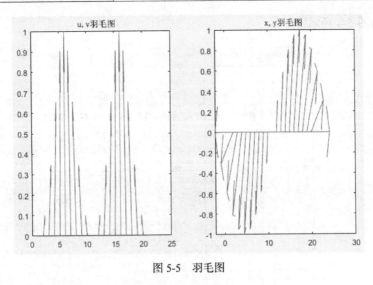

图 5-5　羽毛图

5.4　图像处理

MATLAB 还可以进行一些简单的图像处理，本节将为读者介绍这些方面的基本操作，关于这些功能的详细介绍，感兴趣的读者可以参考其他相关书籍。

5.4.1　图像的显示

通过 MATLAB 窗口可以将图像显示出来，MATLAB 中常用的图像显示函数有 image、imagesc 以及 imshow。下面将具体介绍这些函数及相应的用法。

1. 矩阵转换成的图像

image 函数有两种调用格式：一种是通过调用 newplot 函数来确定在什么位置绘制图像，并设置相应轴对象的属性；另一种是不调用任何函数，直接在当前窗口中绘制图像，这种用法的参数列表只能包括属性名称及值对。该函数的调用格式见表 5-6。

表 5-6　　　　　　　　　　　　　　　　　image 调用格式

调 用 格 式	说 明
image(C)	将矩阵 C 中的值以图像形式显示出来，C 的每个元素指定图像的 1 个像素的颜色。生成的图像是一个 $m \times n$ 像素网格，其中 m 和 n 分别是 C 的行数和列数。这些元素的行索引和列索引确定了对应像素的中心
image(x,y,C)	其中 x、y 为二维向量，分别定义了 x 轴与 y 轴的范围
image('CData',C)	将图像添加到当前坐标区中，此语法是 image(C) 的低级版本
image('XData',x,'YData',y,'CData',C)	指定图像位置。此语法是 image(x,y,C) 的低级版本
image('PropertyName', PropertyValue,…)	输入参数只有属性名称及相应的值
image (…,clims)	指定映射到色彩映射的第一个和最后一个元素的数据值。clims 指定为[cmin Cmax]形式的二元向量
image (ax,…)	在 ax 指定的轴上而不是在当前轴（GCA）上创建映像
handle = image(…)	返回所生成的图像对象的柄

例 5-6：将矩阵转换为图片。

解：MATLAB 程序如下。

```
>> x = [15 58];
>> y = [3 26];
>> C = [1 2 4 6; 6 10 12 14; 16 18 20 22];
>> image(x,y,C)
```

运行结果如图 5-6 所示。

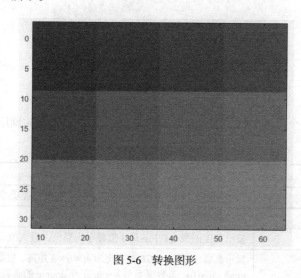

图 5-6　转换图形

2. 具有缩放颜色的图像

imagesc 函数与 image 函数非常相似，主要的区别是前者可以自动调整值域范围。它的调用格式见表 5-7。

表 5-7　　　　　　　　　　　　　　　　　imagesc 调用格式

命 令 格 式	说　　　明
imagesc(C)	将矩阵 C 中的值以图像形式显示出来
imagesc(x,y,C)	其中 x、y 为二维向量，分别定义了 x 轴与 y 轴的范围
imagesc('CData',C)	将图像添加到当前坐标区中，此语法是 image(C) 的低级版本
imagesc('XData',x,'YData',y,'CData',C)	指定图像位置。此语法是 image(x,y,C) 的低级版本
imagesc('PropertyName', PropertyValue, …)	输入参数只有属性名称及相应的值
imagesc(…, clims)	其中 clims 为二维向量，它限制了 C 中元素的取值范围
imagesc (ax,…)	在 ax 指定的轴上而不是在当前轴（GCA）上创建映像
h = imagesc(…)	返回所生成的图像对象的柄

例 5-7：将全零矩阵转换为图片。

解：MATLAB 程序如下。

```
>> A=zeros(3);
>> imagesc(A)
>> axis off      %关闭坐标系
```

运行结果如图 5-7 所示。

图 5-7 转换图形

3. 显示图像

在实际当中，另一个经常用到的图像显示函数是 imshow，其常用的调用格式见表 5-8。

表 5-8 imshow 调用格式

调 用 格 式	说　　明
imshow(I)	显示灰度图像 I，灰度图像可以是任何数值数据类型
imshow(I,[low high])	显示灰度图像 I，其值域为[low　high]
imshow(I,[])	显示灰度图像 I，I 中的最小值显示为黑色，最大值显示为白色
imshow(RGB)	显示真彩色图像，**RGB** 被指定为 $m \times n \times 3$ 矩阵，数据类型为 single、double、uint8、uint16，若数据类型为 single 或 double 的真彩色图像，则值应在[0, 1]范围内
imshow(BW)	显示二进制图像，BW 数据类型为 logical
imshow(X,map)	显示索引图像，X 为图像矩阵（实数值组成的二维矩阵），map 为调色板（[0 1]范围内的 single 或 double 类型的 $c \times 3$ 数组，或 uint8 类型的 $c \times 3$ 数组。每行指定一个 RGB 颜色值）
imshow(filename)	显示存储在由 filename 指定的图形文件中的图像
imshow(…, Name,Value)	使用名称-值对组控制运算的各个方面来显示图像
himage = imshow(…)	返回所生成的图像对象的柄
imshow(I,RI)	显示与二维参考对象 RI 关联的图像 I
imshow(X,RX,map)	显示索引图像 X 以及相关的二维参考对象 RX 和颜色映射图 map
imshow(gpuarrayIM,…)	显示 gpuarray 中包含的图像

例 5-8：图像的显示。

解：MATLAB 程序如下。

```
>> imshow('bird.jpg')
```

运行结果如图 5-8 所示。

注意：

需要显示的图像必须在工作路径下，否则无法查找到。

4. 图像色轴显示函数

MATLAB 中利用 colorbar 函数直接在当前窗口中绘制图像并显示色轴。

例 5-9：添加矩阵图像的色轴。

解：MATLAB 程序如下。

```
>> C = [1 2 4 6;5 10 12 4;16 18 20 22];
>> image(C)
>> colorbar
```

运行结果如图 5-9 所示。

图 5-8　显示图像

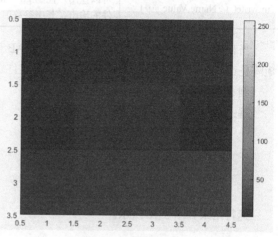

图 5-9　添加图像色轴

5.4.2　图像的读写

对于 MATLAB 支持的图像文件，MATLAB 提供了相应的读写函数，下面简单介绍这些函数的基本用法。

1. 图像读入命令

在 MATLAB 中，imread 函数用来读入各种图像文件，它的调用格式见表 5-9。

表 5-9　　　　　　　　　　　　　　　　　imread 调用格式

调　用　格　式	说　　　明
A=imread(filename)	从 filename 指定的文件读取图像，并从文件后缀名推断出其格式
A=imread(filename,fmt)	参数 fmt 用来指定图像的格式，图像格式可以与文件名写在一起，默认的文件目录为当前工作目录
A=imread(⋯,idx)	读取多帧 TIFF 文件中的一帧，idx 为帧号
A=imread(⋯,Name,Value)	使用一个或多个名称-值对参数以及前面语法中的任何输入参数指定特定于格式的选项
[A,map]=imread(⋯)	map 为颜色映像矩阵读取多帧 TIFF 文件中的一帧
[A,map,transparency]=imread(⋯)	返回 transparency（图像透明度）。此语法仅适用于 PNG、CUR 和 ICO 文件。对于 PNG 文件，透明度是 alpha 通道(如果存在)

2. 图像写入函数

在 MATLAB 中，imwrite 函数用来写入各种图像文件，它的调用格式见表 5-10。

表 5-10   imwrite 调用格式

调 用 格 式	说　　　明
imwrite(A, filename,fmt)	将图像的数据 A 以 fmt 的格式写入文件 filename 中
imwrite(A, map, filename)	将索引图像中的图像矩阵 A 以及颜色映像矩阵 **map** 写入文件 filename 中
imwrite(…, fmt)	以 fmt 的格式写入到文件 filename 中
imwrite(…, Name,Value, …)	可以让用户控制.gif、.hdf、.jpeg、.pbm、.pgm、.png、.ppm 和.tiff 格式图像文件的输出，其中参数的说明读者可以参考 MATLAB 的帮助文档

当利用 imwrite 函数保存图像时，MATLAB 默认的保存方式为 uint8 的数据类型，如果图像矩阵是 double 型的，则 imwrite 在将矩阵写入文件之前，先对其进行偏置，即写入的是 $uint8(X-1)$。

例 5-10：读取图像并转换图像格式。

解：MATLAB 程序如下。

```
>> A=imread('squirrel.png');                    % 读取一个 24 位 PNG 图像
>> imshow(A)
>> imwrite(A,'squirrel.bmp','bmp');             % 将.png 格式的图像保存成.bmp 格式
>> imwrite(A,'squirrel_grayscale.bmp','bmp');   % 将图像转换为.bmp 格式
```

运行结果如图 5-10 所示。

图 5-10　显示图像

例 5-11：显示二进制图像。

解：MATLAB 程序如下。

```
>> [X,map] =imread('shuiguo.tif',2);            % 读取图像文件 shuiguo.tif 的第 2 帧
>> imshow(X,map)      %显示二进制图像
>> [X,map]=imread('shuiguo.tif',3);             % 读取图像文件 shuiguo.tif 的第 3 帧
>> imshow(X,map)      %显示二进制图像
>> A=imread('shuiguo.tif',4);                   % 读取图像文件 shuiguo.tif 的第 4 帧
>> imshow(A)      %显示二进制图像
>> imwrite(A,'shuiguo_grayscale.bmp','bmp');    % 将.tif 格式图像转换为.bmp 格式
```

运行结果如图 5-11 所示。

图 5-11　显示图像

5.4.3　图像格式的转换

MATLAB 支持的图像格式有.bmp、.cur、.gif、.hdf、.ico、.jpg、.pbm、.pcx、.pgm、.png、.ppm、.ras、.tiff 以及.xwd。对于这些格式的图像文件，MATLAB 提供了相应的转换函数，下面简单介绍这些函数的基本用法。

1. 图像格式转换函数

在 MATLAB 中，rgb2ind 函数用来将 RGB 图像转换为索引图像，它的调用格式见表 5-11。

表 5-11　　　　　　　　　　　　　　　　rgb2ind 调用格式

调用格式	说　　明
[X,map] =rgb2ind(RGB,n)	使用最小方差量化和抖动将真彩色（RGB）图像转换为索引图像 X，n 必须小于或等于 65 536
X = rgb2ind(RGB, map)	使用反色映射算法和抖动将 RGB 图像转换为带有色映射的索引图像 X。size(map,1)必须小于或等于 65 536
[X,map] = rgb2ind(RGB, tol)	使用均匀量化和抖动将 RGB 图像转换为索引图像 X。map 最多包含 (floor(1/tol)+1)^3 种颜色，tol 必须介于 0.0 和 1.0 之间
[···] = rgb2ind(···,dither_option)	指定为 dither 或 nodither，启用或禁用抖动

注意：

合成图像 X 中的值是色彩映射图的索引，不应用于数学处理，例如过滤操作。

例 5-12：缩放并转换成索引图像。

解：MATLAB 程序如下。

```
>> RGB = imread('cat.jpg'); % 读取并显示星云的真彩色 uint 8 JPEG 图像
>> figure
>> imagesc(RGB)
>> axis image
>> axis off              % 关闭坐标系，显示如图 5-13 所示的 RGB 图像
>> zoom(2)               % 放大图片，显示如图 5-14 所示的 RGB 图像
>> [IND,map] = rgb2ind(RGB,32); % 将 RGB 图像转换为 32 种颜色的索引图像
>> figure
>> imagesc(IND)  % 显示如图 5-15 所示的索引图像
```

运行结果如图 5-12 ~ 图 5-14 所示。

图 5-12　真彩色图像

图 5-13　放大后的图像

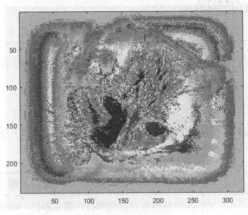

图 5-14　索引图像

2. RGB 图像函数

在 MATLAB 中，ind2rgb 函数用来将索引图像转换为 RGB 图像，写入各种 RGB 图像文件，它的调用格式见表 5-12。

表 5-12　　　　　　　　　　　　　　　　　　　ind2rgb 调用格式

调　用　格　式	说　　　明
RGB = ind2rgb(X,map)	将索引图像 X 和对应的颜色图 map 转换为 RGB 图像

索引图像 X 是整数的 $m \times n$ 数组。颜色图 map 是一个三列值数组，范围为[0，1]。颜色图的每一行都是一个三元素 RGB 三元数组，它指定了颜色图单一颜色的红色（R）、绿色（G）和蓝色（B）成分。

在 MATLAB 中，gray 函数用来创建 gray 颜色图，它的调用格式见表 5-13。

表 5-13　　　　　　　　　　　　　　　　　　　gray 调用格式

调　用　格　式	说　　　明
c = gray	以三列矩阵形式返回 gray 颜色图，其中包含的行数与当前图窗的颜色图相同。如果不存在图窗，则行数等于默认长度 256。数组中的每一行包含一种特定颜色的红、绿、蓝强度，强度介于[0,1]范围内
c = gray(m)	返回包含 m 种颜色的颜色图

3. 索引图像函数

在 MATLAB 中，cmunique 函数用来消除颜色图中的重复颜色；将灰度或 RGB 图像转换为索引图像，它的调用格式见表 5-14。

表 5-14　　　　　　　　　　　　　　cmunique 调用格式

调 用 格 式	说　　　明
[Y,newmap] = cmunique(X,map)	返回索引图像 Y 和关联的颜色图 newmap
[Y,newmap] = cmunique(RGB)	将 RGB 图像转换为索引图像 Y 及其关联的颜色图 newmap
[Y,newmap] = cmunique(I)	将灰度图像 I 转换为索引图像 Y 及其关联的颜色图 newmap

输入图像可以是 uint 8、uint 16 或 double 类。如果 newmap 的长度小于或等于 256，则输出图像 Y 的类别为 uint 8。如果 newmap 的长度大于 256，则 Y 的长度为其为两倍。

例 5-13：对比并保存转换图像格式。

解：MATLAB 程序如下。

```
>> X = magic(4);                  % 输入图像文件参数
>> map = [gray(8); gray(8)];
>> figure
>> image(X)                       % 将矩阵数据转换为图像
>> axis off
>> colormap(map)
>> title('X and map')
>> imwrite(X,'map1.bmp','bmp');   % 将图像保存成.bmp 格式
>> [Y,newmap] = cmunique(X, map); %矩阵数据转换成索引图像
>> figure
>> image(Y)
>> axis off
>> colormap(newmap)
>> title('Y and newmap')
>> imwrite(Y,'map2.bmp','bmp');   % 将图像保存成.bmp 格式
```

运行结果如图 5-15 所示。

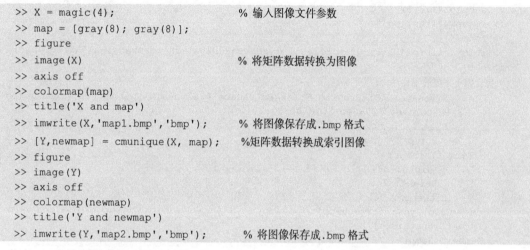

图 5-15　图像信息

5.4.4　图像信息查询

在利用 MATLAB 进行图像处理时，可以利用 imfinfo 函数查询图像文件的相关信息。这些信息包括文件名、文件最后一次修改的时间、文件大小、文件格式、文件格式的版本号、图像的宽度与高度、每个像素的位数以及图像类型等。该函数具体的调用格式见表 5-15。

表 5-15	imfinfo 调用格式
调 用 格 式	说 明
info=imfinfo(filename,fmt)	查询图像文件 filename 的信息，fmt 为文件格式
info=imfinfo(filename)	查询图像文件 filename 的信息

例 5-14：图像的缩放显示。

解：MATLAB 程序如下。

```
>> subplot(1,3,1)
>> I=imread('frog.jpg ');
>> imshow(I,[0 80])
>> subplot(1,3,2)
>> imshow('frog.jpg ');
>> zoom(2)
>> subplot(1,3,3)
>> imshow('frog.jpg')
>> zoom(4)
>> info=imfinfo('D:\Program Files\Polyspace\R2020a\bin\yuanwenjian\5\frog.jpg')
info =
  包含以下字段的 struct:
           Filename: 'D:\Program Files\Polyspace\R2020a\bin\yuanwenjian\5\frog.jpg'
        FileModDate: '07-Sep-2018 09:00:17'
           FileSize: 30277
             Format: 'jpg'
      FormatVersion: ''
              Width: 384
             Height: 240
           BitDepth: 24
          ColorType: 'truecolor'
    FormatSignature: ''
    NumberOfSamples: 3
       CodingMethod: 'Huffman'
      CodingProcess: 'Progressive'
            Comment: {}
```

运行结果如图 5-16 所示。

图 5-16 图像缩放显示

5.5 动画演示

MATLAB 还可以进行一些简单的动画演示，实现这种操作的主要函数是 getframe 和 movie。动画演示的步骤如下。

（1）利用 getframe 函数生成每个帧。

（2）利用 movie 函数按照指定的速度和次数运行该动画，movie(*M*, *n*)可以播放由矩阵 *M* 所定

义的画面 n 次，默认 n 时只播放一次。

5.5.1 动画帧

以影像的方式预存多个画面，再将这些画面快速地呈现在屏幕上，得到动画的效果，而预存的这些画面，叫作动画的帧。

1. getframe 函数

由 getframe 函数抓取当前坐标区的图形作为生成电影帧，每个画面都是一个行向量，具体的调用格式见表 5-16。

表 5-16   getframe 调用格式

调 用 格 式	说　明
F = getframe	生成当前轴显示的电影帧
F = getframe(ax)	在 ax 指定的轴中生成关键帧
F = getframe(fig)	在 fig 指定的图形窗口中生成关键帧
F = getframe(···,rect)	在由 rect 定义的矩形内的区域生成帧

例 5-15：图片的排列。

解：MATLAB 程序如下。

```
>> x=(0:pi/10:2*pi);
>> y=sin(x);
>> a1=subplot(1,2,1);
>> plot(x,y);              %生成图 5-17 左图
>> a2=subplot(1,2,2);
>> plot(x,y);
>> zoom(1.5)               %生成图 5-17 右图
>> F=getframe(a1);         %选择视图 1 作为动画帧，如图 5-18 所示
>> figure
>> imshow(F.cdata)         %显示帧
```

运行结果如图 5-18 所示。

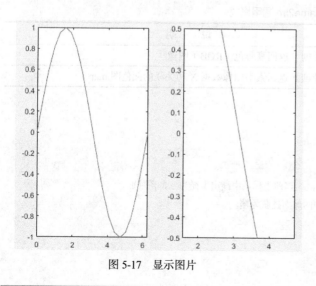

图 5-17　显示图片

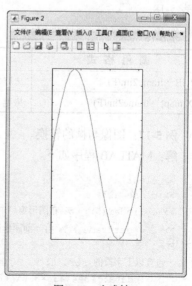

图 5-18　生成帧 1

2. im2frame 函数

由 im2frame 函数将图像转换为电影帧，具体的调用格式见表 5-17。

表 5-17   im2frame 调用格式

调 用 格 式	说　　明
F = im2frame(RGB)	将真彩色图像 RGB 转换为影片帧 F
F = im2frame(X,map)	将索引图像 X 和相关联的颜色图 map 转换成电影帧 F
F = im2frame(X)	将索引图像 X 转换成电影帧 F

例 5-16：图片转换为帧。

解：MATLAB 程序如下。

```
>> [x,map]= imread('parrot.jpg ');      % 读取 parrot.jpg
>> f = im2frame(x,map);                 % 将图像 parrot.jpg 作为动画帧
>> figure
>> imshow(f.cdata)                      % 显示帧
```

运行结果如图 5-19 所示。

图 5-19　显示帧

由 frame2im 函数将电影帧转换为图像数据，与 im2frame 函数互为逆运算，具体的调用格式见表 5-18。

表 5-18   frame2im 调用格式

调 用 格 式	说　　明
RGB = frame2im(F)	从单个影片帧 F 返回真彩色（RGB）图像
[X,map] = frame2im(F)	从单个影片帧 F 返回索引图像数据 X 和关联的颜色图 map

例 5-17：图像与帧的转换。

解：MATLAB 程序如下。

```
>> clear
>> close all
>> cylinder(5);    % 在图形窗口 Figure 1 当前坐标系中画出半径为 5 的圆柱面
>> F = getframe    % 将当前图形窗口中的球面捕获为帧。
F =
  包含以下字段的 struct:
      cdata: [344×436×3 uint8]
      colormap: []
```

```
>> RGB = frame2im(F);           % 将捕获的帧转换为图像数据，保存在三维矩阵 RGB 中
>> figure  % 打开图形窗口 Figure2
>> imshow(RGB)       % 显示真彩色图像
```

运行结果如图 5-20 所示。

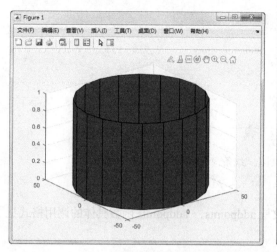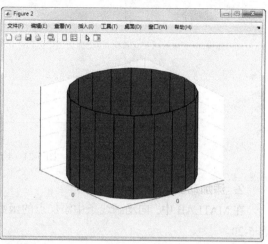

图 5-20　显示图像

5.5.2　动画线条

1. 创建动画线条

在 MATLAB 中，创建动画线条的函数是 animatedline，animatedline 函数具体的调用格式见表 5-19。

表 5-19　animatedline 调用格式

调 用 格 式	说　明
an = animatedline	创建一根没有任何数据的动画线条并将其添加到当前坐标区中。通过使用 addpoints 函数循环向线条中添加点来创建动画
an = animatedline(x,y)	创建一根包含由 x 和 y 定义的初始数据点的动画线条
an = animatedline(x,y,z)	创建一根包含由 x、y 和 z 定义的初始数据点的动画线条
an = animatedline(···,Name,Value)	使用一个或多个名称-值对组参数指定动画线条属性。例如，'Color', 'r'将线条颜色设置为红色。在前面语法中的任何输入参数组合后使用此选项
an = animatedline(ax,···)	将在由 ax 指定的坐标区中，而不是在当前坐标区(gca)中创建线条。选项 ax 可以位于前面的语法中的任何输入参数组合之前

例 5-18：绘制花式线条。

解：MATLAB 程序如下。

```
>> x = [1 2];
>> y = [1 2];
>> h = animatedline(x,y,'Color','b', 'LineStyle', ':', 'Marker', 'h', 'MarkerSize',15);
```

运行结果如图 5-21 所示。

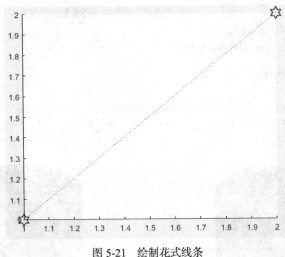

图 5-21　绘制花式线条

2. 添加动画点

在 MATLAB 中，向动画线条中添加点的函数是 addpoints， addpoints 函数具体的调用格式见表 5-20。

表 5-20　　　　　　　　　　　　　　　　addpoints 调用格式

调 用 格 式	说　　　明
addpoints(an,x,y)	向 an 指定的动画线条中添加 x 和 y 定义的点
addpoints(an,x,y,z)	向 an 指定的三维动画线条中添加 x、y 和 z 定义的点

3. 更新图窗

使用 drawnow 函数在屏幕上显示更新点。新点会自动连接到之前的点。它的具体的调用格式见表 5-21。

表 5-21　　　　　　　　　　　　　　　　drawnow 调用格式

调 用 格 式	说　　　明
drawnow	更新图窗并处理任何回调
drawnow limitrate	将更新数量限制为每秒 20 帧
drawnow nocallbacks	延迟回调，直至下个完整的 drawnow 命令执行。延迟回调不会影响动画速度
drawnow limitrate nocallbacks	将更新数量限制为每秒 20 帧，阻止回调，暂时禁用图窗交互
drawnow update	跳过更新并延迟回调
drawnow expose	更新图窗但延迟回调

其中，drawnow 命令显示更改可能很慢，drawnow limitrate 命令可以产生更快的动画。

例 5-19：绘制线条动画。

解：MATLAB 程序如下。

```
>> t = linspace(0,4*pi,1000);
>> x = sin(t);
>> y = cos(t);
>> h = animatedline (x,y,'Color','r','LineWidth',3);
```

```
>> for k = 1:length(t)
x = k*sin(t);
y = k*cos(t);
    addpoints(h,x(k),y(k));
    drawnow
end
```

运行结果如图 5-22 所示。

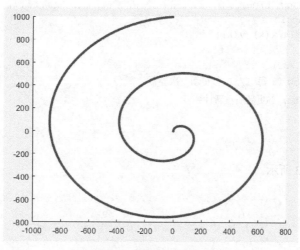

图 5-22　绘制的动画线条

4. 控制动画速度

在屏幕上运行动画循环的多个迭代，若使用 drawnow 命令太慢或使用 drawnow limitrate 命令太快时可以使用秒表计时器来控制动画速度。

使用 tic 函数启动秒表计时器，使用 toc 函数结束秒表计时器。使用 tic 和 toc 函数可跟踪屏幕更新间经过的时间。

在 MATLAB 中，tic 函数启动秒表计时器记录执行时的内部时间，该函数的调用格式见表 5-22。

表 5-22　　　　　　　　　　　　　tic 调用格式

调 用 格 式	说　　明
tic	启动秒表计时器来测量性能。显示已用时间
timerVal = tic	返回执行 tic 命令时内部计时器的值

在 MATLAB 中，toc 函数结束秒表计时器，从秒表读取已用时间，该函数的调用格式见表 5-23。

表 5-23　　　　　　　　　　　　　toc 调用格式

调 用 格 式	说　　明
toc	从启动的秒表计时器读取已用时间
elapsedTime = toc	在变量中返回已用时间
toc(timerVal)	显示自调用 timerVal 所对应 tic 命令以来的已用时间
elapsedTime = toc(timerVal)	返回自调用 timerVal 所对应 tic 命令以来的已用时间

例 5-20：控制动画速度。

解：MATLAB 程序如下。

```
>> h = animatedline;
>> axis([0,4*pi,-1,1])
>> numpoints = 10000;
>> x = linspace(0,4*pi,numpoints);
>> y = sin(x);
>> a = tic; % start timer
>> for k = 1:numpoints
        addpoints(h,x(k),y(k))
        b = toc(a); % check timer
        if b > (1/30)
            drawnow % 每 1/30 秒更新一次屏幕
            a = tic; %更新后重新计算
        end
end
 >> drawnow
```

运行结果如图 5-23 所示。

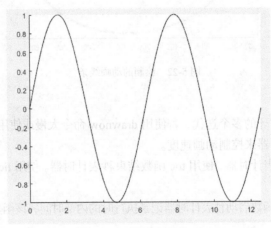

图 5-23　绘制的动画线条

5.5.3　生成动画

在 MATLAB 中，播放动画的函数是 movie，并可指定播放重复次数及每秒播放动画数目，movie 函数具体的调用格式见表 5-24。

表 5-24　　　　　　　　　　　　　　　movie 调用格式

调用格式	说　　明
movie(M)	使用当前轴作为默认目标，在矩阵 *M* 中播放动画一次
movie(M,n)	*N* 表示动画播放次数。如果 *n* 为负，则每个周期显示为向前然后向后。如果 *n* 是向量，则第一个元素是播放电影的次数，其余元素构成了要在电影中播放的帧列表
movie(M,n,fps)	以每秒 fps 帧播放电影。默认为每秒 12 帧
movie(h,…)	播放以手柄 h 标识的一个或多个图形轴为中心的电影
movie(h,M,n,fps,loc)	loc 是一个四元素位置矢量

如果要在图形中播放动画而不是轴，请指定图形句柄(或 GCF)作为第一个参数。

$$movie(figure\_handle, \cdots)$$

M 必须是动画帧的矩阵（通常来自 getframe 函数）。

例 5-21：图片的缩放动画。

解：MATLAB 程序如下。

```
>> [X,map] =imread('cat.jpg');              % 读取图像文件 cat.jpg
>> drawnow
>> imshow('cat.jpg');
>> F=getframe(gcf);
for i=1:20
zoom(i.*0.5)                 %设置缩放比例
M(:,i)=getframe;             %将图形保存到 M 矩阵
end
>> movie(M,2,5)              %播放画面 2 次，每秒 5 帧
```

图 5-24 所示为动画运行的帧。

图 5-24　缩放动画

例 5-22：演示小丑变脸动画。

解：MATLAB 程序如下。

```
>> load clown.mat    % clown 为 MATLAB 预存的一个 mat 文件，里面包含一个矩阵 X 和一个调色板 map
>> image(X);
>> colormap(map)
>> axis off
>> [indx,tf] = listdlg('PromptString', {'录制动画:'}, 'ListString', {'开始','结束'});
% 创建一个列表选择对话框
```

弹出图 5-25 所示的菜单与图 5-26 所示的图像，单击"开始"按钮，执行动画操作，在命令行窗口中输入下面的程序。

```
>> for i = 1:20
view(90,60*(i+1))           % 改变视点
colormap(((20-i)*map)/20);  % 改变色盘矩阵
M(i) = getframe(gcf);       %保存当前绘制
end
>> movie(M,2,1)             %播放画面 2 次，1 秒 1 次
```

图 5-27 所示为动画的一帧。

图 5-25 动画录制菜单

图 5-26 预存图片

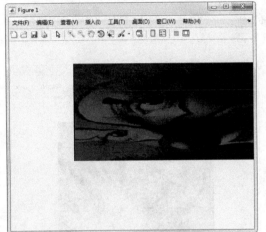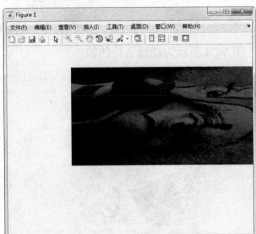

图 5-27 动画演示

5.6 操作实例——正弦函数运动动画

绘制二维曲线，并录制小球在正弦曲线上运动的过程动画。

操作步骤如下。

```
>> filename = 'xuanzhuan.gif';
>> x = linspace(0,10*pi,100);    %产生一个行向量
>> y =sin(x);
>> plot(x,y,'linewidth',2);    %绘制线
>> hold on    %图形保持
>> h=plot(0,2, '.','MarkerSize',40); % 设置小球标记大小
>> xlabel('X'); ylabel('Y');    %添加坐标轴标签
>> axis([0 25 -2 2]);    %设置坐标轴范围
>> for i = 1:length(x)
    set(h,'xdata',x(i),'ydata',y(i)); %设置小球路径
    drawnow; % 开始绘制
    pause(0.05)
```

```
        f=getframe(gcf);
    imind = frame2im(f);    %返回帧的图像数据
    [imind,cm] =rgb2ind(imind,256);  %将 RGB 图像转换为索引图像
    if i == 1
        imwrite(imind,cm,filename,'gif');%写入 gif 文件
    else
        imwrite(imind,cm,filename,'gif','WriteMode','append');
    end
end
```

图 5-28 所示为动画的一帧。

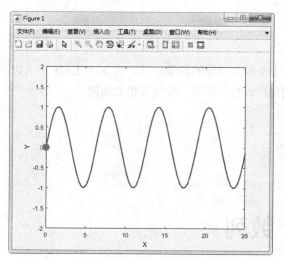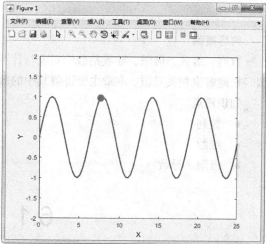

图 5-28　　动画录制

第6章

数列、级数与极限计算

内容指南

数列、级数、极限、导数是数学对象与计算方法较为简单的数学计算，在 MATLAB 中可以很轻松地解决相关问题。本章主要讲解其中的数列、级数、极限、导数等相关知识。

知识重点

- 数列
- 级数
- 极限、导数

6.1　数列

数列是指按一定次序排列的一列数，数列的一般形式可以写为 a_1, a_2, a_3, …, a_n, a_{n+1}, …，简记为 $\{a_n\}$，数列中的每一个数都叫作这个数列的项，数列中的项必须是数，它可以是实数，也可以是复数。

注意

$\{a_n\}$ 本身是集合的表示方法，但两者有本质的区别：集合中的元素是无序的，而数列中的项必须按一定顺序排列。

排在第 1 位的数称为这个数列的第 1 项（通常也叫作首项），记作 a_1；排在第 2 位的数称为这个数列的第 2 项，记作 a_2；排在第 n 位的数称为这个数列的第 n 项，记作 a_n。

数列是按照一定顺序排列的，通过不同学者的研究，根据不同的排列顺序，数列有很多分类方法。

1. 根据数列的个数分类

- 项数有限的数列为有穷数列。
- 项数无限的数列为无穷数列。

2. 根据数列每一项值的符号分类

- 数列的各项都是正数的为正项数列。
- 数列的各项都是负数的为负项数列。

3. 根据数列每一项值的变化分类

- 各项相等的数列叫作常数列（如：1，1，1，1，1，1，1，1，1）。

- 从第 2 项起，每一项都大于它的前一项的数列叫作递增数列（如：1，2，3，4，5，6，7）。
- 从第 2 项起，每一项都小于它的前一项的数列叫作递减数列（如：8，7，6，5，4，3，2，1）。
- 从第 2 项起，有些项大于它的前一项，有些项小于它的前一项的数列叫作摆动数列。
- 各项呈周期性变化的数列叫作周期数列（如三角函数）。

有些数列的变化不能简单地叙述，需要通过一些复杂的公式来表达项值之间的关系，有些则不能；可以表达的通过通项公式来表示具体的规律，不能表达的则通过名称来表示其中的规律。下面介绍几种特殊的数列。

- 三角形点阵数列：1，3，6，10，15，21，28，36，45，55，66，78，91，…
- 正方形数数列：1，4，9，16，25，36，49，64，81，100，121，144，169，…
- $a_n = 1/n$：1，1/2，1/3，1/4，1/5，1/6，1/7，1/8，…
- $a_n = (-1)^n$：-1，1，-1，1，-1，1，-1，1，…
- $a_n = 10^n - 1$：9，99，999，9999，99999，…

6.1.1 数列求和

在实际工程问题中，免不了需要求解一些数据的和，可以根据其中的规律，将这些数据转换成一个个的数列，再进行计算求解。

对于数列 $\{S_n\}$，数列累和 S 可以表示为 $\sum S_i$，其中 i 为当前项，n 为数列中元素的个数，即项数 $\sum S_i = S_1 + S_2 + S_3 + \cdots + S_n$。对于数列 1，2，3，4，5，$S = 1 + 2 + 3 + 4 + 5 = 15$。

在 MATLAB 中，直接提供了求数列中所有元素和的函数 sum，它的调用格式见表 6-1。

表 6-1　　　　　　　　　　　　　　　　sum 调用格式

调 用 格 式	说　　明
S = sum(A)	计算矩阵 A 中所有元素的和。若 A 是向量，则 S 返回所有元素的和，S 是一个数值；若 A 是矩阵，则 S 返回每一列所有元素之和，结果组成行向量，数值的个数等于列数；若 A 是 n 维矩阵，相当于 n 个二维矩阵，则 S 返回 n 个矩阵累和
S = sum(A,'all')	计算 A 的所有元素的总和，是所有行列与维度的和，结果是单个数值
S = sum(A,dim)	返回不同维度的矩阵和
S=sum(A,vecdim)	根据向量 *vecdim* 中指定的维度对 A 的元素求和
S=sum(…,outtype)	求指定数据格式的总和。此格式下可以设置特殊格式的累和，输出类型 "outtype" 包括 'default'、'double' 和 'native' 3 种 'default'：默认输出类型，当输入数据类型为 single 或 duration 时，输出类型为 'native'，与输入类型相同，为 single 或 duration 'double'：默认输出类型为 double，但当数据类型为 duration 时不支持 'double' 类型 'native'：与输入相同的数据类型，但当输入数据类型为 char 时不支持 'native'
S=sum(…,nanflag)	设置计算元素中是否包括 NaN 值，includenan 在计算中包括所有 NaN 值，omitnan 则忽略这些值

若程序运行中有未定义的数值结果，如 0/0 或 0*Inf，则返回 NaN。

例 6-1：计算向量和示例。

解：MATLAB 程序如下。

```
>> A=[1:10]
A =
    1    2    3    4    5    6    7    8    9   10
```

```
>> S=sum(A)
S =
    55
```

例 6-2：计算二维矩阵和示例。

解：MATLAB 程序如下。

```
>> A = [1 3 2; 9 2 6; 5 1 7]
A =
    1    3    2
    9    2    6
    5    1    7
>> S = sum(A)
S =
   15    6   15
```

例 6-3：计算多维矩阵和示例。

解：MATLAB 程序如下。

```
>> A = ones(4,2,5)
A(:,:,1) =
    1    1
    1    1
    1    1
    1    1
A(:,:,2) =
    1    1
    1    1
    1    1
    1    1
A(:,:,3) =
    1    1
    1    1
    1    1
    1    1
A(:,:,4) =
    1    1
    1    1
    1    1
    1    1
A(:,:,5) =
    1    1
    1    1
    1    1
    1    1
>> S=sum(A)
S(:,:,1) =
    4    4
S(:,:,2) =
    4    4
S(:,:,3) =
    4    4
S(:,:,4) =
    4    4
S(:,:,5) =
    4    4
```

例 6-4：练习矩阵求和的类型转换运算。

解：MATLAB 程序如下。

```
>> A=int32(1:5)    % 创建从 1 到 5、元素间隔为 1 的向量，设置该向量数据类型（类）为 int32，元素均
存储为 4 字节的（32 位）有符号整数
A =
1×5 int32 行向量
1          2          3          4          5
>> S1 = sum(A,'default')  % 累和数据类型为 double
S1 =
    15
>> S2 = sum(A,'double')    % 累和数据类型为 double
S2 =
    15
>> S3 = sum(A,'native')    %累和数据类型与输入数据类型相同，为 int32
S3 =
    int32
     15
```

（1）向量求和

对于向量的求和运算，只能有两种情况：求和、不求和。这里若 $dim=1$，则不求和，求和结果等于原数列；若 $dim=2$，则求和，求和结果等于数列所有元素之和。

例 6-5：向量和设置。

解：MATLAB 程序如下。

```
>> a=[2:6]
a =
    2    3    4    5    6
>> s1 = sum(a,1)
s1 =
    2    3    4    5    6
>> s2 = sum(a,2)
s2 =
    20
```

（2）矩阵求和

对于矩阵的求和运算，也有两种情况：对行求和、对列求和。这里若 $dim=1$，则对列求和，结果组成行向量；若 $dim=2$，则对行求和，结果显示为列向量。

例 6-6：矩阵和设置。

解：MATLAB 程序如下。

```
>> A = [1 3 2; 9 2 6; 5 1 7]
A =
    1    3    2
    9    2    6
    5    1    7
>> S1 = sum(A,1)
S1 =
   15    6   15
>> S2 = sum(A,2)
S2 =
    6
   17
   13
```

例 6-7：练习不同情况的求和运算。

解：MATLAB 程序如下。

```
>> A = [1 3 2 5; 9 2 6 7; 5 1 7 8;2 4 3 5; 3 5 7 8]
A =
     1     3     2     5
     9     2     6     7
     5     1     7     8
     2     4     3     5
     3     5     7     8
>> S1=sum(A,1)                        % 求矩阵列和
S =
    20    15    25    33
>> S2=sum(A,2)                        % 求矩阵行和
S =
    11
    24
    21
    14
    23
>> S3=sum(A,3)                        % 不求矩阵和
S =
     1     3     2     5
     9     2     6     7
     5     1     7     8
     2     4     3     5
     3     5     7     8
>> S4=sum(A,4)
S =
     1     3     2     5
     9     2     6     7
     5     1     7     8
     2     4     3     5
     3     5     7     8
>> S5=sum(A,5)
S =
     1     3     2     5
     9     2     6     7
     5     1     7     8
     2     4     3     5
     3     5     7     8
```

例 6-8：矩阵和示例。

解：MATLAB 程序如下。

```
>> A = [2 -0.5 3 ; -2.95 NaN 3; 4 NaN 10];
S = sum(A,'omitnan')
S =
  3.0500   -0.5000   16.000
>> S = sum(A,'includenan')
S =
  3.0500     NaN     16.000
```

1. 忽略 NaN 求累和函数

在 MATLAB 中，直接提供了求数列中所有元素和的函数 nansum，它的调用格式见表 6-2。

表 6-2 nansum 调用格式

调 用 格 式	说 明
S = nansum(A)	计算矩阵 A 累和，其中不包括 NaN 元素。若 A 是向量，则 S 返回移除 NaN 值后所有元素的和，S 是一个数值；若 A 是矩阵，则 S 返回移除 NaN 值后每一列所有元素之和，结果组成行向量，数值的个数等于列数；若 A 是 n 维矩阵，相当于 n 个二维矩阵，则 S 返回移除 NaN 值后 n 个矩阵的累和
S=nansum(A,'all')	移除 NaN 值后计算所有元素的累和，结果为单个数值
S=nansum(A,dim)	移除 NaN 元素后根据 dim 值确定是否累和。对于包含 NaN 的数列移除 NaN 后进行矩阵求和运算，行元素和与列元素和。这里，若 $dim=1$，则显示忽略 NaN 后的数列列元素和，为行向量；若 $dim=2$，则显示忽略 NaN 后的数列行元素求和结果，为列向量
S=nansum(A,vecdim)	计算 vecdim 指定的维度内所有元素的累和，其中不包括 NaN

例 6-9：向量和示例。

解：MATLAB 程序如下。

```
>> A = [2 -0.5 3 -2.95 NaN 34 NaN 10];
>> y = nansum(A)
y =
   45.5500
```

例 6-10：矩阵和设置示例。

解：MATLAB 程序如下。

```
>>  A = [2 -0.5 3;-2.95 NaN 3;4 NaN 10]
A =
    2.0000   -0.5000    3.0000
   -2.9500       NaN    3.0000
    4.0000       NaN   10.0000
>> S = nansum(A,1)    % 返回移除 NaN 值后的矩阵 A 的累和，显示每列元素之和，结果个数为行数
S =
    3.0500   -0.5000   16.0000
>> S = nansum(A,2)    % 移除 NaN 值后计算矩阵 A 中元素的累和，显示每行元素之和，结果个数为列数
S =
    4.5000
    0.0500
   14.0000
```

例 6-11：计算矩阵所有元素和示例。

解：MATLAB 程序如下。

```
>>  A = [2 -0.5 3;-2.95 NaN 6;34 NaN 10]
A =
    2.0000   -0.5000    3.0000
   -2.9500       NaN    6.0000
   34.0000       NaN   10.0000
>> S = nansum(A,'all')     % 移除 NaN 值后计算矩阵 A 中所有元素的累和
S =
   51.55000
```

注意：

nansum(A) 函数与 sum(…,omitnan) 函数可以通用，前者步骤更为简洁。

例 6-12：矩阵多维元素和示例。

解：MATLAB 程序如下。

```
>> A = ones(3,2,3)
A(:,:,1) =
     1     1
     1     1
     1     1
A(:,:,2) =
     1     1
     1     1
     1     1
A(:,:,3) =
     1     1
     1     1
     1     1
>> A([1 2:4]) = NaN   % 将矩阵 A 中的第 1 个元素，第 2 到第四个元素赋值为 NaN
A(:,:,1) =
   NaN   NaN
   NaN     1
   NaN     1
A(:,:,2) =
     1     1
     1     1
     1     1
A(:,:,3) =
     1     1
     1     1
     1     1
>> S = nansum(A)     % 移除 NaN 值后计算矩阵 A 的所有元素的累积和
S(:,:,1) =
     0     2
S(:,:,2) =
     3     3
S(:,:,3) =
     3     3
>> S = nansum(A,[1 2])     % 移除 NaN 值后计算矩阵 A 的一维和二维所有元素的累积和
S(:,:,1) =
     2
S(:,:,2) =
     6
S(:,:,3) =
     6
```

2. 求此元素位置以前的元素和

一般的求和函数 sum 求解的是当前项及该项之前的元素和，cumsum 函数求解的累计和新的定义，每个位置的新元素值为不包括当前项的元素和，它的调用格式见表 6-3。

表 6-3   cumsum 调用格式

调 用 格 式	说 明
B = cumsum(A)	从 A 中的第一个其大小不等于 1 的数组维度开始返回 A 的累积和 如果 A 是向量，则 cumsum(A)返回包含 A 元素累积和的向量 如果 A 是矩阵，则 cumsum(A)返回包含 A 每列的累积和的矩阵 如果 A 为多维数组，则 cumsum(A)沿第一个非单一维运算
B=cumsum(A,dim)	返回不同情况的元素和。即当 dim=1，按列求和；当 dim=2，按行求和

调 用 格 式	说　明
B=cumsum(…,direction)	返回翻转方向后的元素和，翻转的方向包括两种：'forward'（默认值）或'reverse' 'forward'表示从活动维度的 1 到 end 运算 'reverse'表示从活动维度的 end 到 1 运算
B=cumsum(…,nanflag)	nanflag 值控制是否移除 NaN 值，'includenan'在计算中包括所有 NaN 值，'omitnan'则移除 NaN 值

例 6-13：矩阵特定位置元素和示例。

解：MATLAB 程序如下。

```
>> A=cumsum(1:5,1)
A =
     1     2     3     4     5
>> A=cumsum(1:5,2)
A =
     1     3     6    10    15
```

例 6-14：矩阵翻转元素和示例。

解：MATLAB 程序如下。

```
>> A=cumsum(1:5,'forward')
A =
     1     3     6    10    15
>> B=cumsum(1:5,'reverse')
B =
    15    14    12     9     5
```

3. 求梯形累和

在 MATLAB 中，cumtrapz 函数用于求梯形累和，它的调用格式见表 6-4。

表6-4　　　　　　　　　　　　　　　cumtrapz 调用格式

调 用 格 式	说　明
Z = cumtrapz(Y)	通过梯形法按单位间距计算 Y 的近似累积积分。Y 的大小确定求积分所沿用的维度 如果 Y 是向量，则 cumtrapz(Y)是 Y 的累积积分 如果 Y 是矩阵，则 cumtrapz(Y)是每一列的累积积分 如果 Y 是多维数组，则 cumtrapz(Y)对大小不等于 1 的第一个维度求积分
Z=cumtrapz(X,Y)	根据 X 指定的坐标或标量间距对 Y 进行积分
Z=cumtrapz(…,dim)	沿维度 dim 求积分。dim=1，按列进行积分，dim=2，按行进行积分

例 6-15：矩阵梯形累和示例 1。

解：MATLAB 程序如下。

```
>> A=[1:5]
A =
     1     2     3     4     5
>> Z = cumtrapz(A)
Z =
         0    1.5000    4.0000    7.5000   12.0000
```

例 6-16：矩阵梯形累和示例 2。

解：MATLAB 程序如下。

```
>> A=int64(1:10)   % 创建有符号 64 位整数数据类型的向量 A
A =
1×10 int64 行向量
```

```
     1     2     3     4     5     6     7     8     9    10
>> Z = cumtrapz(A,1./A)   % 根据 A 指定的坐标对 1./A 进行积分
Z =
1×10 int64 行向量
     0     2     3     3     3     3     3     3     3     3
```

例 6-17：矩阵梯形累和示例 3。

解：MATLAB 程序如下。

```
>> A=magic(4)
A =
    16     2     3    13
     5    11    10     8
     9     7     6    12
     4    14    15     1
>> B= cumtrapz(A,1)    % 按列对矩阵 A 求梯形累和
B =
         0         0         0         0
   10.5000    6.5000    6.5000   10.5000
   17.5000   15.5000   14.5000   20.5000
   24.0000   26.0000   25.0000   27.0000
>> B= cumtrapz(A,2)    % 按行对矩阵 A 求梯形累和
B =
         0    9.0000   11.5000   19.5000
         0    8.0000   18.5000   27.5000
         0    8.0000   14.5000   23.5000
         0    9.0000   23.5000   31.5000
```

例 6-18：练习不包括当前项的求和运算。

解：MATLAB 程序如下。

```
>> A = 1:5
A =
     1     2     3     4     5
>> B=sum(A)
B =
    15
>> C=cumsum(A)
C =
     1     3     6    10    15
>> D=cumsum(A,1)
D =
     1     2     3     4     5
>> D=cumsum(A,2)
D =
     1     3     6    10    15
>> D=cumsum(A,3)
D =
     1     2     3     4     5
>> E=cumsum(A,'reverse')
E =
    15    14    12     9     5
```

6.1.2 数列求积

1. 元素连续相乘函数

在 MATLAB 中，prod 函数用于求矩阵元素乘积，它的调用格式见表 6-5。

表 6-5　　　　　　　　　　　　　　　prod 调用格式

调用格式	说　明
B = prod(A)	将矩阵 *A* 不同维的元素的乘积返回到矩阵 *B* 如果 *A* 是向量，则 prod(A)返回元素的乘积 如果 *A* 为非空矩阵，则 prod(A)将 *A* 的各列视为向量，并返回一个包含每列乘积的行向量 如果 *A* 为 0×0 空矩阵，prod(A)返回 1 如果 *A* 为多维矩阵，则 prod(A)沿第一个非单一维度运算并返回乘积数组。此维度的大小将减少至 1，而所有其他维度的大小保持不变
B=prod(A,'all')	计算 *A* 的所有元素的乘积
B = prod(A,dim)	若 *A* 为向量，则包括 2 种情况：求积和不求积。*dim*=1,不求元素乘积，返回输入值；*dim*=2,求元素乘积 若 *A* 为矩阵，则包括 2 种情况：求积和不求积。*dim*=1,按列求乘积；*dim*=2, 按行求乘积
B=prod(…,outtype)	设置输出的积类型，一般包括 3 种：'double', 'native'和'default' 'default'：当输入数据类型为 single 或 duration 时，输出类型为'native'，与输入类型相同，为 single 或 duration 'double'：默认输出类型为 double，但当数据类型为 duration 时不支持'double'类型 'native'：与输入相同的数据类型，但当输入数据类型为 char 时不支持'native'
B=prod(…,nanflag)	nanflag 值控制是否移除 NaN 值，'includenan'在计算中包括所有 NaN 值，'omitnan'则移除 NaN 值。

如果输入 *A* 为 single 类型，则计算结果 *B* 同样为 single 类型。如果为任何其他数值和逻辑数据类型，prod 会计算乘积并返回 double 类型的 *B*。

例 6-19：元素求乘积运算示例 1。

解：MATLAB 程序如下。

```
>> prod(1:4)
ans =
   24
```

例 6-20：元素求乘积运算示例 2。

解：MATLAB 程序如下。

```
>> [1 2 3;4 5 6]
ans =
    1    2    3
    4    5    6
>> prod([1 2 3;4 5 6])
ans =
    4   10   18
```

例 6-21：元素求乘积运算示例 3。

解：MATLAB 程序如下。

```
>> prod(1:4,1)
ans =
    1    2    3    4
>> prod(1:4,2)
ans =
   24
```

例 6-22：元素求乘积运算示例 4。

解：MATLAB 程序如下。

```
>> A = single([12 15 16; 13 16 19; 14 17 20])
A =
   12   15   16
```

```
     13    16    19
     14    17    20
>> B = prod(A,2,'double')
B =
      2880
      3952
      4760
>> C = prod(A,2,'default')   % dim=2，按行求乘积，输出类型为'default'，B为single
C =
   3×1 single 列向量
      2880
      3952
      4760
```

2. 求累计积函数

在 MATLAB 中，cumprod 函数用于求当前元素与所有前面元素的积，它的调用格式见表 6-6。

表 6-6   cumprod 调用格式

调 用 格 式	说　　明
B = cumprod (A)	从 A 中的第一个其大小不等于 1 的数组维度开始返回 A 的累积乘积 如果 A 是向量，则 cumsum(A)返回包含 A 元素累积乘积的向量 如果 A 是矩阵，则 cumsum(A)返回包含 A 每列的累积乘积的矩阵 如果 A 为多维数组，则 cumsum(A)沿第一个非单一维运算
B=cumprod(A,dim)	返回不同情况的元素乘积。即当 $dim=1$，按列求乘积；当 $dim=2$，按行求乘积，$dim \geqslant 3$，返回 A
B=cumprod(…,direction)	返回翻转方向后的元素乘积，翻转的方向包括两种：'forward'（默认值）或'reverse' 'forward'表示从活动维度的 1 到 end 运算 'reverse'表示从活动维度的 end 到 1 运算
B=cumprod(…,nanflag)	nanflag 值控制是否移除 NaN 值，'includenan'在计算中包括所有 NaN 值，'omitnan'则移除 NaN 值。

例 6-23：元素求累积乘积运算示例。

```
>> B = cumprod(1:5)
B =
     1     2     6    24   120
```

3. 阶乘函数

若数列是递增数列，同时递增量为 1，即数列 1，2，3，4，5，6，7，…，n，则求该特殊数列中元素积的方法称为阶乘。可以说，阶乘是累计积的特例。

在表达阶乘时，使用"!"来表示。如 n 的阶乘，就表示为"n!"。例如 6 的阶乘记作 6!，即 $1×2×3×4×5×6 = 720$。

MATLAB 中阶乘函数是 factorial，调用格式如表 6-7 所示。

表 6-7   factorial 调用格式

调 用 格 式	说　　明
f = factorial(n)	返回所有小于或等于 n 的正整数的乘积，其中 n 为非负整数值

例 6-24：元素求阶乘运算示例。

```
>> factorial(6)
ans =
   720
```

阶乘函数不但可以计算整数，还可以计算向量、矩阵等。

例 6-25：矩阵求乘积运算示例。

```
>> factorial(magic(3))
ans =
      40320            1          720
          6          120         5040
         24       362880            2
>> factorial(1:10)
ans =
  1 至 5 列
              1            2            6           24          120
  6 至 10 列
            720         5040        40320       362880      3628800
>> B = cumprod(1:10)
B =
  1 至 5 列
              1            2            6           24          120
  6 至 10 列
            720         5040        40320       362880      3628800
```

注意：

对比相同的向量与矩阵的累计积与阶乘结果，发现向量运算结果相同，矩阵结果不同。

例 6-26：练习魔方矩阵的累计积运算。

解：MATLAB 程序如下。

```
>> magic(3)
ans =
     8     1     6
     3     5     7
     4     9     2
>> B= cumprod(magic(3))              %求累计积
B =
     8     1     6
    24     5    42
    96    45    84
>> C= cumprod(magic(3),1)            %第一种情况，求累计积
C =
     8     1     6
    24     5    42
    96    45    84
>> C= cumprod(magic(3),2)            %第二种情况，求每一行的累计积
C =
     8     8    48
     3    15   105
     4    36    72
>> C= cumprod(magic(3),3)            %第三种情况，不求累计积，保持原矩阵
C =
     8     1     6
     3     5     7
     4     9     2
```

例 6-27：练习矩阵的和与积运算。

解：MATLAB 程序如下。

```
>> A = floor(rand(6,7) * 100)                          %创建矩阵
A =
    76    70    11    75    54    81    61
    79    75    49    25    13    24    47
    18    27    95    50    14    92    35
    48    67    34    69    25    34    83
    44    65    58    89    84    19    58
    64    16    22    95    25    25    54
>> A(1:4,1)=95;  A(5:6,1)=76;  A(2:4,2)=7;  A(3,3)=73   %替换矩阵元素组成新矩阵
A =
    95    70    11    75    54    81    61
    95     7    49    25    13    24    47
    95     7    73    50    14    92    35
    95     7    34    69    25    34    83
    76    65    58    89    84    19    58
    76    16    22    95    25    25    54
>> sum(A)                                               %求矩阵列向和
ans =
   532   172   247   403   215   275   338
>> sum(A,2)
ans =
   447
   260
   366
   347
   449
   313
>> cumtrapz(A)
ans =
        0         0         0         0         0         0         0
   95.0000   38.5000   30.0000   50.0000   33.5000   52.5000   54.0000
  190.0000   45.5000   91.0000   87.5000   47.0000  110.5000   95.0000
  285.0000   52.5000  144.5000  147.0000   66.5000  173.5000  154.0000
  370.5000   88.5000  190.5000  226.0000  121.0000  200.0000  224.5000
  446.5000  129.0000  230.5000  318.0000  175.5000  222.0000  280.5000
>> cumprod(A)
ans =
   1.0e+11 *
    0.0000    0.0000    0.0000    0.0000    0.0000    0.0000    0.0000
    0.0000    0.0000    0.0000    0.0000    0.0000    0.0000    0.0000
    0.0000    0.0000    0.0000    0.0000    0.0000    0.0000    0.0000
    0.0008    0.0000    0.0003    0.0003    0.0000    0.0002    0.0000
    0.0619    0.0000    0.0010    0.0135    0.0000    0.0005    0.0020
    4.7046    0.0002    0.0860    0.8767    0.0000    0.0215    0.0867
```

6.1.3　数列扩展

1. 伽马函数

伽马函数（gamma Function），也叫欧拉第二积分，是阶乘函数在实数与复数上扩展的一类函数。一般定义的阶乘是定义在正整数和零（大于等于零）范围里的，小数没有阶乘，这里将伽马

函数定义为非整数的阶乘，即 0.5!。

伽马函数作为阶乘的延拓，是定义在复数范围内的亚纯函数，通常写成 $\Gamma(x)$。

在实数域上伽马函数的定义：$r(x) = \int_0^{+\infty} t^{x-1} e^{-t} \mathrm{d}t$。

在复数域上伽马函数的定义：$r(z) = \int_0^{+\infty} t^{z-1} e^{-t} \mathrm{d}t$。

MATLAB 中，gamma 函数用于计算 Gamma 函数（伽马函数），它的调用格式见表 6-8。

表 6-8　　　　　　　　　　　　　　　　　　gamma 调用格式

调用格式	说　　明
Y = gamma(X)	返回 X 的元素处计算的 gamma 函数值

同时，伽马函数也适用于正整数，即当 x 是正整数 n 的时候，伽马函数的值是 $n-1$ 的阶乘。即当输入变量 n 为正整数时，存在下面的关系。

```
factorial(n)=n* gamma(n)
```

例 6-28：矩阵的伽马函数运算。

```
>> factorial(6)
ans =
   720
>> gamma(6)
ans =
   120
>> 6*gamma(6)
ans =
   720
```

注意：

这里介绍与伽马函数相似的不完全伽马函数 gammainc。

$$gammainc(x.a) = \frac{1}{\Gamma(a)} \int_0^x t^{a-1} e^{-t} \mathrm{d}t$$

具体调用格式如表 6-9 所示。

表 6-9　　　　　　　　　　　　　　　　　　gammainc 调用格式

调用格式	说　　明
Y=gammainc(X,A)	返回在 X 和 A 的元素处计算的下不完全 gamma 函数。X 和 A 必须都为实数，A 必须为非负值
Y=gammainc(X,A,type)	返回下/上不完全 gamma 函数。type 的选项是'lower'（默认值）和'upper'
Y=gammainc(X,A,scale)	缩放生成的下/上不完全 gamma 函数，scale 可以是'scaledlower'，也可以是'scaledupper'

例 6-29：绘制伽马函数曲线。

解：MATLAB 程序如下。

```
>> fplot(@gamma)
>> hold on
>> fplot(@(x) gamma(x).^2)
>> legend('\Gamma(x)','Gamma(x).^2')
```

```
>> hold off
>> grid on
```

运行结果如图 6-1 所示。

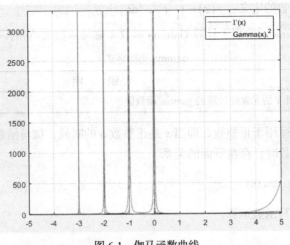

图 6-1 伽马函数曲线

例 6-30：练习随机矩阵伽马运算。

解：MATLAB 程序如下。

```
>> s=rng;   % 保存随机数生成器的当前状态
>> A=randn(3,2)     % 创建正态分布的随机矩阵
A =
    0.6277   -0.8637
    1.0933    0.0774
    1.1093   -1.2141
>> B=gamma(A)    % 计算随机矩阵的伽马函数
B =
    1.4289   -7.9629
    0.9541   12.4210
    0.9477    4.5409
>> C=gammainc(A,B)    % 计算矩阵的不完全伽马函数
C =
   0.2846 + 0.0000i      NaN +     NaNi
   0.6837 + 0.0000i   0.0000 + 0.0000i
   0.6915 + 0.0000i  -0.0152 + 0.1176i
```

2. PSI 函数

PSI 函数（ψ 函数）也称为双 γ 函数，是 gamma 函数的对数导数。

$$\Psi(x) = digamma(x)$$
$$= \frac{\mathrm{d}(\log(\Gamma(x)))}{\mathrm{d}x}$$
$$= \frac{\mathrm{d}(\Gamma(x))/\mathrm{d}x}{\Gamma(x)}$$

MATLAB 中，psi 函数用于计算 PSI 函数，它的调用格式见表 6-10。

表 6-10   psi 调用格式

调 用 格 式	说　　　明
Y = psi(X)	为矩阵 X 的每个元素计算 ψ 函数
Y = psi(k,X)	在 X 的元素中计算 ψ 的第 k 个导数 psi(0,X)：双 γ 函数 psi(1,X)：三 γ 函数 psi(2,X)：四 γ 函数

例 6-31：计算欧拉常量 γ。

解：MATLAB 程序如下。

```
>> format long % 设置数据类型为长整型
>> -psi([1 2 3])        % 计算向量的ψ函数
ans =
    0.577215664901532   -0.422784335098467   -0.922784335098467
>> -psi(1,magic(3))        % 计算 3 阶魔方矩阵的三 γ 函数
ans =
  -0.133137014694031   -1.644934066848226   -0.181322955737115
  -0.394934066848226   -0.221322955737115   -0.153545177959338
  -0.283822955737115   -0.117512014694031   -0.644934066848226
```

6.2　级数

将数列 $\{a_n\}$ 的各项依次以 "＋" 连接起来所组成的式子称为级数。

"2，8，125，79，−16" 是数列。

"2 + 8 + 125 + 79 + （−16）" 是级数。

级数是数学分析的重要内容，无论在数学理论本身还是在科学技术的应用中都是一个有力工具。MATLAB 具有强大的级数求和函数，本节将详细介绍如何用它来处理工程计算中遇到的各种级数求和问题。

6.2.1　级数求和函数

级数求和根据数列中的项来分，包括有限项级数求和、无穷级数求和，MATLAB 提供的主要的求级数函数为 symsum，它的调用格式见表 6-11。

表 6-11   symsum 调用格式

命　　令	说　　　明
symsum (s)	计算级数 s 的不定积分
symsum (s,v)	计算级数 s 关于变量 x 的不定积分
symsum (s,a,b)	求级数 s 关于系统默认的变量从 a 到 b 的有限项和
symsum (s,v,a,b)	求级数 s 关于变量 v 从 a 到 b 的有限项和

MATLAB 提供的 symsum 函数还可以求无穷级数，这时只需将函数参数中的求和区间端点改成无穷即可。

例 6-32：求下列级数。

$$S_1 = \sum_{k=0}^{10} k^2$$

$$S_2 = \sum_{k=1}^{\infty} \frac{1}{k^2}$$

$$S_3 = \sum_{k=1}^{\infty} \frac{x^k}{k!}$$

解：MATLAB 程序如下。

```
>> syms k x
>> S1 = symsum(k^2,k,0,10)
S1 =
385
>> S2 = symsum(1/k^2,k,1,Inf)
S2 =
pi^2/6
>> S3 = symsum(x^k/factorial(k),k,0,Inf)
S3 =
exp(x)
```

例 6-33：求级数 $s = \cos nx$ 的前 $n+1$ 项（n 从 0 开始）。

解：MATLAB 程序如下。

三角函数列是数学分析中傅里叶级数部分常见的一个级数，在工程中具有重要的地位。

```
>> syms n x
>> s=cos(n*x);
>> symsum(s,n)
ans =
piecewise([in(x/(2*pi), 'integer'), n], [~in(x/(2*pi), 'integer'), exp(-x*1i)^n/(2*
(exp(-x*1i) - 1)) + exp(x*1i)^n/(2*(exp(x*1i) - 1))])
```

例 6-34：求级数 $s = 2\sin 2n + 4\cos 4n + 2^n$ 的前 n 项（n 从 0 开始），并求它的前 10 项的和。

解：MATLAB 程序如下。

```
>> syms n
>> s=2*sin(2*n)+4*cos(4*n)+2^n;
>> sum_n=symsum(s)     % 求关于变量 n 的级数 S 的不定积分

(exp(-2i)^n*1i)/(exp(-2i) - 1) - (exp(2i)^n*1i)/(exp(2i) - 1) + (2*exp(-4i)^n)/(exp
(-4i) - 1) + (2*exp(4i)^n)/(exp(4i) - 1) + 2^n

 >> sum10=symsum(s,0,9)     % 求关于变量 n 的级数 S 前 10 项的和

sum10 =
 4*cos(4) + 4*cos(8) + 4*cos(12) + 4*cos(16) + 4*cos(20) + 4*cos(24) + 4*cos(28) + 4*
cos(32) + 4*cos(36) + 2*sin(2) + 2*sin(4) + 2*sin(6) + 2*sin(8) + 2*sin(10) + 2*sin(12) +
2*sin(14) + 2*sin(16) + 2*sin(18) + 1027

 >> vpa(sum10) % 使用可变精度浮点运算计算级数前 10 项的和，有效数字至少 32 位

ans =
2048.2771219312785147716264587939
```

6.2.2 级数累乘函数

symprod 函数用于求级数中当前项符号元素与所有前面项符号元素的积，它的调用格式见表 6-12。

表 6-12	symprod 的调用格式
命　令	**说　　明**
F = symprod(f,k,a,b)	返回包含表达式 f 指定符号变量 k，k 的值范围从 a 到 b
F = symprod(f,k)	返回包含表达式 f 指定符号变量 k，k 的值从 1 开始，带有一个未指定的上限

例 6-35：练习 $p = \prod_k k$，$p = \prod_k \dfrac{2k-1}{k^2}$ 运算。

解：MATLAB 程序如下。

```
>> syms k
>> P1 = symprod(k, k)
P1 =
factorial(k)
>> P2 = symprod((2*k - 1)/k^2, k)
P2 =
(1/2^(2*k)*2^(k + 1)*factorial(2*k))/(2*factorial(k)^3)
```

6.3　极限与导数

在工程计算中，经常会研究某一函数随自变量的变化趋势与相应的变化率，也就是要研究函数的极限与导数问题。本节主要讲述如何用 MATLAB 来解决这些问题。

6.3.1　极限

极限思想方法是数学分析乃至全部高等数学必不可少的一种重要方法，也是数学分析与初等数学的本质区别之处。采用了极限的思想方法，才解决了许多初等数学无法解决的问题，如求瞬时速度、曲线弧长、曲边形面积、曲面体体积等。

极限是指变量在一定的变化过程中，从总的来说逐渐稳定的这样一种变化趋势以及所趋向的数值，也就是极限值。极限在数学计算中用英文 limit 表示，在 MATLAB 中使用 limit 函数来表示。

若 $\{X_n\}$ 为一无穷实数数列，如果存在实数 a，使得对于任意正数 ε（不论它多么小），总存在正整数 N，使得当 $n>N$ 时，均有不等式 $|X_n - a| < \varepsilon$ 成立，那么就称常数 a 是数列 $\{X_n\}$ 的极限。表示为 $\lim X_n = a$ 或 $X_n \to a$（$n \to \infty$）。

limit 函数包括 4 种调用格式，见表 6-13。

表 6-13	limit 调用格式
命　令	**说　　明**
limit (f,x,a)或 limit (f,a)	求解 $\lim\limits_{x \to a} f(x)$
limit (f)	求解 $\lim\limits_{x \to 0} f(x)$
limit (f,x,a,'right')	求解 $\lim\limits_{x \to a+} f(x)$
limit (f,x,a,'left')	求解 $\lim\limits_{x \to a-} f(x)$

例 6-36：计算 $\lim\limits_{x \to 0} 3x - 1$ 。

解：MATLAB 程序如下。

```
>> clear
>> syms x;
>> f=3*x-1;
>> limit(f,x)
ans =
-1
```

例 6-37：计算 $\lim\limits_{x \to 2}(3x - 1)$ 。

解：MATLAB 程序如下。

```
>> clear
>> syms x;
>> f=3*x-1;
>> limit(f,x,2)
ans =
5
```

例 6-38：计算 $\lim\limits_{x \to 0} \dfrac{1 - \cos x}{3x^2}$ 。

解：MATLAB 程序如下。

```
>> clear
>> syms x;
>> f=(1-cos(x))/(3*x^2);
>> limit(f)
ans =
 1/6
```

例 6-39：计算 $\lim\limits_{x \to 0}(1 - 2x)^{-\frac{x}{2}}$ 。

解：MATLAB 程序如下。

```
>> clear
>> syms x;
>> f=(1-2*x)^(-x/2);
>> limit(f)
ans =
1
```

例 6-40：计算 $\lim\limits_{x \to 0} \dfrac{\sqrt{x^2 + 1} - 3x}{x + \sin x}$ 。

解：MATLAB 程序如下。

```
>> clear
>> syms x
>> limit((sqrt(1+x^2)-3*x)/(x+sin(x)),inf)
 ans =
    -2
```

例 6-41：计算 $\lim\limits_{n \to \infty}\left(\dfrac{n - 2}{n + 1}\right)^n$ 。

解：MATLAB 程序如下。

```
>> clear
>> syms n
>> limit(((n-2)/(n+1))^n,inf)
ans =
exp(-3)
```

6.3.2 导数

求导是数学中的名词，对函数进行求导用 $f'(x)$ 表示。物理学、几何学、经济学等学科中的一些重要概念都可以用导数来表示。在工程应用中用来描述各种各样的变化率。

在上一节中，limit 函数用来求解已知函数的极限，导数也是一种极限，当自变量增量 $\Delta x \to 0$ 时，函数增量比自变量增量的极限 $\dfrac{dy}{dx} = \lim\limits_{\Delta x \to 0} \dfrac{\Delta y}{\Delta x}$ 就是导数。

事实上，MATLAB 提供了专门的函数差分和近似求导函数 diff，diff 函数的调用格式见表 6-14。

表 6-14   diff 调用格式

调 用 格 式	说 明
diff (f)	求函数 $f(x)$ 的导数
diff (X)	求矩阵 X 的导数
diff(X,n)	求矩阵 X 的 n 阶导数
diff (f,n)	求函数 $f(x)$ 的 n 阶导数
diff (f,x,n)	求多元函数 $f(x, y, \cdots)$ 对 x 的 n 阶导数
diff(X,n,dim)	求沿着 dim 指定的维度计算的第 n 个差值。dim 是正整数标量。$dim=1$ 便是对行进行求导，$dim=2$ 便是对列进行求导

例 6-42：计算向量 A 的导数。

解：MATLAB 程序如下。

```
>> clear
>> A = [1 1 2 3 5 8 13 21];
>> diff(A)
ans =
    0    1    1    2    3    5    8
```

例 6-43：计算 4 阶魔方矩阵的导数。

解：MATLAB 程序如下。

```
>> clear
>> A = magic(4)
A =
   16    2    3   13
    5   11   10    8
    9    7    6   12
    4   14   15    1
>> diff(A)
ans =
  -11    9    7   -5
    4   -4   -4    4
   -5    7    9  -11
```

例 6-44：计算 4 阶魔方矩阵的 2 阶、3 阶、4 阶、5 阶、6 阶、7 阶导数。

解：MATLAB 程序如下。

```
>> clear
>> A = magic(4)
A =
    16    2    3   13
     5   11   10    8
     9    7    6   12
     4   14   15    1
>> diff(A,2)              % 对行元素进行 2 阶求导
ans =
    15  -13  -11    9
    -9   11   13  -15
>> diff(A,3)              % 对元素进行 3 阶求导
ans =
   -24   24   24  -24
>> diff(A,4)              % 对元素进行 4 阶求导
ans =
    48    0  -48
>> diff(A,5)              % 对元素进行 5 阶求导
ans =
   -48  -48
>> diff(A,6)              % 对元素进行 6 阶求导
ans =
     0
>> diff(A,7)             % 对元素进行 7 阶求导
ans =
    []
```

例 6-45：计算 4 阶魔方矩阵的列元素的 2 阶、3 阶、4 阶、5 阶导数。

解：MATLAB 程序如下。

```
>> clear
>> A = magic(4)
A =
    16    2    3   13
     5   11   10    8
     9    7    6   12
     4   14   15    1
>> diff(A,1,2)          % 对列元素进行 1 阶求导
ans =
   -14    1   10
     6   -1   -2
    -2   -1    6
    10    1  -14
>> diff(A,1,1)          % 对行元素进行 1 阶求导
ans =
   -11    9    7   -5
     4   -4   -4    4
    -5    7    9  -11
>> diff(A,2,2)          % 对列元素进行 2 阶求导
ans =
    15    9
```

```
      -7   -1
       1    7
      -9  -15
>> diff(A,3,2)      % 对列元素进行 3 阶求导
ans =
      -6
       6
       6
      -6
>> diff(A,4,2)  % 对列元素进行 4 阶求导
ans =
   空的 4×0 double 矩阵
>> diff(A,5,2)      % 对列元素进行 5 阶求导
ans =
   空的 4×0 double 矩阵
```

例 6-46：计算 $y = x^3 - 2x^2 + \sin x$ 的 1 阶、3 阶导数。

解：MATLAB 程序如下。

```
>> clear
>> syms x
>> f=x^3-2*x^2+sin(x);
>> diff(f)
ans =
cos(x) - 4*x + 3*x^2
>> diff(f,3)
ans =
6 - cos(x)
```

6.4　操作实例——三角函数的近似导数

时域图是指自变量是时间，即横轴是时间，纵轴是信号的变化（振幅），其动态信号 $y(t)$ 是描述信号在不同时刻取值的函数。

本节定义动态信号为三角函数及三角运算的近似导数，并分析动态信号的时域图。

操作步骤如下。

1. 定义信号参数

```
>> clear
>> h = 0.001;                    % 定义时间步长 h
>> t = -pi:h:pi;                 % 定义时域 t，动态信号的变化时间
>> X= sin(t)+cos(t);             % 定义动态信号的函数表达式 f，信号随时间 t 变化
>> Y = diff(X)/h;                % 求函数 X 的 1 阶导数
>> Z = diff(Y)/h;                % 求函数 X 的 2 阶导数
```

X 是 t 的函数，长度与 t 相同；Y 是对 X 的差分（近似倒数），长度比 X 短 1；Z 是对 Y 的差分（近似倒数），长度比 Y 短 1。

```
>> ty = t(:,1:length(Y));        % 定义时域 ty，动态信号的变化时间，Y 时域为 length(X)-1
>> tz = t(:,1:length(Z));        % 定义时域 tz，动态信号的变化时间，Z 时域为 length(Y)-1
```

2. 绘制时域图

```
>> plot(ty,Y,'r',t,X,'b',tz,Z,'k')   % 绘制三条时域曲线，设置曲线颜色与曲线样式。其中，曲线 1
以采样时间 ty 为横坐标、Y 为纵坐标，为红色曲线；曲线 2 以采样时间 t（X 采样点数为 length(X) 为横坐标、X 为
纵坐标，为蓝色曲线；曲线 3 以采样时间 tz 为横坐标、Z 为纵坐标，为黑色曲线
>> title('近似导数图形');
>> xlabel('时间(t)')   % 对 x 轴、y 轴进行标注，添加标签
>> ylabel('时域(f)')
>> legend('原始函数','1 阶导数','2 阶导数');   % 为图形的曲线添加对应图例
>> grid on    % 显示分格线
```

在图形窗口中显示生成的原始时域图形与导数时域图形，如图 6-2 所示。

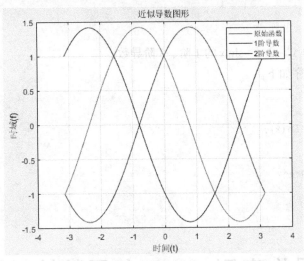

图 6-2 时域图形

第7章
符号运算

内容指南

在数学、物理学及力学等各种学科和工程应用中经常遇到符号运算的问题。符号运算是 MATLAB 数值计算的扩展。在运算过程中方程组以符号表达式或符号矩阵为运算对象，对方程组的求解实现了符号运算和数值计算的结合，使应用更灵活。

知识重点

- 符号与数值
- 符号矩阵
- 多元函数分析
- 方程的运算
- 线性方程组求解

7.1　符号与数值

在 MATLAB 中，符号运算是为了得到更高精度的数值解，但数值的运算更容易让读者理解，因此在特定的情况下，分别使用符号或数值表达式进行不同的运算。

7.1.1　符号与数值间的转换

符号表达式转换成数值表达式主要是通过函数 eval 和函数 subs 来实现的。

函数 eval 将符号表达式转换成数值表达式，函数 subs 将数值表达式转换成符号表达式，调用格式见表 7-1、表 7-2。

表 7-1　　　　　　　　　　　　　　　　　eval 调用格式

调 用 格 式	说　　明
eval(expression)	expression 是指含有有效的 MATLAB 表达式的字符串，如果需要在表达式中包含数值，则需要使用函数 int2str、num2str 或 sprintf 进行转换
[output1,···,outputN] = eval(expression)	output1,···,outputN 是表达式的输出

表 7-2   **subs 调用格式**

调 用 格 式	说 明
subs(s)	直接计算符号表达式与数值表达式的结果
subs(s,new)	输入 *new* 变量
subs(S,old,new)	将 *old* 变量替换成 *new* 变量，直接计算符号表达式与数值表达式的结果

例 7-1：用函数 eval 来标注四阶的魔方矩阵。

解：MATLAB 程序如下。

```
>> a=magic(4);   % 创建四阶魔方矩阵
>> expression = input('Enter the name of a matrix: ','s'); % input 函数用于根据 '' 中
```
的输入提示进行操作，输入矩阵 a 的名称
```
Enter the name of a matrix: a        % 根据提示输入矩阵名称 a
>> if (exist(expression,'var'))   % 若 expression 中包含变量，返回 1，执行下面的程序。不包含，
```
返回 0，跳过循环，expression 中包含矩阵的名称
```
        mesh(eval(expression))   % 转换存储 expression 中的字符向量或字符串标量，根据转换后的字
```
符向量绘制网格面，交互的方式在图形窗口中根据矩形的名称绘制矩形的网格面
```
    end
```

运行结果如图 7-1 所示。

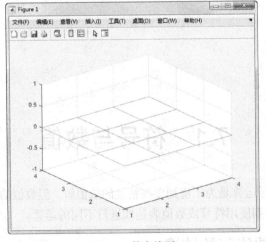

图 7-1   等高线图

例 7-2：数值表达式与符号表达式的相互替代。

解：MATLAB 程序如下。

```
>> syms a b
>> subs(a + b,a,4)
ans =
b + 4
>> subs(a*b^2, a*b, 5)
ans =
5*b
>> subs(cos(a) + b, [a, b], [sym('sin'), 2])
ans =
cos(sin) + 2
```

7.1.2   符号与数值间的精度设置

符号表达式与数值表达式分别使用函数 digits 和函数 vpa 来进行精度设置。digits 函数调用格

式见表 7-3。

表 7-3 精度设置函数

调 用 格 式	说 明
digits(d)	函数设置有效数字个数为 d 的近似解精度
d1 = digits	返回 vpa 使用的当前精度
d1 = digits(d)	设置新的精度 d，并返回 d1 中的旧精度

vpa 的全称是 Variable-precision arithmetic，也就是算术精度。vpa 是专门用来计算符号的变量和函数的值的。

在 MATLAB 中，函数 vpa 利用可变精度浮点运算来计算符号表达式的数值解，它的主要调用格式见表 7-4。

表 7-4 vpa 调用格式

调 用 格 式	说 明
vpa(x)	利用可变精度浮点运算(vpa)计算符号表达式 x 的每个元素，计算结果为至少 32 个有效数字
vpa(x,d)	计算结果为至少 d 个有效数字，其中，d 是数字精度的值

例 7-3：π 的数值解。

解：MATLAB 程序如下。

```
>> p = sym(pi);
>> piVpa = vpa(p)
piVpa =
3.1415926535897932384626433832795
```

例 7-4：用可变精度算法评估向量或矩阵的元素。

解：MATLAB 程序如下。

```
>> syms x
>> p = sym(pi);
>> a = sym(1/3);
>> V = [x/p a^3];
>> M = [sin(p) cos(p/5); exp(p*x) x/log(p)];
>> vpa(V)
ans =
[ 0.31830988618379067153776752674503*x, 0.037037037037037037037037037037037]
>> vpa(M)
ans =
[                                    0,   0.80901699437494742410229341718282]
[ exp(3.1415926535897932384626433832795*x), 0.87356852683023186835397746476334*x]
```

7.2 符号矩阵

符号矩阵和符号向量中的元素都是符号表达式，符号表达式是由符号变量与数值组成的。

7.2.1 符号矩阵的创建

符号矩阵中的元素是不带等号的符号表达式，各符号表达式的长度可以不同。符号矩阵中以空格或逗号分隔的元素指定的是不同列的元素，而以分号分隔的元素指定的是不同行的元素。

生成符号矩阵有以下两种方法。

● 直接输入

直接输入符号矩阵时，符号矩阵的每一行都要用方括号括起来，而且要保证同一列的各行元素字符串的长度相同，因此，在较短的字符串中要插入空格来补齐长度，否则程序将会报错。

● 用函数 sym 创建符号矩阵

用这种方法创建符号矩阵，矩阵元素可以是任何不带等号的符号表达式，各矩阵元素之间用逗号或空格分隔，各行之间用分号分隔，各元素字符串的长度可以不相等。常用的调用格式见表 7-5。

表 7-5　　　　　　　　　　　　　　　　sym 调用格式

调　用　格　式	说　　明
sym('x')	创建符号变量 x
sym('a', [n1 …nM]	创建一个 n1-by -…-by-nM 符号数组，充满自动生成的元素
sym('A' n)	创建一个 $n \times n$ 符号矩阵，充满自动生成的元素
sym('a',n)	创建一个包含 n 个自动生成的元素的符号数组
sym(…,set)	通过 set 设置符号表达式的格式，%d 表示用元素的索引替换格式字符向量中的后缀，以生成元素名称
sym(num)	将 num 指定的数字或数字矩阵转换为符号数字或符号矩阵
sym(num,flag)	使用 flag 指定的方法将浮点数转换为符号数，可设置为'r' (default)（有理模式）、'd' （十进制模式）、'e'（估计误差模式）、'f'（浮点到有理模式）
sym(strnum)	将 strnum 指定的字符向量或字符串转换为精确符号数
symexpr = sym(h)	用与函数句柄 h 相关联的匿名 MATLAB 函数创建符号表达式或矩阵 symexpr

例 7-5：创建符号矩阵。

解：MATLAB 程序如下。

```
>> x = sym('x');            %创建变量 x、y
>> y = sym('y');
>> a=[x+y,x-y;y-x,y+x]      %创建符号矩阵
a =
[ x + y, x - y]
[ y - x, x + y]
```

例 7-6：创建带角标的符号矩阵。

解：MATLAB 程序如下。

```
>> a = sym('a',[3 4])        %用自动生成的元素创建符号向量
a =
[ a1_1, a1_2, a1_3, a1_4]
[ a2_1, a2_2, a2_3, a2_4]
[ a3_1, a3_2, a3_3, a3_4]
>> a = sym('x_%d',[3 4])    %用自动生成的元素创建符号向量，格式的元素的名称调用格式字符串作为第
一个参数
```

```
a =
[ x_11, x_12, x_13, x_14]
[ x_21, x_22, x_23, x_24]
[ x_31, x_32, x_33, x_34]
>> a = sym('x_%d_%d', [3 4])      %用自动生成的元素创建符号向量，格式的元素的名称调用格式字符串
```
作为第一个参数
```
a =
[ x_1_1, x_1_2, x_1_3, x_1_4]
[ x_2_1, x_2_2, x_2_3, x_2_4]
[ x_3_1, x_3_2, x_3_3, x_3_4]
>> a(1)                          %使用标准访问元素的索引方法
ans =
x_1_1
>> a(2:3)
ans =
[ x_2_1, x_3_1]
```

创建符号表达式时，首先创建符号变量，然后使用操作。在表 7-6 中显示的是符号表达式的正确格式与错误格式。

表 7-6　　　　　　　　　　　　符号表达式的正确格式与错误格式

正　确　格　式	错　误　格　式
syms x; x + 1	sym('x + 1')
exp(sym(pi))	sym('exp(pi)')
syms f(var1,…,varN)	f(var1,…,varN) = sym('f(var1,…,varN)')

在 MATLAB 中，数值矩阵不能直接参与符号运算，所以必须先转化为符号矩阵。

例 7-7：将矩阵作为公式创建符号函数。

解：MATLAB 程序如下。

```
>> syms x
>> M = [x x^3; x^2 x^4];
>> f(x) = [M]
>> f(x) =
[   x, x^3]
[ x^2, x^4]
>> f(2)
ans =
[ 2,  8]
[ 4, 16]
```

例 7-8：创建符号矩阵。

解：MATLAB 程序如下。

```
>> sm=['[1/(a+b),x^3  ,cos(x)]';'[log(y) ,abs(x),c    ]']
sm =
[1/(a+b),x^3  ,cos(x)]
[log(y) ,abs(x),c    ]
  >> a=['[ sin(x),     cos(x)]';'[exp(x^2),log(tanh(y))]']
 a =
[     sin(x),      cos(x)]
```

```
[    exp(x^2),  log(tanh(y))]
   >> A=[sin(pi/3),cos(pi/4);log(3),tanh(6)]
A =
0.8660    0.7071
1.0986    1.0000
>> B=sym(A)
B =
[                  3^(1/2)/2,                    2^(1/2)/2]
[ 2473854946935173/2251799813685248, 2251772142782799/2251799813685248]
```

例 7-9：符号函数的赋值。

解：MATLAB 程序如下。

```
>> syms x
>> f=x+exp(x)
f =
x + exp(x)
>> subs(f,x,6)
ans =
exp(6) + 6
```

7.2.2　符号矩阵的其他运算

符号矩阵与数值矩阵具有相同的属性，如转置、求逆等运算，但符号矩阵的函数与数值矩阵的函数不同，本节一一进行介绍。

1. 符号矩阵的转置运算

符号矩阵的转置运算可以通过符号 "'" 或函数 transpose 来实现，其调用格式如下。

$$B = A.'$$
$$B = transpose(A)$$

例 7-10：求符号矩阵的转置。

解：MATLAB 程序如下。

```
>> A = sym('A',[3 4])
A =
[ A1_1, A1_2, A1_3, A1_4]
[ A2_1, A2_2, A2_3, A2_4]
[ A3_1, A3_2, A3_3, A3_4]
>> A.'
ans =
[ A1_1, A2_1, A3_1]
[ A1_2, A2_2, A3_2]
[ A1_3, A2_3, A3_3]
[ A1_4, A2_4, A3_4]
>> transpose(A)
ans =
[ A1_1, A2_1, A3_1]
[ A1_2, A2_2, A3_2]
[ A1_3, A2_3, A3_3]
[ A1_4, A2_4, A3_4]
```

2. 符号矩阵的行列式运算

符号矩阵的行列式运算可以通过函数 det 来实现，其中矩阵必须使用方阵，调用格式如下。

$$d = \det(A)$$

例 7-11：求符号矩阵的行列式运算。

解：MATLAB 程序如下。

```
>> syms a b c d
>> M = [a b; c d]
M =
[ a, b]
[ c, d]
>> det(M)
ans =
a*d - b*c
```

3. 符号矩阵的逆运算

符号矩阵的逆运算可以通过函数 inv 来实现，其中矩阵必须使用方阵，调用格式如下。

$$\mathrm{inv}(A)$$

例 7-12：符号矩阵的逆运算。

解：MATLAB 程序如下。

```
>> syms a b c d
>> A = [a b; c d];
>> inv(A)
ans =
[ d/(a*d - b*c), -b/(a*d - b*c)]
[ -c/(a*d - b*c),  a/(a*d - b*c)]
```

4. 符号矩阵的求秩运算

符号矩阵的求秩运算可以通过函数 rank 来实现，调用格式如下。

$$\mathrm{rank}(A)$$

例 7-13：符号矩阵的求秩运算。

解：MATLAB 程序如下。

```
>> syms a b c d
>> A = [a b; c d];
>> rank(A)
ans =
    2
```

5. 符号矩阵的常用函数运算

● 符号矩阵的特征值、特征向量运算。

在 MATLAB 中，符号矩阵的特征值、特征向量运算可以通过函数 eig 来实现，调用格式见表 7-7。

表 7-7   eig 调用格式

调 用 格 式	说　明
lambda = eig(A)	返回由矩阵 A 的所有特征值组成的列向量 $lambda$
[V,D] = eig(A)	返回矩阵 A 的特征值构成的对角矩阵 D，以及用相应特征值的特征向量构成矩阵 V，于是矩阵的特征值分解为 $X \times V = V \times D$。
[V,D,P] = eig(A)	返回矩阵 A 的特征向量的索引向量 P，P 的长度等于线性独立特征向量的总数，使得 $A \times V = V \times D(P,P)$
lambda = eig(vpa(A))	使用变精度算术返回符号矩阵 A 的数值特征值 lambda
[V,D] = eig(vpa(A))	使用变精度算术返回符号矩阵 A 的数值特征值构成的对角矩阵 D，以及用相应特征值的特征向量构成的矩阵 V

例 7-14：符号矩阵的特征值运算。

解：MATLAB 程序如下。

```
>> syms a b c d
>> A = [a b; c d];
>> eig (A)
ans =
 a/2 + d/2 - (a^2 - 2*a*d + d^2 + 4*b*c)^(1/2)/2
 a/2 + d/2 + (a^2 - 2*a*d + d^2 + 4*b*c)^(1/2)/2
```

例 7-15：符号矩阵的特征值运算。

解：MATLAB 程序如下。

```
>> M = sym(magic(3));    % 创建 3 阶符号魔方矩阵
>> [V,D,P]=eig(M)   % 返回矩阵 A 的特征向量的索引向量 P，P 的长度等于线性独立特征向量的总数
V =
[ 1, - 24^(1/2)/5 - 7/5, 24^(1/2)/5 - 7/5]
[ 1,    24^(1/2)/5 + 2/5, 2/5 - 24^(1/2)/5]
[ 1,                   1,                1]
D =
[ 15,          0,          0]
[  0, 24^(1/2),          0]
[  0,          0, -24^(1/2)]
P =
     1     2     3
```

● 符号矩阵的奇异值运算。

符号矩阵的奇异值运算可以通过函数 svd 来实现，调用格式见表 7-8。

表 7-8   svd 调用格式

调 用 格 式	说 明
sigma = svd(A)	返回包含矩阵 A 奇异值的向量 sigma（σ）
[U,S,V] = svd(A)	返回数值酉矩阵 U、V（列向量为奇异值的矩阵）和包含奇异值的对角矩阵 S。矩阵满足条件 $A = U * S * V'$，其中 V' 是 V 的埃尔米特转置(复共轭转置)。奇异向量计算使用变精度算法。svd 不计算符号奇异向量。因此，输入矩阵 A 必须可转换为浮点数
[U,S,V] = svd(A,0)	返回精简的奇异值运算。如果 A 是 $m \times n$ 矩阵（$m > n$），只计算酉矩阵 V 的前 n 列，S 是 $n \times n$ 矩阵
[U,S,V] = svd(A,'econ')	返回经济模式下的奇异值运算。如果 A 是 $m \times n$ 矩阵（$m > n$），只计算矩阵 V 的前 n 列，S 是 $n \times n$ 矩阵。如果 A 是 $m \times n$ 矩阵（$m < n$），svd 只计算矩阵 V 的前 m 列。在这种情况下，S 是 $m \times n$ 矩阵

例 7-16：符号矩阵的奇异值运算。

解：MATLAB 程序如下。

```
>> syms a b c d
>> A = [a b; c d];
>> svd (A)
 ((a*conj(a))/2 - (a^2*conj(a)^2 + b^2*conj(b)^2 + c^2*conj(c)^2 + d^2*conj(d)^2 +
2*a*b*conj(a)*conj(b) + 2*a*c*conj(a)*conj(c) - 2*a*d*conj(a)*conj(d) + 4*a*d*conj(b)*conj(c) +
4*b*c*conj(a)*conj(d) - 2*b*c*conj(b)*conj(c) + 2*b*d*conj(b)*conj(d) + 2*c*d*conj(c)*conj(d))^
(1/2)/2 + (b*conj(b))/2 + (c*conj(c))/2 + (d*conj(d))/2)^(1/2)
```

```
((a^2*conj(a)^2 + b^2*conj(b)^2 + c^2*conj(c)^2 + d^2*conj(d)^2 + 2*a*b*conj(a)*conj(b) +
2*a*c*conj(a)*conj(c) - 2*a*d*conj(a)*conj(d) + 4*a*d*conj(b)*conj(c) + 4*b*c*conj(a)*conj(d) -
2*b*c*conj(b)*conj(c) + 2*b*d*conj(b)*conj(d) + 2*c*d*conj(c)*conj(d))^(1/2)/2 + (a*conj(a))/2 +
(b*conj(b))/2 + (c*conj(c))/2 + (d*conj(d))/2)^(1/2)
```

- 符号矩阵的若尔当（Jordan）标准型运算。

符号矩阵的若尔当标准型运算可以通过函数 jordan 来实现，调用格式见表 7-9。

表 7-9　　　　　　　　　　　　　　　　jordan 调用格式

调 用 格 式	说　　明
J = jordan(A)	计算矩阵 A 的若尔当标准型 J
[V,J] = jordan(A)	计算矩阵 A 的若尔当标准型 J 和相似性变换矩阵 V，矩阵 V 中包含与矩阵 A 相同列数的广义特征向量，使得 V\A*V=J

例 7-17：符号矩阵的若尔当标准型运算。

解：MATLAB 程序如下。

```
>> syms a b c d
>> A = [a b; c d];
>> jordan (A)
ans =
[ a/2 + d/2 - (a^2 - 2*a*d + d^2 + 4*b*c)^(1/2)/2,                                0]
[                        0, a/2 + d/2 + (a^2 - 2*a*d + d^2 + 4*b*c)^(1/2)/2]
```

7.2.3　符号多项式的简化

符号工具箱中提供了符号矩阵因式分解、展开、合并、简化及通分等符号操作函数。

1.　因式分解

符号矩阵因式分解通过函数 factor 来实现，函数 factor 的调用格式见表 7-10。

表 7-10　　　　　　　　　　　　　　　　factor 的调用格式

调 用 格 式	说　　明
f = factor (x)	返回向量 f 中 x 的所有不可约因子。如果 x 是整数，factor 返回 x 的素数因子分解。如果 x 是符号表达式，factor 返回 x 的因子子表达式
f = factor (x, vars)	返回因子 f 的数组，其中 vars 表示指定的变量
F = factor(…,Name,Value)	用由包含一个或多个的"名称-值"参数指定附加选项

输入变量 S 为符号矩阵，此函数将因式分解此矩阵的各个元素。

例 7-18：因式分解实例。

解：MATLAB 程序如下。

```
>> f = factor(82342925210)
f =
     2        5        7       13       71   1274461
>> f = factor(sym('82342925225632328'))
f =
[ 2, 2, 2, 251, 401, 18311, 5584781]
```

如果 S 包含的所有元素为整数，则计算最佳因式分解式。为了分解大于 2^{25} 的整数，可使用 factor(sym('N'))。

```
>> factor(sym('12345678901234567890'))
ans =
[ 2, 3, 3, 5, 101, 3541, 3607, 3803, 27961]
```

2. 符号矩阵的展开

符号多项式的展开可以通过函数 expand 来实现，其调用格式见表 7-11。

表 7-11　　　　　　　　　　　　　　　　　expand 调用格式

调 用 格 式	说　　明
expand(S)	对符号矩阵的各元素的符号表达式进行展开
expand(S,Name,Value)	使用由一个或多个名称-值对参数设置展开选项

此函数经常用在多项式的表达式中，也常用在三角函数、指数函数、对数函数的展开中。

例 7-19：幂函数多项式的展开。

解：MATLAB 程序如下。

```
>> syms x y
>> expand((x+y)^x)
ans =
(x + y)^x
>> expand(cos(x+y))
ans =
cos(x)*cos(y)-sin(x)*sin(y)
```

3. 符号简化

符号简化可以通过函数 simplify 来实现，见表 7-12。

表 7-12　　　　　　　　　　　　　　　　　simplify 调用格式

调 用 格 式	说　　明
simplify(expr)	执行 expr 的代数简化。expr 可以是矩阵或符号变量组成的函数多项式
simplify(expr,Name,Value)	使用名称-值参数对指定设置选项。可设置的选项如下 'All'：等效结果的选项，可选值为 false (default)、true 'Criterion'：简化标准，可选值为'default' (default)、'preferReal' 'IgnoreAnalyticConstraints'：简化规则，可选值为 false (default)、true 'Seconds'：简化过程的时间限制，可选值为 Inf (default)、positive number 'Steps'：简化步骤的数量，可选值为 1 (default)、positive number

例 7-20：函数的简化。

解：MATLAB 程序如下。

```
>> syms x a b c
>> simplify(sin(x)^2 + cos(x)^2)
ans =
1
>> simplify(exp(c*log(sqrt(a+b))))
ans =
 (a + b)^(c/2)
```

例 7-21：函数矩阵的简化。

解：MATLAB 程序如下。

```
>> syms x
>> M = [(x^2 + 5*x + 6)/(x + 2), sin(x)*sin(2*x) + cos(x)*cos(2*x);
```

```
                      (exp(-x*i)*i)/2 - (exp(x*i)*i)/2, sqrt(16)];
>> simplify(M)
ans =
[  x + 3, cos(x)]
[ sin(x),      4]
```

例 7-22：设置函数的步骤简化。

解：MATLAB 程序如下。

```
>> syms x
>> f = ((exp(-x*i)*i)/2 - (exp(x*i)*i)/2)/(exp(-x*i)/2 + …
                                exp(x*i)/2);
>> simplify(f)
ans =
-(exp(x*2i)*1i - 1i)/(exp(x*2i) + 1)
>> simplify(f,'Steps',10)
ans =
2i/(exp(x*2i) + 1) - 1i
>> simplify(f,'Steps',30)
ans =
((cos(x) - sin(x)*1i)*1i)/cos(x) - 1i
>> simplify(f,'Steps',50)
ans =
tan(x)
```

例 7-23：函数的标准设置。

解：MATLAB 程序如下。

```
>> syms x y
>> f= sym(i+1)^(i+1);
>> simplify(f,'Criterion','preferReal','Steps',100)    % 计算函数表达式 f 的代数简化，当标准设
置为 preferal 时，减少简化值中的复杂值、复数值
ans =
exp(-pi/4)*(cos(log(2)/2) + sin(log(2)/2))*1i + exp(-pi/4)*(cos(log(2)/2) - sin(log(2)/2))
```

4. 分式通分

求解符号表达式的分子和分母可以通过函数 numden 来实现，调用格式见表 7-13。

表 7-13　numden 调用格式

调　用　格　式	说　　明
[n, d]=numden(A)	把 *A* 的各元素转换为分子和分母都是整系数的最佳多项式型

例 7-24：求解符号表达式的分子和分母。

解：MATLAB 程序如下。

```
>> syms a b
>> [n,d] = numden([a/b, 1/b; 1/a, 1/(a*b)])
n =
[ a, 1]
[ 1, 1]
d =
[ b,   b]
[ a, a*b]
```

5. 符号表达式的"秦九韶型"重写

通过函数 horner 将符号表达式转换为嵌套多项式（也称为秦九韶型），它的调用格式见表 7-14。

表 7-14   horner 调用格式

调 用 格 式	说 明
horner(p)	返回多项式 p 的 Horner 形式，将符号多项式转换成嵌入套形式表达式
horner(p,var)	使用 var 指定的变量显示多项式的"秦九韶型"

例 7-25：符号表达式的"秦九韶型"。

解：MATLAB 程序如下。

```
>> syms x
>> horner(x^7-3*x^2+1)
ans =
1+(-3+x^2)*x^2
```

例 7-26：指定多项式中的变量。

解：MATLAB 程序如下。

```
>> syms a b x y
>> p = a*y*x^3 - y*x^2 - 11*b*y*x + 2;
>> horner(p,x)
ans =
2 - x*(11*b*y + x*(y - a*x*y))
>> horner(p,b)
ans =
a*y*x^3 - y*x^2 - 11*b*y*x + 2
>> horner(p,a)
ans =
a*y*x^3 - y*x^2 - 11*b*y*x + 2
>> horner(p,y)
ans =
2 - y*(- a*x^3 + x^2 + 11*b*x)
```

7.3   多元函数分析

本节主要对 MATLAB 求解多元函数偏导问题以及求解多元函数最值的命令进行介绍。

7.3.1   雅可比矩阵

雅可比矩阵是一阶偏导数以一定方式排列成的矩阵，MATLAB 中用来求解偏导数的函数是 jacobian。

jacobian 函数的调用格式见表 7-15。

表 7-15   jacobian 调用格式

命 令	说 明
jacobian (f,v)	计算数量或向量 f 对向量 v 的雅可比（Jacobi）矩阵。当 f 是数量时，实际上计算的是 f 的梯度；当 v 是数量时，实际上计算的是 f 的偏导数

　　根据方向导数的定义，多元函数沿方向 v 的方向导数可表示为该多元函数的梯度点乘单位向量 v，即方向导数可以用 jacobian*v 来计算。

例 7-27：计算 $f(x, y, z) = \begin{pmatrix} xyz \\ y \\ x+z \end{pmatrix}$ 的雅可比矩阵。

解：MATLAB 程序如下。

```
>> clear
>> syms x y z
>> f=[x*y*z;y;x+z];
>> v=[x,y,z];
>> jacobian(f,v)
ans =
[ y*z, x*z, x*y]
[   0,   1,   0]
[   1,   0,   1]
```

例 7-28：计算 $[x2 * y, x * \sin(y)]$ 相对于 x 的雅可比矩阵与导数。

解：MATLAB 程序如下。

```
>> syms x y
>> jacobian([x^2*y, x*sin(y)], x)  %求雅可比矩阵
ans =
 2*x*y
 sin(y)
>> diff([x^2*y, x*sin(y)], x)  % 求导数
ans =
[ 2*x*y, sin(y)]
```

7.3.2　实数矩阵的梯度

　　其实，MATLAB 也有专门的求解梯度的函数 gradient。它专门对实数矩阵求梯度。gradient 的调用格式见表 7-16。

表 7-16　　　　　　　　　　　　　　　gradient 调用格式

命　　令	说　　明
FX=gradient (F)	计算对水平方向的梯度
[FX,FY]=gradient (F)	计算矩阵 *F* 的数值梯度，其中 *FX* 为水平方向梯度，*FY* 为垂直方向梯度，各个方向的间隔默认为 1
[FX,FY]=gradient (F)	计算矩阵 *F* 的二维数值梯度的 *x* 和 *y* 分量
[FX,FY,FZ,···,FN] = gradient(F)	计算 *n* 维矩阵 *F* 的数值梯度，使用 *hx*、*hy* 定义点间距，*hx*、*hy* 可以是数量或者向量。如果是向量，维数必须与 *F* 的维数相一致
[FX,FY,FZ,···]=gradient (F,h)	计算 *n* 维梯度，并可以扩展到更高的维数，与第二个格式的区别是将 *h* 作为各个方向的间隔
[FX,FY,FZ,···]=gradient (F, hx,hy,hz,···,hn)	计算 *n* 维梯度，在每个维度上使用 *hx*、*hy*、*hz* 定义间距，并可扩展到更高的维数

小技巧

第 3、第 4、第 6 种调用格式定义了各个方向的求导间距，可以更精确地表现矩阵在各个位置的梯度值，因此使用更为广泛。

例 7-29：计算 $xe^{-x^2-y^2}$ 的方向导数，绘制等高线和向量图。

解：MATLAB 程序如下。

```
>> x = -2:0.2:2;
>> y = x';
>> z = x .* exp(-x.^2 - y.^2);
>> [px,py] = gradient(z);
>> figure
>> contour(x,y,z)
>> hold on
>> quiver(x,y,px,py)
>> hold off
```

计算结果如图 7-2 所示。

例 7-30：计算 $z = xe^x + \sin(y^2 - x^2 + 5)$ 的数值梯度。

解：MATLAB 程序如下。

```
>> clear
>> v = -10:0.5:10;
>> [x,y] = meshgrid(v);
>> z = x .*exp(x)+sin(y.^2-x.^2+5);
>> [px,py] = gradient(z,0.2,0.2);
>> contour(v,v,z), hold on, quiver(v,v,px,py), hold off
```

计算结果如图 7-3 所示。

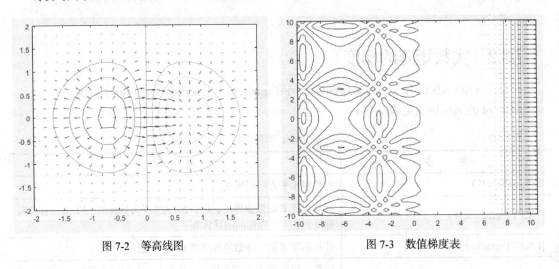

图 7-2　等高线图　　　　　　　　　　　　图 7-3　数值梯度表

7.4　方程的运算

方程是表示两个数学式（如两个数、函数、量、运算）之间相等关系的一种等式，通常在两者之间有等号"="。同时，方程是含有未知数的等式。多项式的一侧添加等号则转化为方程，如

$x - 2 = 5$，$x + 8 = y - 3$。

不定元只有一个的方程式称为一元方程式；不定元不止一个的方程式称为多元方程式。类似 $f(x) = a_0 x^n + a_1 x^{n-1} + \ldots + a_{n-1} x + a_n$ 函数中，若 $f(x) = 0$，即可转化为 $a_0 x^n + a_1 x^{n-1} + \ldots + a_{n-1} x + a_n = 0$，称为一元 n 次方程；$x_1 - 2x_2 + 3x_3 - x_4 = 0$ 是多元方程。

7.4.1　方程组的介绍

1. 一元方程

（1）对于一元一次方程 $Ax + b = c$ 直接使用四则运算进行计算出 $x\dfrac{c-b}{A}$。

（2）在一元二次方程 $ax^2 + bx + c = 0(a,b,c \in R, a \neq 0)$ 中，两根 x_1、x_2 有如下关系。

$$x_1 + x_2 = -\frac{b}{a}$$

$$x_1 x_2 = \frac{c}{a}$$

由一元二次方程求根公式知：$x_{1,2} = \dfrac{-b \pm \sqrt{b^2 - 4ac}}{2a}$。

（3）一元三次方程的解法只能用归纳思维得到，即根据一元一次方程、一元二次方程及特殊的高次方程的求根公式的形式归纳出一元三次方程的求根公式的形式。

归纳出来的形如 $x^3 + 9x + q = 0$ 的一元三次方程的求根公式的形式应该为 $x = \sqrt[3]{A} + \sqrt[3]{B}$ 型，即为两个开立方之和。归纳出了一元三次方程求根公式的形式。

2. 二元一次方程

将方程组中一个方程的某个未知数用含有另一个未知数的代数式表示出来，代入另一个方程中，消去一个未知数，得到一个一元一次方程，最后求得方程组的解，这种解方程组的方法叫作代入消元法。

具体步骤如下。

● 选取一个系数较简单的二元一次方程变形，用含有一个未知数的代数式表示另一个未知数。

● 将变形后的方程代入另一个方程中，消去一个未知数，得到一个一元一次方程（在代入时，要注意不能代入原方程，只能代入另一个没有变形的方程中，以达到消元的目的）。

● 解这个一元一次方程，求出未知数的值。

● 将求得的未知数的值代入变形后的方程中，求出另一个未知数的值。

● 用"{"联立两个未知数的值，就是方程组的解。

● 最后检验求得的结果是否正确（代入原方程组中进行检验，方程是否满足左边=右边）。

7.4.2　方程式的解

方程的解是指所有未知数的总称，方程的根是指方程的解，两者通常可以通用。

对于一元方程展开后的形式 $x^n + a_1 x^{n-1} + \cdots + a_{n-1} x + a_n = 0$，$a_1$、$a_2$ 等叫作方程的系数；若方程有解，则可以转化为因式形式 $(x - b_0)(x - b_1)(x - b_2)\cdots(b - a_n) = 0$。其中，$b_0$、$b_1$ 等叫作方程的解，也叫作方程的根。

在 MATLAB 中，使用 poly 和 roots 函数求解系数与方程根，调用格式见表 7-17。

表 7-17 方程求函数

调用格式	说 明
poly(r)	若 r 是方程的根向量，返回方程的系数 若 r 是 n 阶矩阵，返回方程的系数向量 r，包含 $n+1$ 个系数
roots (p)	p 为方程系数向量，求方程的根

已知方程的根或者方程的系数，调用 poly2sym 函数生成多项式或方程，调用格式见表 7-18。

表 7-18 poly2sym 调用格式

调用格式	说 明
p = poly2sym(c)	从系数 c 的向量创建符号多项式表达式 p。从系数 c 的向量 $[c_1,c_2,\cdots,c_n]$ 创建符号多项式表达式 $p = c_1x^{n-1} + c_2x^{n-2} + ... + c_n$
p=poly2sym(c,var)	当从系数 c 的向量创建符号多项式表达式 p 时，使用 var 作为多项式变量

例 7-31：通过构造多项式创建方程。

解：MATLAB 程序如下。

```
>> A = [1 8 -10; -4 2 4; -5 2 8]
A =
     1     8    -10
    -4     2     4
    -5     2     8
>> e = eig(A)
e =
  11.6219 + 0.0000i
  -0.3110 + 2.6704i
  -0.3110 - 2.6704i
>> p = poly(e)
p =
    1.0000  -11.0000    -0.0000   -84.0000
```

例 7-32：对方程求解。

解：MATLAB 程序如下。

```
>> p1=[2 -1 0 4 0 4];
>> r=roots(p1)
r =
 -1.3172 + 0.0000i
  1.0000 + 1.0000i
  1.0000 - 1.0000i
 -0.0914 + 0.8665i
 -0.0914 - 0.8665i
```

例 7-33：根据方程的系数求解方程。

解：MATLAB 程序如下。

```
>> p1=[2 -1 0 4 0 4];  % 定义多项式的系数向量 p1
>> p2= poly(roots(p1));  % 根据方程的系数 p1 求方程的根，再根据方程的根求解方程系数 p2，方程系
数向量 p1、p2 中的元素为相同倍数关系，在系数向量 p1、p2 组成的方程等式两边乘以任何相同的非零函数，方程的
本质不变
p2 =
    1.0000    -0.5000     0.0000     2.0000    -0.0000     2.0000
```

```
>> poly2sym(p2)    % 根据多项式系数 p2 求多项式
ans =
x^5 - x^4/2 + (9*x^3)/9007199254740992 + 2*x^2 - (43*x)/36028797018963968 + 2
```

7.4.3　线性方程求解

线性方程是指一次方程，类似 $2x_1 - x_2 - x_3 + 1 = 0$，在方程等式两边乘以任何相同的非零函数，方程的本质不变。在本小节中，给出一个判断线性方程组 $Ax=b$ 解的存在性的函数文件——isexist.m。

```
function y=isexist(A,b)
% 该函数用来判断线性方程组 Ax-b 解的存在性
% 若方程组无解则返回 0,若有唯一解则返回 1,若有无穷多解则返回 Inf
 [m,n]=size(A);
[mb,nb]=size(b);
if m~=mb
    error('输入有误! ');
    return;
end
r=rank(A);
s=rank([A,b]);
if r==s &&r==n
    y=1;
elseif r==s&&r<n
    y=Inf;
else
    y=0;
end
```

7.5　线性方程组求解

在线性代数中，求解线性方程组是一个基本内容，在实际中，许多工程问题都可以化为线性方程组的求解问题。本节首先简单介绍一下线性方程组的基础知识，最后讲述如何用 MATLAB 来解各种线性方程组。

7.5.1　线性方程组定义

多个一次方程组成的组合叫作线性方程组，对于线性方程组

$$\begin{cases} a_{11}x_1 + a_{12}x_2 + \cdots + a_{1n}x_n = b_1 \\ a_{21}x_1 + a_{22}x_2 + \cdots + a_{2n}x_n = b_2 \\ \cdots\cdots\cdots\cdots\cdots\cdots\cdots\cdots \\ a_{m1}x_1 + a_{m2}x_2 + \cdots + a_{mn}x_n = b_m \end{cases} \ 中\ A = \begin{pmatrix} a_{11} & a_{12} & \cdots & a_{1n} \\ a_{21} & a_{22} & \cdots & a_{2n} \\ \cdots & \cdots & \cdots & \cdots \\ a_{m1} & a_{m2} & \cdots & a_{mn} \end{pmatrix}, \ b = \begin{pmatrix} b_1 \\ b_2 \\ \cdots \\ b_m \end{pmatrix}$$

则有 $Ax=b$，其中 $A \in R^{m \times n}$，$b \in R^m$。

若 $m=n$，称之为恰定方程组；若 $m>n$，称之为超定方程组；若 $m<n$，称之为欠定方程组。

若常数 b_1，b_2，$\cdots$，b_m 全为 0，即 $b=0$，则相应的方程组称为齐次线性方程组，否则称为非齐次线性方程组。

对于齐次线性方程组解的个数有下面的定理。

定理 1：设方程组系数矩阵 A 的秩为 r，则

（1）若 $r=n$，则齐次线性方程组有唯一解；

（2）若 $r<n$，则齐次线性方程组有无穷解。

对于非齐次线性方程组解的存在性有下面的定理。

定理 2：设方程组系数矩阵 A 的秩为 r，增广矩阵 $[A\ b]$ 的秩为 s，则

（1）若 $r=s=n$，则非齐次线性方程组有唯一解；

（2）若 $r=s<n$，则非齐次线性方程组有无穷解；

（3）若 $r \neq s$，则非齐次线性方程组无解。

关于齐次线性方程组与非齐次线性方程组之间的关系有下面的定理。

定理 3：非齐次线性方程组的通解等于其一个特解与对应齐次方程组的通解之和。

若线性方程组有无穷多解，希望找到一个基础解系 η_1，η_2，$\cdots$，η_r，以此来表示相应齐次方程组的通解：$k_1\eta_1 + k_2\eta_2 + \cdots + k_r\eta_r (k_i \in R)$。

7.5.2　利用矩阵的基本运算

1. 利用除法运算

对于线性方程组 $Ax=b$，系数矩阵 A 非奇异，最简单的求解方法是利用矩阵的左除 "\" 来求解方程组的解，即 $x=A\backslash b$，这种方法采用高斯(Gauss)消去法，可以提高计算精度且能够节省计算时间。

除法函数计算线性方程组的函数调用格式见表 7-19。

表 7-19　　　　　　　　　　　　　　　　除法函数的调用格式

调 用 格 式	说　　　明
X = A\B	$X = A\backslash B$ 对线性方程组 $A*X = B$ 求解。矩阵 A 和 B 必须具有相同的行数 如果 A 是标量，那么 $A\backslash B$ 等于 $A.\backslash B$ 如果 A 是 $n \times n$ 方阵，B 是 n 行矩阵，那么 $X = A\backslash B$ 是方程 $A*X = B$ 的解（如果存在解的话） 如果 A 是矩形 $m \times n$ 矩阵，且 $m \sim= n$，B 是 m 行矩阵，那么 $A\backslash B$ 返回方程组 $A*X = B$ 的最小二乘解
X = mldivide(A,B)	执行 $X = A\backslash B$ 这一操作的替代方法

知识拓展：

运算符 /（右除）和 \（左除）通过以下对应关系而相互关联：$B/A = (A'\backslash B')'$。

2. 利用矩阵的逆（伪逆）求解

对于线性方程组 $Ax=b$，若其为恰定方程组且 A 是非奇异的，则求 x 的最明显的方法便是利用矩阵的逆，即 $x = A^{-1}b$，使用 inv 函数求解；若不是恰定方程组，则可利用伪逆函数 pinv 来求其一个特解，即 $x=\text{pinv}(A)*b$。

函数 pinv 的调用格式见表 7-20。

表 7-20　　　　　　　　　　　　　　　　pinv 调用格式

调 用 格 式	说　　　明
Z= pinv (A)	返回矩阵 A 伪逆矩阵 Z
Z= pinv (A,tol)	Z 是矩阵 A 伪逆矩阵，tol 是公差值

其中除法求解与伪逆求解关系如下。

- $A\backslash B$=pinv(A)*B
- A/B=A*pinv(B)

这两种方法与上面的方法都采用高斯（Gauss）消去法，比较上面两种方法求解线性方程组在时间与精度上的区别。

编写 M 文件 compare.m 文件如下。

```
% 该 M 文件用来演示求逆法与除法求解线性方程组在时间与精度上的区别
A=1000*rand(1000,1000);    %随机生成一个 1000 维的系数矩阵
x=ones(1000,1);
b=A*x;
disp('利用矩阵的逆求解所用时间及误差为：');
tic
y=inv(A)*b;
t1=toc
error1=norm(y-x)       %利用 2-范数来刻画结果与精确解的误差

disp('利用除法求解所用时间及误差为：')
tic
y=A\b;
t2=toc
error2=norm(y-x)
```

该 M 文件的运行结果如下。

```
>> compare
利用矩阵的逆求解所用时间及误差为：
t1 =
    1.5140
error1 =
  3.1653e-010
利用除法求解所用时间及误差为：
t2 =
    0.5650
error2 =
  8.4552e-011
```

可以看出，利用除法来解线性方程组所用时间仅为求逆法的约 1/3，其精度也要比求逆法高出一个数量级左右，因此在实际中应尽量不要使用求逆法。

1. 核空间矩阵求解

对于基础解系，可以通过求矩阵 A 的核空间矩阵得到，在 MATLAB 中，可以用 null 函数得到 A 的核空间矩阵。

null 函数的调用格式见表 7-21。

表 7-21   null 调用格式

调 用 格 式	说　　明
Z= null(A)	返回矩阵 A 核空间矩阵 Z，即其列向量为方程组 Ax=0 的一个基础解系，Z 还满足 $Z'Z = I$
Z= null(A,'r')	Z 的列向量是方程 Ax=0 的有理基，与上面的命令不同的是 Z 不满足 $Z^\mathrm{T}Z = I$

例 7-34：求线性齐次方程组 $\begin{cases} x_1 + 2x_2 + 2x_3 \quad + x_4 + x_5 = 0 \\ 2x_1 + \quad x_2 - 2x_3 - 2x_4 + x_5 = 0 \\ x_1 \quad - x_2 - 4x_3 - 3x_4 + x_5 = 0 \\ 2x_1 \quad + x_2 \quad - x_3 - 5x_4 + x_5 = 0 \end{cases}$ 的解。

解：MATLAB 程序如下。

```
>> clear
>> A=[1 2 2 1 1;2 1 -2 -2 1;1 -1 -4 -3 1;2 1 -1 -5 1];     % 创建方程等号左侧的系数矩阵
A，其中 b=0，为线性齐次方程
>> format rat              % 指定以有理形式输出
>> Z=null(A,'r')      % 核空间矩阵求解
Z =
      23/3
     -22/3
         3
         1
         0
```

2. 行阶梯形求解

这种方法只适用于给定方程组，且系数矩阵非奇异，否则只能简化方程组的形式，若想将其解出还需进一步编程实现，因此本小节内容都假设系数矩阵非奇异。

将一个矩阵化为行阶梯形的函数是 rref，也称 Gauss-Jordan 消元法，该函数的调用格式见表 7-22。

表 7-22   rref 调用格式

调 用 格 式	说　　明
R = rref(A)	使用 Gauss-Jordan 消元法和部分主元消元法简化矩阵，返回矩阵 A 行阶梯形矩阵 R
R = rref(A,tol)	指定的算法中确定可忽略列的主元容差 tol
[R,p] = rref(A)	返回行阶梯形矩阵 R 中非零主元列 p

当系数矩阵非奇异时，可以利用这个函数将增广矩阵[$A\ b$]化为行阶梯形，那么 R 的最后一列即为方程组的解。

例 7-35：求方程组 $\begin{cases} x_1 + 2x_2 \qquad\qquad\qquad = 1 \\ 8x_2 + 6x_3 \qquad\qquad = 1 \\ x_2 + 2x_3 + 6x_4 \qquad = 0 \\ x_3 - 6x_4 + 6x_5 = 1 \\ x_4 + 3x_5 = 0 \end{cases}$ 的解。

解：MATLAB 程序如下。

```
>> clear
>> A=[1 2 0 0 0;0 8 6 0 0;0 1 2 6 0;0 0 1 -6 6;0 0 0 1 3];     % 创建方程等号左侧的系数矩阵 A
>> b=[1 1 0 1 0]';     % 创建等号右侧的系数列向量 b
>> r=rank(A)     %求 A 的秩看其是否非奇异
r =
    5
>> B=[A,b];     %B 为增广矩阵
>> R=rref(B)     % 将增广矩阵化为阶梯形
R =
```

```
1 至 5 列
    1              0              0              0              0
    0              1              0              0              0
    0              0              1              0              0
    0              0              0              1              0
    0              0              0              0              1
6 列
    39/32
    -7/64
     5/16
   -11/128
    11/384
>> x=R(:,6)        % 抽取 R 的最后一列，R 的最后一列即为解
x =
    1.2188
   -0.1094
    0.3125
   -0.0859
    0.0286
>> A*x      %验证解的正确性
ans =
    1
    1
    0
    1
    0
```

7.5.3　利用矩阵分解法求解

利用矩阵分解来求解线性方程组，可以节省内存，节省计算时间，因此它也是在工程计算中最常用的技术。本小节将讲述如何利用 LU 分解法、QR 分解法与楚列斯基（Cholesky）分解法来求解线性方程组。

1. LU 分解法

这种方法的思路是先将系数矩阵 A 进行 LU 分解，得到 $LU=PA$，然后解 $Ly=Pb$，最后再解 $Ux=y$ 得到原方程组的解。因为矩阵 L、U 的特殊结构，使得上面两个方程组可以很容易地求出来。下面给出一个利用 LU 分解法求解线性方程组 $Ax=b$ 的函数文件——solvebyLU.m。

```
function x=solvebyLU(A,b)
% 该函数利用 LU 分解法求线性方程组 Ax=b 的解
flag=isexist(A,b); %调用第一小节中的 isexist 函数判断方程组解的情况
if flag==0
    disp('该方程组无解! ');
    x=[];
    return;
else
    r=rank(A);
    [m,n]=size(A);
    [L,U,P]=lu(A);
    b=P*b;
        % 解 Ly=b
    y(1)=b(1);
```

```
     if m>1
        for i=2:m
           y(i)=b(i)-L(i,1:i-1)*y(1:i-1)';
        end
     end
     y=y';
        % 解 Ux=y 得原方程组的一个特解
     x0(r)=y(r)/U(r,r);
     if r>1
        for i=r-1:-1:1
           x0(i)=(y(i)-U(i,i+1:r)*x0(i+1:r)')/U(i,i);
        end
     end
     x0=x0';
        if flag==1                      %若方程组有唯一解
        x=x0;
        return;
     else                              %若方程组有无穷多解
        format rat;
        Z=null(A,'r');                 %求出对应齐次方程组的基础解系
        [mZ,nZ]=size(Z);
        x0(r+1:n)=0;
        for i=1:nZ
           t=sym(char([107 48+i]));
           k(i)=t;                     %取 k=[k1,k2…,];
        end
        x=x0;
        for i=1:nZ
           x=x+k(i)*Z(:,i);            %将方程组的通解表示为特解加对应齐次通解形式
        end
     end
end
```

例 7-36：利用 LU 分解法求方程组 $\begin{cases} 2x_1 - 3x_2 - 5x_3 - x_4 = 1 \\ 3x_1 - 5x_2 + 3x_3 + 4x_4 = 4 \\ x_1 - 2x_2 - 4x_3 - 8x_4 = 0 \\ 5x_1 + 6x_2 + 7x_4 = 0 \end{cases}$ 的唯一解。

解：MATLAB 程序如下。

```
>> clear
>> A=[2 -3 -5 -1;3 -5 3 4;1 -2 -4 -8;5 6 0 7];
>> b=[1 4 0 0]';
>> x=solvebyLU(A,b)
x =
   0.4027
  -0.4001
   0.1901
   0.0553
```

提示：

进行 LU 分解时用到 M 函数文件 isexist.m、solvebyLU.m，需要将该文件保存到目录文件夹下，否则程序运行错误。

```
>> x=solvebyLU(A,b)
未定义函数或变量 'solvebyLU'。
```

2．QR 分解法

利用 QR 分解法解方程组的思路与 LU 分解法是一样的，也是先将系数矩阵 A 进行 QR 分解：$A=QR$，然后解 $Qy=b$，最后解 $Rx=y$ 得到原方程组的解。对于这种方法，需要注意 Q 是正交矩阵，因此 $Qy=b$ 的解即 $y=Q'b$。下面给出一个利用 QR 分解法求解线性方程组 $Ax=b$ 的函数文件——solvebyQR.m。

```
function x=solvebyQR(A,b)
% 该函数利用 QR 分解法求线性方程组 Ax=b 的解
flag=isexist(A,b);                    %调用第一小节中的 isexist 函数判断方程组解的情况
if flag==0
    disp('该方程组无解！');
    x=[];
    return;
else
    r=rank(A);
    [m,n]=size(A);
    [Q,R]=qr(A);
    b=Q'*b;                          % 解 Rx=b 得原方程组的一个特解
    x0(r)=b(r)/R(r,r);
    if r>1
        for i=r-1:-1:1
            x0(i)=(b(i)-R(i,i+1:r)*x0(i+1:r)')/R(i,i);
        end
    end
    x0=x0';
    if flag==1                       %若方程组有唯一解
        x=x0;
        return;
    else                             %若方程组有无穷多解
        format rat;
        Z=null(A,'r');               %求出对应齐次方程组的基础解系
        [mZ,nZ]=size(Z);
        x0(r+1:n)=0;
        for i=1:nZ
            t=sym(char([107 48+i]));
            k(i)=t;                  %取 k=[k1,…,kr];
        end
        x=x0;
        for i=1:nZ
            x=x+k(i)*Z(:,i);         %将方程组的通解表示为特解加对应齐次通解形式
        end
    end
end
end
```

例 7-37：利用 QR 分解法求方程组 $\begin{cases}2x_1-3x_2+6x_3+4x_4=0\\ x_1-5x_2-4x_3-3x_4=5\\ 5x_1+3x_2+2x_3-9x_4=3\end{cases}$ 的通解。

解：MATLAB 程序如下。

```
>> clear
>> A=[2 -3 6 4;1 -5 -4 -3;5 3 2 -9];
```

```
>> b=[0 5 3]';
>> x=solvebyQR(A,b)
x =
 (13*k1)/7 + 123/119
  (4*k1)/7 - 44/119
 - k1 - 9/17
                k1
```

3. 楚列斯基分解法

与上面两种矩阵分解法不同的是，楚列斯基分解法只适用于系数矩阵 A 对称正定的情况。

它的解方程思路是先将矩阵 A 进行楚列斯基分解：$A=R'R$，然后解 $R'y=b$，最后再解 $Rx=y$ 得到原方程组的解。下面给出一个利用楚列斯基分解法求解线性方程组 $Ax=b$ 的函数文件——solvebyCHOL.m。

```
function x=solvebyCHOL(A,b)
% 该函数利用楚列斯基分解法求线性方程组 Ax=b 的解
lambda=eig(A);
if lambda>eps&isequal(A,A')
    [n,n]=size(A);
    R=chol(A);
     %解 R'y=b
    y(1)=b(1)/R(1,1);
    if n>1
        for i=2:n
            y(i)=(b(i)-R(1:i-1,i)'*y(1:i-1)')/R(i,i);
        end
    end
    %解 Rx=y
    x(n)=y(n)/R(n,n);
    if n>1
        for i=n-1:-1:1
            x(i)=(y(i)-R(i,i+1:n)*x(i+1:n)')/R(i,i);
        end
    end
    x=x';
else
    x=[];
    disp('该方法只适用于对称正定的系数矩阵！');
end
```

在本小节的最后，再给出一个函数文件——solvelineq.m。对于这个函数，读者可以通过输入参数来选择用上面的哪种矩阵分解法求解线性方程组。

```
function x=solvelineq(A,b,flag)
% 该函数是矩阵分解法汇总, 通过 flag 的取值来调用不同的矩阵分解
% 若 flag='LU',则调用 LU 分解法;
% 若 flag='QR',则调用 QR 分解法;
% 若 flag='CHOL',则调用 CHOL 分解法;
if strcmp(flag,'LU')
    x=solvebyLU(A,b);
elseif strcmp(flag,'QR')
    x=solvebyQR(A,b);
elseif strcmp(flag,'CHOL')
```

```
    x=solvebyCHOL(A,b);
else
    error('flag 的值只能为 LU,QR,CHOL!');
end
```

例 7-38：利用楚列斯基分解法求 $\begin{cases} 3x_1 + 3x_2 - 3x_3 = 1 \\ 3x_1 + 5x_2 - 2x_3 = 2 \\ -3x_1 - 2x_2 + 5x_3 = 3 \end{cases}$ 的解。

解：MATLAB 程序如下。

```
>> clear
>> A=[3 3 -3;3 5 -2;-3 -2 5];
>> b=[1 2 3]';
>> x=solvebyCHOL(A,b)
x =
    3.3333
   -0.6667
    2.3333
>> A*x        %验证解的正确性
ans =
    1.0000
    2.0000
    3.0000
```

知识拓展：

所有使用到 M 函数文件的情况下，均需要将 M 文件赋值到目录文件夹下，或者切换目录到 M 文件所在的文件夹。

7.5.4 非负最小二乘解

在实际问题中，用户往往会要求线性方程组的解是非负的，若此时方程组没有精确解，则希望找到一个能够尽量满足方程的非负解。对于这种情况，可以利用 MATLAB 中求非负最小二乘解的函数 lsqnonneg 来实现。

$$\min \|\boldsymbol{Ax} - \boldsymbol{b}\|_2$$
$$\text{s.t.} \quad x_i \geqslant 0, \quad i = 1, 2, \cdots, n$$

以此来得到线性方程组 $\boldsymbol{Ax} = \boldsymbol{b}$ 的非负最小二乘解。

lsqnonneg 函数常用的调用格式见表 7-23。

表 7-23 lsqnonneg 调用格式

调 用 格 式	说　　明
x=lsqnonneg(C,b)	在 $x \geqslant 0$ 的约束下，使得 norm(C*x-d)最小的向量 $\boldsymbol{x}$
x=lsqnonneg(C,b,x0)	使用结构体 options 中指定的优化选项求最小值
x = lsqnonneg(problem)	求结构体 problem 的最小值
[x,resnorm,residual] = lsqnonneg(…)	返回残差的 2-范数平方值 norm(C*x-d)^2 以及残差 d-C*x
[x,resnorm,residual,exitflag,output] = lsqnonneg(…)	返回描述 lsqnonneg 的退出条件的值 exitflag，以及提供优化过程信息的结构体 output
[x,resnorm,residual,exitflag,output,lambda] = lsqnonneg(…)	返回 Lagrange 乘数向量 *lambda*

例 7-39：求方程组 $\begin{cases} x_1 + x_2 - 2x_3 + 2x_4 = 2 \\ 4x_2 - 3x_3 + 2x_4 = 1 \\ x_1 - x_3 + x_4 = 1 \\ 2x_1 + 8x_2 + x_3 + 7x_4 = 1 \end{cases}$ 的最小二乘解。

解：MATLAB 程序如下。

```
>> clear
>> A=[1 1 -2 2;0 4 -3 2;1 0 -1 1;2 8 1 7];
>> b=[2 1 1 1]';
>> x=lsqnonneg(A,b)
x =
    0.8333
     0
     0
     0
```

7.6 操作实例——四元一次方程组求解

对于四元一次线性方程组 $\begin{cases} x_1 + 2x_2 - 4x_3 + 6x_4 = 2 \\ x_1 + x_2 - 3x_3 - 6x_4 = 7 \\ 2x_2 - x_3 + 2x_4 = -5 \\ 4x_2 - 7x_3 + 4x_4 = 0 \end{cases}$，利用 MATLAB 中求解多元方程组的不同

方法进行求解。

上面的方程符合 $Ax = b$，首先需要确定方程组解的信息。

1. 创建方程组系数矩阵 A, b。

```
>> A=[1 2 -4 6;1 1 -3 -6;0 2 -1 2;0 4 -7 4]
A =
     1      2     -4      6
     1      1     -3     -6
     0      2     -1      2
     0      4     -7      4
>> b=[2 7 -5 0]'
b =
     2
     7
    -5
     0
```

2. 判断方程是否有解，方法包括两种。

方法一：

（1）编写函数 isexist.m 如下。

```
function y=isexist(A,b)
% 该函数用来判断线性方程组 Ax=b 的解的存在性
% 若方程组无解则返回 0,若有唯一解则返回 1,若有无穷多解则返回 Inf
 [m,n]=size(A);
 [mb,nb]=size(b);
```

```
    if m~=mb
        error('输入有误! ');
        return;
    end
    r=rank(A);
    s=rank([A,b]);
    if r==s &&r==n
        y=1;
    elseif r==s&&r<n
        y=Inf;
    else
        y=0;
    end
```

（2）调用函数。

```
>> y=isexist(A,b)
y =
     1
```

方程返回 1，则确定有唯一解

方法二：

（1）求方程组的秩。

```
>> r=rank(A)
r =
     4                         %秩 r=n=4，A 为非奇异矩阵
```

（2）创建增广矩阵[*A b*]。

```
>> B=[A,b]
B =
     1          2         -4          6          2
     1          1         -3         -6          7
     0          2         -1          2         -5
     0          4         -7          4          0
>> s=rank(B)            %求增广阵的秩
s =
     4
```

这里 r=s=n=4，则该非齐次线性方程组有唯一解；

（3）求解矩阵。

方法 1：利用矩阵的逆。

若方程符合 $Ax=b$，则 $x=A^{-1}b$，因此求解方程组的解首先需要求解方程组系数矩阵的逆矩阵。

```
>> format short
>> x0=pinv(A)*b    %利用矩阵的逆求解
x0 =
    2.2727
   -3.1818
   -2.0000
   -0.3182
>> b0=A*x0                %验证解的正确性
b0 =
```

```
     2.0000
     7.0000
    -5.0000
     0.0000
```

得出的结果 **b0** 与矩阵 **b** 相同，求解正确。

方法 2：利用行阶梯形求解。

这种方法只适用于恰定方程组，且系数矩阵非奇异。上面得出系数矩阵 **A** 为非奇异矩阵，可以利用这个命令将增广矩阵[**A b**]化为行阶梯形，那么 **R** 的最后一列即为方程组的解。

```
>> R=rref(B)      %将增广矩阵化为阶梯形
R =
    1.0000         0         0         0    2.2727
         0    1.0000         0         0   -3.1818
         0         0    1.0000         0   -2.0000
         0         0         0    1.0000   -0.3182
>> x1=R(:,5)      %R 的最后一列即为解
x1 =
    2.2727
   -3.1818
   -2.0000
   -0.3182
>> b1=A*x1        %验证解的正确性
b1 =
    2.0000
    7.0000
   -5.0000
    0.0000
```

得出的结果 **b1** 与矩阵 **b** 相同，求解正确。

方法 3：利用矩阵分解求解。

利用矩阵分解求解线性方程组是工程计算中最常用的技术。下面分别利用不同的分解法来求解四元一次方程。

● LU 分解法。LU 分解法是先将系数矩阵 **A** 进行 LU 分解，得到 **LU=PA**，然后解 **Ly=Pb**，最后再解 **Ux=y** 得到原方程组的解。

① 编写利用 LU 分解法求解线性方程组 **Ax=b** 的函数 solvebyLU。

```
function x=solvebyLU(A,b)
% 该函数利用 LU 分解法求线性方程组 Ax=b 的解
flag=isexist(A,b); %调用第一小节中的 isexist 函数判断方程组解的情况
if flag==0
    disp('该方程组无解! ');
    x=[];
    return;
else
    r=rank(A);
    [m,n]=size(A);
    [L,U,P]=lu(A);
    b=P*b;
        % 解 Ly=b
    y(1)=b(1);
    if m>1
        for i=2:m
```

```
            y(i)=b(i)-L(i,1:i-1)*y(1:i-1)';
        end
    end
    y=y';
        % 解 Ux=y 得原方程组的一个特解
    x0(r)=y(r)/U(r,r);
    if r>1
        for i=r-1:-1:1
            x0(i)=(y(i)-U(i,i+1:r)*x0(i+1:r)')/U(i,i);
        end
    end
    x0=x0';
     if flag==1  %若方程组有唯一解
        x=x0;
        return;
    else        %若方程组有无穷多解
        format rat;
        Z=null(A,'r');  %求出对应齐次方程组的基础解系
        [mZ,nZ]=size(Z);
        x0(r+1:n)=0;
        for i=1:nZ
            t=sym(char([107 48+i]));
            k(i)=t;         %取 k=[k1,k2…,];
        end
        x=x0;
        for i=1:nZ
            x=x+k(i)*Z(:,i);  %将方程组的通解表示为特解加对应齐次通解形式
        end
    end
end
```

② 调用函数。

```
>> x2=solvebyLU(A,b)
x2 =
    2.2727
   -3.1818
   -2.0000
   -0.3182
>> b2=A*x2     %验证解的正确性
b2 =
    2.0000
    7.0000
   -5.0000
    0.0000
```

得出的结果 **b2** 与矩阵 **b** 相同，求解正确。

● QR 分解法。利用 QR 分解法，先将系数矩阵 A 进行 **QR** 分解，即 $A=QR$，然后解 $Qy=b$，最后解 $Rx=y$ 得到原方程组的解。

① 编写求解线性方程组 $Ax=b$ 的函数 solvebyQR。

```
function x=solvebyQR(A,b)
% 该函数利用 QR 分解法求线性方程组 Ax=b 的解
flag=isexist(A,b);  %调用第一小节中的 isexist 函数判断方程组解的情况
```

```
if flag==0
    disp('该方程组无解! ');
    x=[];
    return;
else
    r=rank(A);
    [m,n]=size(A);
    [Q,R]=qr(A);
    b=Q'*b;
    % 解 Rx=b 得原方程组的一个特解
    x0(r)=b(r)/R(r,r);
    if r>1
        for i=r-1:-1:1
            x0(i)=(b(i)-R(i,i+1:r)*x0(i+1:r)')/R(i,i);
        end
    end
    x0=x0';
        if flag==1   %若方程组有唯一解
        x=x0;
        return;
    else           %若方程组有无穷多解
        format rat;
        Z=null(A,'r');  %求出对应齐次方程组的基础解系
        [mZ,nZ]=size(Z);
        x0(r+1:n)=0;
        for i=1:nZ
            t=sym(char([107 48+i]));
            k(i)=t;        %取 k=[k1,…,kr];
        end
        x=x0;
        for i=1:nZ
            x=x+k(i)*Z(:,i);  %将方程组的通解表示为特解加对应齐次通解形式
        end
    end
end
```

② 调用函数。

```
>> x3=solvebyQR(A,b)
x3 =
    2.2727
   -3.1818
   -2.0000
   -0.3182
>> b3=A*x3          %验证解的正确性
b3 =
    2.0000
    7.0000
   -5.0000
   -0.0000
```

得出的结果 **b3** 与矩阵 **b** 相同，求解正确。

知识拓展：

楚列斯基分解法只适用于系数矩阵 A 是对称正定的情况，本节中的四元一次方程组系数 A 不是对称正定，运行结果显示如下。

```
>> x4=solvebyCHOL(A,b)
该方法只适用于对称正定的系数矩阵!
x4 =
    []
```

● 选择分解法。

① 编写函数 solvelineq。

```
function x=solvelineq(A,b,flag)
% 该函数是矩阵分解法汇总，通过 flag 的取值来调用不同的矩阵分解
% 若 flag='LU',则调用 LU 分解法
% 若 flag='QR',则调用 QR 分解法
% 若 flag='CHOL',则调用 CHOL 分解法
if strcmp(flag,'LU')
    x=solvebyLU(A,b);
elseif strcmp(flag,'QR')
    x=solvebyQR(A,b);
elseif strcmp(flag,'CHOL')
    x=solvebyCHOL(A,b);
else
    error('flag 的值只能为 LU,QR,CHOL!');
end
```

② 调用函数。

```
>> solvelineq(A,b,'LU')
ans =
    2.2727
   -3.1818
   -2.0000
   -0.3182
>> solvelineq(A,b,'QR')
ans =
    2.2727
   -3.1818
   -2.0000
   -0.3182
>> solvelineq(A,b,'CHOL')
该方法只适用于对称正定的系数矩阵!
ans =
    []
```

第8章
积分计算

内容指南

积分是研究函数整体性的，它在工程中的作用是不言而喻的，因此，在工程中大多数情况下都使用 MATLAB 提供的积分计算函数进行计算，少数情况也可通过利用 MATLAB 编程实现。

知识重点

- 积分
- 积分变换
- 复杂函数

8.1 积分

8.1.1 定积分与广义积分

定积分是工程中用得最多的积分计算，利用 MATLAB 提供的 int 函数可以很容易地求已知函数在已知区间的积分值。

int 函数求定积分的调用格式见表 8-1。

表 8-1   int 调用格式

调 用 格 式	说 明
int (f,a,b)	计算函数 f 在区间 $[a,b]$ 上的定积分
int (f,x,a,b)	计算函数 f 关于 x 在区间 $[a,b]$ 上的定积分
int(···,Name,Value)	使用名称、值对参数指定选项设置定积分。设置的选项包括下面几种 'IgnoreAnalyticConstraints'：将纯代数简化应用于被积函数的指示符，false (default)、true 'IgnoreSpecialCases'：忽略特殊情况，false (default)、true 'PrincipalValue'：返回主体值，false (default)、true 'Hold'：未评估集成，false (default) | true

int 函数还可以广义积分，方法是只要将相应的积分限改为正（负）无穷即可。

例 8-1：求 $\int_0^1 \dfrac{\sin x}{x}$。

说明：

本例中的被积函数在[0，1]上显然是连续的，因此它在[0，1]上肯定是可积的，但是按数学分析的方法确实无法积分，这就更体现出了 MATLAB 的实用性。

解：MATLAB 程序如下。

```
>> syms x;
>> v= int(sin(x)/x,0,1)
v =
sinint(1)
>> vpa(v)
ans =
0.94608307036718301494135331382318
```

例 8-2：求 $\int_0^1 (1+x)^{\frac{1}{x}}$。

解：MATLAB 程序如下。

```
>> syms x;
>> v= int((1+x)^(1/x),0,1)
v =
int((x + 1)^(1/x), x, 0, 1)
>> vpa(v)
ans =
2.2048235409593196926932129765379
```

例 8-3：求 $\int_0^1 (1+x)^{x^2}$ 关于 x 的定积分。

被积函数有很多软件都无法求解，用 MATLAB 则很容易求解。

解：MATLAB 程序如下。

```
>> clear
>> syms x
>> v-int((1+x)^(x^2),x,0,1)
v =
int((x + 1)^(x^2), x, 0, 1)
>> vpa(v)
ans =
1.2282661043471631588936187892735
```

例 8-4：求 $\int_{-\infty}^{+\infty} \dfrac{1}{x^2+2x+3}$。

解：MATLAB 程序如下。

```
>> syms x;
>> f=1/(x^2+2*x+3);
>> v= int(f,-inf,inf)
v =
(pi*2^(1/2))/2
```

```
>> vpa(v)
ans =
2.2214414690791831235079404950303
```

8.1.2 不定积分

在实际的工程计算中，有时也会用到求不定积分的问题。利用上面的 int 函数，同样可以求不定积分，它的使用形式也非常简单。它的调用格式见表 8-2。

表 8-2　　　　　　　　　　　　　　　　　int 调用格式

调 用 格 式	说　　　明
int (f)	计算函数 f 的不定积分
int (f,x)	计算函数 f 关于变量 x 的不定积分

例 8-5：求 $\dfrac{\sin(\sin(x-1))}{\ln x}$ 的不定积分。

解：MATLAB 程序如下。

```
>> syms x
>> f= sin(sin(x))/log(x);
>> int(f)
ans =
int(sin(sin(x))/log(x), x)
```

例 8-6：求 $\sin(xy+xz+z+1)$ 的不定积分。

解：MATLAB 程序如下。

```
>> syms x y z
>> f=sin(x*y+x*z+z+1);
>> int(f)
ans =
-cos(z + x*y + x*z + 1)/(y + z)
```

例 8-7：求 $\sin(xy+xz+z+1)$ 对 z 的不定积分。

解：MATLAB 程序如下。

```
>> clear
>> syms x y z
>> int(sin(x*y+x*z+z+1),z)
ans =
-cos(z + x*y + x*z + 1)/(x + 1)
```

8.1.3 多重积分

多重积分与一重积分在本质上是相通的，但是多重积分的积分区域更加复杂。可以利用前面讲过的 int 函数，结合对积分区域的分析进行多重积分计算，也可以利用 MATLAB 自带的专门多重积分函数进行计算。

1. 数值积分

MATLAB 用来进行数值积分、数值计算的专门函数是 integral，integral 的调用格式见表 8-3。

表 8-3   integral 调用格式

调 用 格 式	说　明
q= integral(fun,xmin,xmax)	在 $xmin \leqslant x \leqslant xmax$，$ymin \leqslant y \leqslant ymax$ 的矩形内计算 $fun(x,y)$ 的数值积分，使用全局自适应积分和默认误差容限方法求积分
q=integral2(fun,xmin,xmax,Name,Value)	指定 Name 和 Value 参数对设置数值积分选项，属性参数包括下面几种 'AbsTol'：绝对误差容限，可选值为 1e-10（默认）、非负实数 'RelTol'：相对误差容限，可选值为 1e-6（默认）、非负实数 'ArrayValued'：数组值函数标志，可选值为 false 或 0（默认）、true 或 1 'Waypoints'：积分路点，可选值为向量

2. 二重积分

MATLAB 用来进行二重积分数值计算的专门函数是 integral2，integral2 的调用格式见表 8-4。

表 8-4   integral2 调用格式

调 用 格 式	说　明
q= integral2 (fun,xmin,xmax,ymin,ymax)	在 $xmin \leqslant x \leqslant xmax$，$ymin \leqslant y \leqslant ymax$ 的矩形内计算 $fun(x,y)$ 的二重积分，此时默认的求解积分的数值方法为 quad，默认的公差为 10^{-6}
q= integral2 (fun,xmin,xmax,ymin, ymax, Name,Value)	指定 Name 和 Value 参数对设置二重积分选项，属性参数包括下面几种 'AbsTol'：绝对误差容限，可选值为非负实数 'RelTol'：相对误差容限，可选值为非负实数 'Method'：积分法，可选值为'auto'（默认）、'tiled'、'iterated'

例 8-8：极坐标下计算 $f(\theta,r) = \dfrac{r}{\sqrt{r\cos\theta + r\sin\theta}\,(1 + r\cos\theta + r\sin\theta)^2}$ 的二重积分。

解：MATLAB 程序如下。

```
>> fun = @(x,y) 1./( sqrt(x + y) .* (1 + x + y).^2 );   % 定义函数
>> polarfun = @(theta,r) fun(r.*cos(theta),r.*sin(theta)).*r; % 转换极坐标
>> rmax = @(theta) 1./(sin(theta) + cos(theta)); % 定义变量范围
>> q = integral2(polarfun,0,pi/2,0,rmax)   %求二重积分
q =
    0.2854
```

例 8-9：计算 $\displaystyle\int_0^\pi \int_\pi^{2\pi} (y\sin x + x\cos y)\,\mathrm{d}x\mathrm{d}y$。

解：MATLAB 程序如下。

```
>> fun = @(x,y)(y.*sin(x)+x.*cos(y));   % 定义函数
>> integral2(fun,pi,2*pi,0,pi)
ans =
    -9.8696
```

3. 三重积分

计算三重积分的过程和计算二重积分是一样的，但是由于三重积分的积分区域更加复杂，所以计算三重积分的过程将更加烦琐。

MATLAB 用来进行三重积分数值计算的专门函数是 integral3，integral3 的调用格式见表 8-5。

表 8-5 integral3 调用格式

调　用　格　式	说　　明
q= integral3 (fun,xmin,xmax,ymin,ymax,zmin,zmax)	在 $xmin \leqslant x \leqslant xmax$, $ymin \leqslant y \leqslant ymax$, $zmin \leqslant z \leqslant zmax$ 的矩形内计算 fun(x,y) 的三重积分，此时默认的求解积分的数值方法为 quad，默认的公差为 10^{-6}
q= integral3 (fun,xmin,xmax,ymin,ymax,zmin, zmax, Name, Value)	指定 Name 和 Value 参数对设置三重积分选项

例 8-10：计算 $\int_0^\pi \int_0^\pi \int_\pi^{2\pi} \sin(z)(y\sin x + x\cos y)\mathrm{d}x\mathrm{d}y\mathrm{d}z$ 。

解：MATLAB 程序如下。

```
>> clear
>> fun= @(x,y,z)(sin(z).*(y.*sin(x)+x.*cos(y)));
>> integral3(fun,pi,2*pi,0,pi,0,pi)
ans =
 -48.7045
```

例 8-11：使用 int 函数计算 $\int_0^\pi \int_\pi^{2\pi} (y\sin x + x\cos y)\mathrm{d}x\mathrm{d}y$ 。

如果使用 int 函数进行二重积分计算，则需要先确定出积分区域以及积分的上下限，然后再进行积分计算。

解：MATLAB 程序如下。

```
>> syms x y;
>> f= y*sin(x)+x*cos(y);
>> v= int(f,x,pi,2*pi)        %对 x 求区间[π,2π]上的定积分
v =
(3*pi^2*cos(y))/2 - 2*y
>> v= int(v,y,0,pi)   %对 y 求定积分
v =
-pi^2
>> vpa(v)
ans =
-9.8696044010893586188344909998762
>> digits(6)
>> vpa(v)
ans =
-9.8696
```

例 8-12：计算 $\iint_D x\mathrm{d}x\mathrm{d}y$ ，其中 D 是由直线 $y=2x$、$y=0.5x$、$y=3-x$ 所围成的平面区域。

解：MATLAB 程序如下。

```
>> clear
>> syms x y
>> f=x;        % 创建以 x 为自变量的符号表达式 f
>> f1=2*x;
>> f2=0.5*x;
>> f3=3-x;
>> fplot(f1);   % 绘制符号函数的二维曲线 f1
>> gtext('y=2x')   % 使用鼠标在图形的任意位置添加直线 1 的文本标注
>> hold on    % 打开图形叠加显示命令
>> fplot(f2);
```

```
>> gtext('y=0.5x')   % 使用鼠标在图形的任意位置添加直线 2 的文本标注
>> fplot(f3);
>> gtext('y=3-x')   % 使用鼠标在图形的任意位置添加直线 3 的文本标注
>> axis([-2 3 -2 6]);   % 在 x 取值区间[-2,3]、y 取值区间[-2,6]内显示图形
```

积分区域是图 8-1 中所围成的区域。函数曲线的面积可使用定积分计算进行求解，第一步求解曲线积分区域，第二步在积分区域内对函数曲线求定积分，得到积分区域的面积。

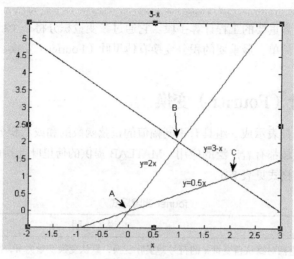

图 8-1　积分区域

下面确定积分限。

```
>> A=fzero('2*x-0.5*x',0)
A =
     0
>> B=fzero('3-x-0.5*x',8)
B =
    2
>> C=fzero('2*x-(3-x)',4)
C =
    1
```

即 $A=0$，$B=2$，$C=1$，找到积分限。下面进行积分计算。

根据图可以将积分区域分成两个部分，计算过程如下。

```
>> ff1=int(f,y,0.5*x,2*x)
ff1 =
(3*x^2)/2
>> ff11=int(ff1,x.x,0,1)
ff11 =
1/2
>> ff2=int(f,0.5*x,3-x)
ff2 =
-(3*x*(x-2))/2
>> ff22=int(ff2,x,1,2)
ff22 =
1
>> ff11+ff22
```

```
ans =
3/2
```

计算结果是 3/2。

8.2 积分变换

积分变换是一个非常重要的工程计算手段。它通过参变量积分将一个已知函数变为另一个函数，使函数的求解更为简单。最重要的积分变换有傅里叶（Fourier）变换、拉普拉斯（Laplace）变换等。

8.2.1 傅里叶（Fourier）变换

傅里叶变换是将函数表示成一组具有不同幅值的正弦函数的和或者积分，在物理学、数论、信号处理、概率论等领域都有着广泛的应用。MATLAB 提供的傅里叶变换函数是 fourier。

fourier 函数的调用格式见表 8-6。

表 8-6   fourier 调用格式

调 用 格 式	说　　　明
fourier (f)	f 返回对默认自变量 x 的符号傅里叶变换，默认变换变量为 w，默认的返回形式是 $f(w)$，即 $f = f(x) \Rightarrow F = F(w)$；如果 $f=f(w)$，则返回 $F=F(t)$，即求 $F(w) = \int_{-\infty}^{\infty} f(x)e^{-iwx}dx$
fourier (f,v)	返回的傅里叶变换以 v 代替 w 为默认变换变量，即求 $F(v) = \int_{-\infty}^{\infty} f(x)e^{-ivx}dx$
fourier (f,u,v)	返回的傅里叶变换以 v 代替 w，自变量以 u 代替 x，即求 $F(v) = \int_{-\infty}^{\infty} f(u)e^{-ivu}du$

例 8-13：计算 $f(x) = e^{-x^2}$ 的傅里叶变换。

解：MATLAB 程序如下。

```
>> clear
>> syms x
>> f = exp(-x^2);
>> fourier(f)
ans =
exp(-1/4*w^2)*pi^(1/2)
```

例 8-14：输入傅里叶变换阵列。

解：MATLAB 程序如下。

```
>> clear
>> syms a b c d w x y z
>> M = [exp(x) 1; sin(y) i*z];
>> vars = [w x; y z];
>> transVars = [a b; c d];
>> fourier(M,vars,transVars)
ans =
[              2*pi*exp(x)*dirac(a),    2*pi*dirac(b)]
[ -pi*(dirac(c - 1) - dirac(c + 1))*1i, -2*pi*dirac(1, d)]
```

例 8-15：计算 $f(x) = xe^{-|x|}$ 傅里叶变换。

解：MATLAB 程序如下。

```
>> clear
>> syms x u
>> f = x*exp(-abs(x));
>> fourier(f,u)
ans =
-(u*4i)/(u^2+1)^2
```

8.2.2　傅里叶（Fourier）逆变换

MATLAB 提供的傅里叶逆变换函数是 ifourier。

ifourier 函数的调用格式见表 8-7。

表 8-7　　　　　　　　　　　　　　　　　　ifourier 调用格式

命　　令	说　　明
ifourier (F)	f 返回对默认自变量 w 的符号傅里叶逆变换，默认变换变量为 x，默认的返回形式是 $f(x)$，即 $F = F(w) \Rightarrow f = f(x)$；如果 $F=F(x)$，则返回 $f=f(t)$，即求 $f(w) = \dfrac{1}{2\pi}\displaystyle\int_{-\infty}^{\infty}F(x)e^{iwx}dw$
ifourier (F,u)	返回的傅里叶逆变换以 u 代替 x 为默认变换变量，即求 $F(v) = \displaystyle\int_{-\infty}^{\infty}f(x)e^{-ivx}dx$
ifourier (F,v,u)	返回以 v 代替 w，u 代替 x 的傅里叶逆变换，即求 $f(v) = \dfrac{1}{2\pi}\displaystyle\int_{-\infty}^{\infty}F(u)e^{ivu}dv$

例 8-16：计算 $f(w) = e^{-\frac{w^2}{4a^2}}$ 的傅里叶逆变换。

解：MATLAB 程序如下。

```
>> clear
>> syms a w real
>> f=exp(-w^2/(4*a^2));
>> F = ifourier(f)
ans =
exp(-a^2*x^2)/(2xpi^(1/2)*(1/(4*a^2))^(1/2))
```

例 8-17：计算 $g(w) = e^{-|x|}$ 的傅里叶逆变换。

解：MATLAB 程序如下。

```
>> clear
>> syms x real
>> g= exp(-abs(x));
>> ifourier(g)
ans =
1/(pi*(t^2+1))
```

例 8-18：计算 $f(w) = 2e^{-|w|} - 1$ 的傅里叶逆变换。

解：MATLAB 程序如下。

```
>> clear
>> syms w t real
>> f = 2*exp(-abs(w)) - 1;
>> ifourier(f,t)
```

```
ans =
-(2*pi*dirac(t)-4/(t^2+1))/(2*pi)
```

8.2.3 快速傅里叶（Fourier）变换

快速傅里叶变换（FFT）是离散傅里叶变换的快速算法，它是根据离散傅里叶变换的奇、偶、虚、实等特性，对离散傅里叶变换的算法进行改进获得的。

MATLAB 提供了多种快速傅里叶变换的函数，见表 8-8。

表 8-8   快速傅里叶变换函数

函数	意　义	函数调用格式
fft	一维快速傅里叶变换	$Y=fft(X)$，计算对向量 X 的快速傅里叶变换。如果 X 是矩阵，fft 返回对每一列的快速傅里叶变换
		$Y=fft(X，n)$，计算向量的 n 点 FFT。当 X 的长度小于 n 时，系统将在 X 的尾部补零，以构成 n 点数据；当 X 的长度大于 n 时，系统进行截尾
		$Y=fft(X,[],dim)$ 或 $Y=fft(X,n,dim)$，计算对指定的第 dim 维的快速傅里叶变换
fft2	二维快速傅里叶变换	$Y=fft2(X)$，计算对 X 的二维快速傅里叶变换。结果 Y 与 X 的维数相同
		$Y=fft2(X,m,n)$，计算结果为 $m×n$ 阶，系统将视情况对 X 进行截尾或以 0 来补齐
fftshift	将快速傅里叶变换（fft、fft2）的 DC 分量移到谱中央	$Y=fftshift(X)$，将 DC 分量转移至谱中心
		$Y=fftshift(X,dim)$，将 DC 分量转移至 dim 维谱中心，若 dim 为 1 则上下转移，若 dim 为 2 则左右转移
ifft	一维逆快速傅里叶变换	$y=ifft(X)$，计算 X 的逆快速傅里叶变换
		$y=ifft(X,n)$，计算向量 X 的 n 点逆 FFT
		$y=ifft(X,n,dim)$，计算对 dim 维的逆 FFT
		$y=ifft(…,symflay)$，计算对指定 Y 的对称性的逆 FFT
ifft2	二维逆快速傅里叶变换	$y=ifft2(X)$，计算 X 的二维逆快速傅里叶变换
		$y=ifft2(X,m,n)$，计算向量 X 的 $m×n$ 维逆快速 Fourier 变换
ifftn	多维逆快速傅里叶变换	$y=ifftn(X)$，计算 X 的 n 维逆快速傅里叶变换
		$y=ifftn(X,size)$，系统将视情对 X 进行截尾或者以 0 来补齐
ifftshift	逆 fft 平移	$Y=ifftshift(X)$，同时转移行与列
		$Y=ifftshift(X,dim)$，若 dim 为 1 则行转移，若 dim 为 2 则列转移

例 8-19：傅里叶变换经常被用来计算存在噪声的时域信号的频谱。假设数据采样频率为 1000Hz，一个信号包含频率为 50Hz、振幅为 0.7 的正弦波和频率为 120Hz、振幅为 1 的正弦波，噪声为零平均值的随机噪声。试采用 FFT 方法分析其频谱。

解：MATLAB 程序如下。

```
>> clear
>> Fs = 1000;                    % 采样频率
>> T = 1/Fs;                     % 采样时间
>> L = 1000;                     % 信号长度
>> t = (0:L-1)*T;                % 时间向量
>> x = 0.7*sin(2*pi*50*t) + sin(2*pi*120*t);
>> y = x + 2*randn(size(t));     % 加噪声正弦信号
```

```
>> plot(Fs*t(1:50),y(1:50))
>> title('零平均值噪声信号');
>> xlabel('time (milliseconds)')
>> NFFT = 2^nextpow2(L);
>> Y = fft(y,NFFT)/L;
>> f = Fs/2*linspace(0,1,NFFT/2);
>> plot(f,2*abs(Y(1:NFFT/2)))
>> title('y(t)单边振幅频谱')
>> xlabel('Frequency (Hz)')
>> ylabel('|Y(f)|')
```

计算结果的图形如图 8-2 和图 8-3 所示。

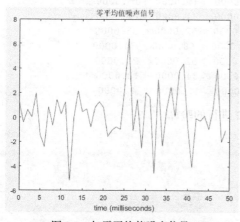

图 8-2　加零平均值噪声信号

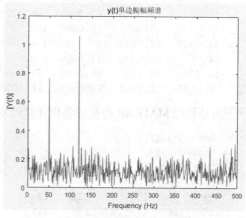

图 8-3　$y(t)$单边振幅频谱

例 8-20：图像的二维傅里叶变换。

解：MATLAB 程序如下。

```
>> P = peaks(20);
>> X = repmat(P,[2 2]);   % 创建并绘制具有重复块的二维数据
>> imagesc(X)    % 创建图 8-4（a）
>> Y = fft2(X);              %计算数据的二维傅立叶变换
>> imagesc(abs(fftshift(Y)))   % 创建图 8-4（b）
>> Y = fft2(X,2^nextpow2(100),2^nextpow2(200));   %用零填充 X 来计算 128 乘 256 变换
>> imagesc(abs(fftshift(Y)));   % 创建图 8-4（c）
```

变换结果如图 8-4 所示。

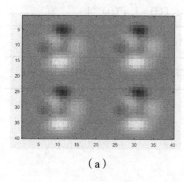
（a）

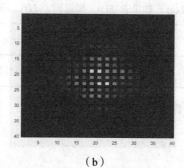
（b）

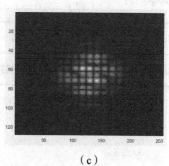
（c）

图 8-4　二维傅里叶变换图形

例 8-21：利用快速傅里叶变换实现快速卷积。

解：MATLAB 程序如下。

```
>> clear
>> A=magic(4);              %生成 4*4 的魔幻矩阵
>> B=ones(3);               %生成 3*3 的全 1 矩阵
>> A(6,6)=0;                %将 A 用零补全为（4+3-1）*（4+3-1）维
>> B(6,6)=0;                %将 B 用零补全为（4+3-1）*（4+3-1）维
>> C=ifft2(fft2(A).*fft2(B));   %对 A、B 进行二维快速傅里叶变换，并将结果相乘，对%乘积进行二
维逆快速傅里叶变换，得到卷积
C =
   16.0000   18.0000   21.0000   34.0000   18.0000   16.0000   13.0000
   21.0000   34.0000   47.0000   68.0000   47.0000   34.0000   21.0000
   30.0000   50.0000   69.0000  102.0000   72.0000   52.0000   33.0000
   34.0000   68.0000  102.0000  136.0000  102.0000   68.0000   34.0000
   18.0000   50.0000   81.0000  102.0000   84.0000   52.0000   21.0000
   13.0000   34.0000   55.0000   68.0000   55.0000   34.0000   13.0000
    4.0000   18.0000   33.0000   34.0000   30.0000   16.0000    1.0000
```

下面是利用 MATLAB 自带的卷积计算命令 conv2 进行的验算。

```
>> A=magic(4);
>> B=ones(3);
>> D=conv2(A,B)
D =
   16   18   21   18   16   13
   21   34   47   47   34   21
   30   50   69   72   52   33
   18   50   81   84   52   21
   13   34   55   55   34   13
    4   18   33   30   16    1
```

8.2.4 拉普拉斯（Laplace）变换

MATLAB 提供的拉普拉斯变换函数是 laplace。

laplace 函数的调用格式见表 8-9。

表 8-9   laplace 调用格式

命　　令	说　　明
laplace (F)	计算默认自变量 t 的符号拉普拉斯变换，默认的转换变量为 s，默认的返回形式是 $L(s)$，即 $F = F(t) \Rightarrow L = L(s)$；如果 $F=F(s)$，则返回 $L=L(t)$，即求 $L(s) = \int_0^\infty F(t)e^{-st}\mathrm{d}t$
laplace (F,t)	计算结果以代替 s 为新的转换变量，即求 $L(t) = \int_0^\infty F(x)e^{-tx}\mathrm{d}x$
laplace (F,w,z)	转换变量以 z 代替 s，自变量以 w 代替 t，并进行拉普拉斯变换，即求 $L(z) = \int_0^\infty F(w)e^{-zw}\mathrm{d}w$

例 8-22：计算 $f(t) = t^4$ 的拉普拉斯变换。

解：MATLAB 程序如下。

```
>> clear
>> syms t
>> f=t^4;
```

```
>> laplace(f)
ans =
24/s^5
```

例 8-23：计算 $g(s) = \dfrac{1}{\sqrt{s+1}}$ 的拉普拉斯变换。

解：MATLAB 程序如下。

```
>> clear
>> syms s
>> g=1/sqrt(s+1);
>> laplace(g)
ans =
(pi^(1/2)*erfc(z^(1/2))*exp(z))/z^(1/2)
```

例 8-24：计算 $f1 = e^x, f2 = x$ 的拉普拉斯变换。

解：MATLAB 程序如下。

```
>> clear
>> syms f1 f2 a b x
>> f1= exp(x);
>> f2= x;
>> laplace([f1 f2],x,[a b])
ans =
[ 1/(a - 1), 1/b^2]
```

8.2.5　拉普拉斯（Laplace）逆变换

MATLAB 提供的拉普拉斯逆变换命令是 ilaplace。

ilaplace 命令的调用格式见表 8-10。

表 8-10　　　　　　　　　　　　　　　　ilaplace 调用格式

命　令	说　明
ilaplace (L)	计算对默认自变量 s 的符号拉普拉斯逆变换，默认转换变量为 t，默认的返回形式是 $F(t)$，即 $L = L(s) \rightarrow F = F(t)$；如果 $L - L(s)$，则返回 $F - F(t)$，即求 $F(t) = \dfrac{1}{2\pi i} \displaystyle\int_{c-iw}^{c+iw} L(s) e^{st} \mathrm{d}s$
ilaplace (L,y)	计算结果以 y 代替 t 为新的转换变量，即求 $F(y) = \dfrac{1}{2\pi i} \displaystyle\int_{c-iw}^{c+iw} L(s) e^{sy} \mathrm{d}s$
ilaplace (L,y,x)	计算转换变量以 y 代替 t，自变量比 x 代替 s 的拉普拉斯逆变换，即求 $F(y) = \displaystyle\int_{c-iw}^{c+iw} L(x) e^{xy} \mathrm{d}y$

例 8-25：计算 $f(t) = \dfrac{1}{s^2+1}$ 的拉普拉斯逆变换。

解：MATLAB 程序如下。

```
>> clear
>> syms s
>> f=1/(s^2+1);
>> ilaplace(f)
ans =
sin(t)
```

例 8-26：计算 $g(a) = \dfrac{1}{(t^2 + t - a)^2}$ 的拉普拉斯逆变换。

解：MATLAB 程序如下。

```
>> clear
>> syms a t
>> g=1/(t^2+t-a)^2;
>> ilaplace(g)
ans =
(2*exp(-x*((4*a + 1)^(1/2)/2 + 1/2))))/(4*a + 1)^(3/2) - (2*exp(x*((4*a + 1)^(1/2)/2 -
1/2)))/(4*a + 1)^(3/2) + (x*exp(x*((4*a + 1)^(1/2)/2 - 1/2)))/(4*a + 1) + (x*exp(-x*((4*a
+ 1)^(1/2)/2 + 1/2)))/(4*a + 1)
```

例 8-27：计算 $f(u) = \dfrac{1}{u^2 - a^2}$ 的拉普拉斯逆变换。

解：MATLAB 程序如下。

```
>> clear
>> syms x u a
>> f=1/(u^2-a^2);
>> ilaplace(f,x)
ans =
1/a*sinh(a*x)
```

8.3 复杂函数

用简单函数逼近（近似表示）复杂函数是数学中的一种基本思想方法，也是工程中常常要用到的技术手段。本节主要介绍如何用 MATLAB 来实现泰勒展开的操作。

8.3.1 泰勒（Taylor）展开

1. 泰勒定理

为了更好地说明下面的内容，也为了读者更易理解本节内容，先写出著名的泰勒定理。

若函数 $f(x)$ 在 x_0 处 n 阶可微，则 $f(x) = \displaystyle\sum_{k=0}^{n} \dfrac{f^{(k)}(x)}{k!}(x - x_0)^k + R_n(x)$。其中，$R_n(x)$ 称为 $f(x)$ 的余项，常用的余项公式如下。

- 佩亚诺(Peano)型余项：$R_n(x) = o((x - x_0)^n)$。
- 拉格朗日(Lagrange)型余项：$R_n(x) = \dfrac{f^{(n+1)}(\xi)}{(n+1)!}(x - x_0)^{n+1}$，其中 ξ 介于 x 与 x_0 之间。

特别地，当 $x_0 = 0$ 时的带拉格朗日型余项的泰勒公式如下。

$$f(x) = f(0) + f'(0)x + \frac{f''(0)}{2!}x^2 + \cdots + \frac{f^{(n)}(0)}{n!}x^n + \frac{f^{(n+1)}(\xi)}{(n+1)!}x^{n+1}, \quad (0 < \xi < x)$$

该公式被称为麦克劳林（Maclaurin）公式。

2. 泰勒展开

麦克劳林公式实际上是要将函数 $f(x)$ 表示成 x^n（n 从 0 到无穷大）的和的形式。在 MATLAB 中，可以用 taylor 函数来实现这种泰勒展开。taylor 函数的调用格式见表 8-11。

表 8-11   taylor 调用格式

命　　令	说　　明
taylor(f)	关于系统默认变量 x 求 $\sum_{n=0}^{5} \dfrac{f^{(n)}(0)}{n!} x^n$
taylor(f,m)	关于系统默认变量 x 求 $\sum_{n=0}^{m} \dfrac{f^{(n)}(0)}{n!} x^n$，这里的 m 要求为一个正整数
taylor(f,a)	关于系统默认变量 x 求 $\sum_{n=0}^{5} (x-a)^n \dfrac{f^{(n)}(a)}{n!} x^n$，这里的 a 要求为一个实数
taylor(f,m,a)	关于系统默认变量 x 求 $\sum_{n=0}^{m} (x-a)^n \dfrac{f^{(n)}(a)}{n!} x^n$，这里的 m 要求为一个正整数、a 要求为一个实数
taylor(f,y)	关于函数 $f(x,y)$ 求 $\sum_{n=0}^{5} \dfrac{y^n}{n!} \dfrac{\partial^n}{\partial y^n} f(x,y=0)$
taylor(f,y,m)	关于函数 $f(x,y)$ 求 $\sum_{n=0}^{m} \dfrac{y^n}{n!} \dfrac{\partial^n}{\partial y^n} f(x,y=0)$，这里的 m 要求为一个正整数
taylor(f,y,a)	关于函数 $f(x,y)$ 求 $\sum_{n=0}^{5} \dfrac{(y-a)^n}{n!} \dfrac{\partial^n}{\partial y^n} f(x,y=a)$，这里的 a 要求为一个实数
taylor(f,m,y,a)	关于函数 $f(x,y)$ 求 $\sum_{n=0}^{m} \dfrac{(y-a)^n}{n!} \dfrac{\partial^n}{\partial y^n} f(x,y=a)$，这里的 m 要求为一个正整数、a 要求为一个实数
taylor($\cdots$,Name, Value)	使用由一个或多个名称-值对参数指定属性 'ExpansionPoint'：扩张点 'Order'：泰勒级数展开的阶数，默认值为 6 'OrderMode'：级数模式，可选模式为'absolute' (default)、'relative'

例 8-28：求 e^{-x} 的 6 阶麦克劳林型近似展开。

解：MATLAB 程序如下。

```
>> syms x
>> f=exp(-x);
>> f6=taylor(f)
f6 =
-x^5/120+x^4/24-x^316+x^2/2-x+1
```

例 8-29：求 $\sin x + x^2$ 的 6 阶麦克劳林型近似展开。

解：MATLAB 程序如下。

```
>> syms x
>> f=sin(x)+x^2;
>> f6=taylor(f)
f6 =
x^5/120 - x^3/6 + x^2 + x
```

例 8-30：求 $f(x,y) = x^y$ 关于 y 在 0 处的 4 阶展开，关于 x 在 1.5 处的 4 阶泰勒展开。

解：MATLAB 程序如下。

```
>> syms x y
>> f=x^y;  % 创建以 x、y 为自变量的符号表达式 f
>> f1=taylor(f,y,0,'Order',4)  % y 在 0 处的 4 阶泰勒展开
f1 =
```

```
(y^2*log(x)^2)/2 + (y^3*log(x)^3)/6 + y*log(x) + 1
>> f2=taylor(f,x,1.5,'Order',4)     % x 在 1.5 处的 4 阶泰勒展开
f2 =
exp(y*log(3/2)) + (2*y*exp(y*log(3/2))*(x - 3/2))/3 - exp(y*log(3/2))*((2*y)/9 - (2*y^2)/9)*
(x - 3/2)^2 - exp(y*log(3/2))*(x - 3/2)^3*((2*y*(y/9 - (2*y^2)/27))/3 - (8*y)/81 + (2*y^2)/27)
```

注意：

当 a 为正整数，求函数 $f(x)$ 在 a 处的 6 阶麦克劳林型近似展开时，不要用 taylor(f,a)，否则 MATLAB 得出的结果将是 $f(x)$ 在 0 处的 6 阶麦克劳林型近似展开。

8.3.2　傅里叶（Fourier）展开

MATLAB 中不存在现成的傅里叶级数展开函数，可以根据傅里叶级数的定义编写一个函数文件来完成这个计算。

傅里叶级数的定义如下。

设函数 $f(x)$ 在区间[0，2π]上绝对可积，且令

$$\begin{cases} a_n = \dfrac{1}{\pi}\int_0^{2\pi} f(x)\cos nx\,\mathrm{d}x & (n=0,1,2,\cdots) \\ b_n = \dfrac{1}{\pi}\int_0^{2\pi} f(x)\sin nx\,\mathrm{d}x & (n=1,2,\cdots) \end{cases}$$

以 a_n、b_n 为系数作三角级数：

$$\frac{a_0}{2} + \sum_{n=1}^{\infty}(a_n\cos nx + b_n\sin nx)$$

它称为 $f(x)$ 的傅里叶级数，a_n，b_n 称为 $f(x)$ 的傅里叶系数。

例 8-31： 计算 $f(x) = x^2 + x$ 在区间[0，2π]上的傅里叶系数。

（1）编写计算区间[0，2π]上傅里叶系数的 Fourierzpi.m 文件。

```
function [a0,an,bn]=Fourierzpi(f)
syms x n
a0=int(f,0,2*pi)/pi;
an=int(f*cos(n*x),0,2*pi)/pi;
bn=int(f*sin(n*x),0,2*pi)/pi;
```

（2）在命令行窗口中输入程序。

```
>> clear
>> syms x
>> f=x^2+x;
>> [a0,an,bn]=fourierzpi(f)
a0 =
(2*pi*(4*pi + 3))/3
an =
-((2*sin(pi*n)^2 - 2*n*pi*sin(2*pi*n))/n^2 + (2*sin(2*pi*n) - 4*n^2*pi^2*sin(2*pi*n) +
4*n*pi*(2*sin(pi*n)^2 - 1))/n^3)/pi
bn =
(2*cos(2*pi*n) - n^2*(2*pi*cos(2*pi*n) + 4*pi^2*cos(2*pi*n)) + n*(sin(2*pi*n) + 4*pi*
sin(2*pi*n)) - 2)/(n^3*pi)
```

例 8-32：计算 $f(x) = x^2 + x$ 在区间 $[-\pi，\pi]$ 上的傅里叶系数。

（1）编写计算区间 $[-\pi，\pi]$ 上傅里叶系数的 Fourierpi1.m 文件如下。

```
function [a0,an,bn]=Fourierpi1(f)
syms x n
a0=int(f,-pi,pi)/pi;
an=int(f*cos(n*x),-pi,pi)/pi;
bn=int(f*sin(n*x),-pi,pi)/pi;
```

（2）在命令行窗口中输入程序。

```
>> clear
>> syms x
>> f=x^2+x;
>> [a0,an,bn]=Fourierpi1(f)
a0 =
(2*pi^2)/3
an =
(2*(n^2*pi^2*sin(pi*n) - 2*sin(pi*n) + 2*n*pi*cos(pi*n)))/(n^3*pi)
bn =
(2*(sin(pi*n) - n*pi*cos(pi*n)))/(n^2*pi)
```

例 8-33：计算 $f(x) = x^2 - x$ 在区间 $[0，2\pi]$ 上的傅里叶系数。

（1）编写计算区间 $[2，2\pi]$ 上傅里叶系数的 Fourierpi1.m 文件如下。

```
function [a0,an,bn]=Fourierpi1(f)
syms x n
a0=int(f,0,2*pi)/pi;
an=int(f*cos(n*x),0,2*pi)/pi;
bn=int(f*sin(n*x),0,2*pi)/pi;
```

（2）在命令行窗口中输入程序。

```
>> clear
>> syms x
>> f=x.^2-x;   % 创建以 x 为自变量的符号表达式 f
>> [a0,an,bn]=Fourierzpi(f)
a0 =
(2*pi*(4*pi - 3))/3
an =
((2*sin(pi*n)^2 - 2*n*pi*sin(2*pi*n))/n^2 - (2*sin(2*pi*n) - 4*n^2*pi^2*sin(2*pi*n) + 4*n*
pi*(2*sin(pi*n)^2 - 1))/n^3)/pi
bn =
(2*cos(2*pi*n) + n^2*(2*pi*cos(2*pi*n) - 4*pi^2*cos(2*pi*n)) - n*(sin(2*pi*n) - 4*pi*
sin(2*pi*n)) - 2)/(n^3*pi)
```

8.4　操作实例——正弦信号频谱图

傅里叶变换经常被用来计算存在噪声的时域信号的频谱。假设数据采样频率为 1000Hz，一个信号包含频率为 120Hz、振幅为 1 的正弦波与余弦波，噪声为零平均值的随机噪声。试采用 FFT 方法分析其频谱。

操作步骤如下。

1. 定义信号参数

```
>> clear
>> Fs=100;                    % 采样频率
>> T = 1/Fs;                  % 采样时间
>> t = -1:T:1;                % 时间向量
>> N=120;
>> n=0:N-1;                   % 信号长度
>> f0=20;                     %设定正弦信号频率
>> X=sin(pi*f0*t)+cos(pi*f0*t);
```

2. 绘制时域

```
>> subplot(1,3,1),plot(t,X)
>> title('正弦信号时域信号');
>> xlabel('时间(t)')
>> ylabel('时域X(f)')
```

在图形窗口中显示生成的时域图形，如图 8-5 所示。

3. 使用傅里叶转换频域

使用 FFT 函数将信号转换到频谱图。

```
>> Y = fft(X,N);
>> f =(0:length(Y)-1)'*Fs/length(Y);
>> P = abs(Y);
>> subplot(1,3,2),plot(f,P)
>> title('正弦信号频谱图')
>> xlabel('频率(f)')
>> ylabel('频谱图|P(f)|')
```

在图形窗口中显示生成的频谱图，如图 8-6 所示。

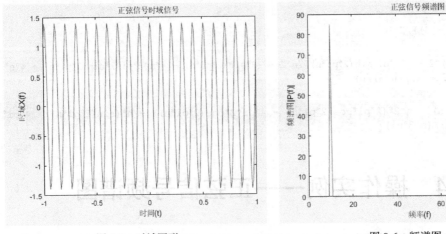

图 8-5　时域图形　　　　　　　　　　　　　　　　图 8-6　频谱图

4. 求对数谱

```
>> P1=log(P);
>> subplot(1,3,3);
>> plot(f,P1);
>> xlabel('频率(Hz)');
>> ylabel('功率谱');
>> title('正弦信号对数谱');
```

在图形窗口中显示生成的对数谱，如图 8-7 所示。

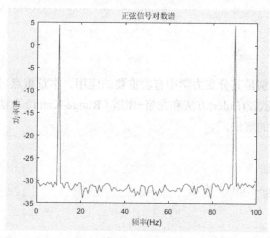

图 8-7　对数谱

第9章
微分方程

内容指南

微分方程在物理学特别是其分支力学中有着重要的应用，本章重点对常微分方程的常用数值解法进行介绍，主要包括欧拉(Euler)方法和龙格-库塔（Runge-Kutta）方法等，同时还将介绍 PDE 模型的创建、偏微分方程的解法。

知识重点

- 欧拉（Euler）方法
- 龙格-库塔（Runge-Kutta）方法
- PDE 模型方法
- 偏微分方程

9.1　欧拉方法

如果在一个微分方程中出现的未知函数只含一个自变量，这个方程就叫作常微分方程，也可以简单地叫作微分方程。下面讲解如何通过欧拉方法求解常微分方程。

从积分曲线的几何解释出发，可推导出欧拉公式 $y_{n+1} = y_n + hf(x_n, y_n)$。MATLAB 没有专门的使用欧拉方法进行常微分方程求解的函数，下面是根据欧拉公式编写的 M 函数文件。

```
function [x,y]=euler(f,x0,y0,xf,h)
n=fix((xf-x0)/h);
y(1)=y0;
x(1)=x0;
for i=1:n
    x(i+1)=x0+i*h;
    y(i+1)=y(i)+h*feval(f,x(i),y(i));
end
```

例 9-1：求解初值问题 $\begin{cases} y' = y - \dfrac{2x}{y} \\ y(0) = 1 \end{cases}$ $(0 < x < 1)$。

解：首先，将方程建立成一个 M 文件。

```
function f=f(x,y)
f=y-2*x/y;
```

在命令行窗口中，输入以下命令。

```
>> [x,y]=euler('f',0,1,1,0.1)
x =
          0    0.1000    0.2000    0.3000    0.4000    0.5000    0.6000    0.7000
  0.8000    0.9000    1.0000
y =
     1.0000    1.1000    1.1918    1.2774    1.3582    1.4351    1.5090    1.5803
  1.6498    1.7178    1.7848
```

为了验证该方法的精度，求出该方程的解析解为 $y=\sqrt{1+2x}$。在 MATLAB 中求解的命令如下。

```
>> y1=(1+2*x).^0.5
y1 =
     1.0000    1.0954    1.1832    1.2649    1.3416    1.4142    1.4832    1.5492
  1.6125    1.6733    1.7321
```

通过图像来显示精度的命令如下。

```
>> plot(x,y,x,y1,'--')
```

图像如图 9-1 所示。

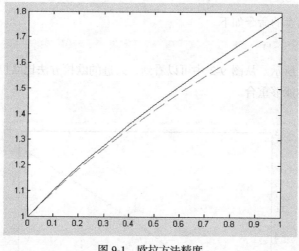

图 9-1　欧拉方法精度

从图 9-1 可以看出，欧拉方法的精度还不够高。

为了提高精度，建立了一个预测-校正系统，也就是所谓的改进的欧拉公式，如下所示。

$$y_p = y_n + hf(x_n, y_n)$$
$$y_c = y_n + hf(x_{n+1}, y_n)$$
$$y_{n+1} = \frac{1}{2}(y_p + y_c)$$

利用改进的欧拉公式，可以编写以下 M 函数文件。

```
function [x,y]=adeuler(f,x0,y0,xf,h)
n=fix((xf-x0)/h);
x(1)=x0;
y(1)=y0;
for i=1:n
    x(i+1)=x0+h*i;
```

```
    yp=y(i)+h*feval(f,x(i),y(i));
    yc=y(i)+h*feval(f,x(i+1),yp);
    y(i+1)=(yp+yc)/2;
end
```

例 9-2：求解初值问题 $\begin{cases} y' = y - \dfrac{2x}{y} \\ y(0) = 1 \end{cases}$ $(0 < x < 1)$ 。

解：MATLAB 程序如下。

```
>> [x,y]=adeuler('f',0,1,1,0.1)
x =
         0    0.1000    0.2000    0.3000    0.4000    0.5000    0.6000    0.7000
0.8000    0.9000    1.0000
y =
    1.0000    1.0959    1.1841    1.2662    1.3434    1.4164    1.4860    1.5525
1.6165    1.6782    1.7379
>> y1=(1+2*x).^0.5
y1 =
    1.0000    1.0954    1.1832    1.2649    1.3416    1.4142    1.4832    1.5492
1.6125    1.6733    1.7321
```

通过图像来显示精度的命令如下。

```
>> plot(x,y,x,y1,'--')
```

结果图像如图 9-2 所示。从图 9-2 中可以看到，改进的欧拉方法比欧拉方法要优秀，数值解曲线和解析解曲线基本能够重合。

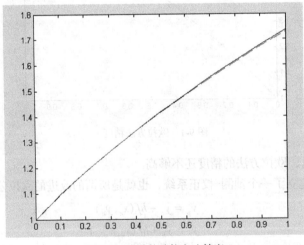

图 9-2　改进的欧拉方法精度

9.2　龙格-库塔方法

龙格-库塔方法是求解常微分方程的经典方法，MATLAB 提供了多个采用了该方法的函数命令，见表 9-1。

表 9-1   RungeKutta 命令

命　　令	说　　明
ode23	二阶、三阶 R-K 函数，求解非刚性微分方程的低阶方法
ode45	四阶、五阶 R-K 函数，求解非刚性微分方程的中阶方法
ode113	求解更高阶或大的标量计算
ode15s	采用多步法求解刚性方程，精度较低
ode23s	采用单步法求解刚性方程，速度比较快
ode23t	用于解决难度适中的问题
ode23tb	用于解决难度较大的问题，对于系统中存在常量矩阵的情况很有用
ode15i	用于解决完全隐式问题 $f(t,y,y')=0$ 和微分指数为 1 的微分代数方程

9.2.1　龙格-库塔方法

一般来说，除"ode 14x"之外的所有固定步长求解器都按下式计算下一时间步：

$$X(n+1) = X(n) + hdX(n)$$

其中，X 是状态，h 是步长大小（较小的步长会提高准确性，但也会增加仿真时间），dX 是状态导数。d$X(n)$ 是基于方法阶数、通过一次或多次导数计算得出的。

利用 solver 函数选择在仿真或代码生成期间用于计算模型状态的求解器，可选类型包括固定步长求解器、可变步长求解器。最佳求解器会在可接受的准确度与最短仿真时间之间取得平衡。

odese 函数为 ODE 和 PDE 求解器创建或修改 options 结构体，其调用格式见表 9-2。

表 9-2   odese 调用格式

调 用 格 式	说　　明
options = odeset('name',value,…)	创建一个参数结构，对指定的参数名进行设置，未设置的参数将使用默认值
options = odeset(oldopts,'name',value,…)	对已有的参数结构 oldopts 进行修改
options = odeset(oldopts,newopts)	将已有参数结构 oldopts 完整转换为 newopts
odeset	显示所有参数的可能值与默认值

options 具体的设置参数见表 9-3。

表 9-3   设置参数

参　　数	说　　明
RelTol	求解方程允许的相对误差
AbsTol	求解方程允许的绝对误差
'NormControl'	根据范数控制误差
'NonNegative'	非负解分量
'OutputFcn'	一个带有输入函数名的字符串，将在求解函数的每一步被调用：odephas2（二维相位图）、odephas3（三维相位图）、odeplot（解图形）、odeprint（中间结果）
'OutputSel'	输出函数的分量选择，整型变量，定义应传递的元素，尤其是传递给 OutputFcn 的元素
Refine	与输入点相乘的因子
'Stats'	求解器统计信息，包含'Stats'以及'on'或'off'。若为 "on"，统计并显示计算过程中的资源消耗

参 数	说 明
MaxStep	定义算法使用的区间长度上限
InitialStep	定义初始步长，若给定区间太大，算法就使用一个较小的步长
'Events'	事件函数，若 ODE 文件中带有参数 "events"，设置为 "on"
Jacobian	若要编写 ODE 文件返回 dF/dy，设置为 "on"
Jconstant	若 dF/dy 为常量，设置为 "on"
Jpattern	若要编写 ODE 文件返回带零的稀疏矩阵并输出 dF/dy，设置为 "on"
Vectorized	若要编写 ODE 文件返回[F(t,y1) F(t,y2)…]，设置为 "on"
Mass	若要编写 ODE 文件返回 M 和 M(t)，设置为 "on"
'MStateDependence'	质量矩阵的状态依赖性，可设置为'weak'（默认）、'none'、'strong'
'MvPattern'	质量矩阵的稀疏模式
'MassSingular'	奇异质量矩阵切换，可设置为'maybe'（默认）、'yes'、'no'
'InitialSlope'	致初始斜率
MassConstant	若矩阵 $M(t)$ 为常量，设置为 "on"
MaxOrder	定义 ode15s 的最高阶数，应为 1 到 5 的整数
BDF	若要倒推微分公式，设置为 "on"，仅供 ode15s

ODE 求解器都可以解算 $y' = f(t, y)$ 形式的方程组，或涉及质量矩阵 $M(t, y)y' = f(t, y)$ 的问题。

ode23 函数求解非刚性微分方程-低阶方法，其调用格式见表 9-4。

表 9-4   ode23 调用格式

调 用 格 式	说 明
[t,y] = ode23(odefun,tspan,y0)	求微分方程组 $y' = f(t, y)$ 从 t_0 到 t_f 的积分，odefun 是要求解的函数或函数句柄，初始条件为 y0，其中积分区间 tspan = $[t_0 \ t_f]$，t 为求值点，y 是与 t 对应的解
[t,y] = ode23(odefun,tspan,y0,options)	使用由 options（使用 odeset 函数创建的参数）定义的积分设置
[t,y,te,ye,ie] = ode23(odefun,tspan,y0,options)	求(t,y)函数（称为事件函数）在何处为零。在输出中，te 是事件的时间，ye 是事件发生时的解，ie 是触发的事件的索引
sol = ode23(…)	返回结构体 sol，将该结构体与 deval 结合使用来计算区间[$t_0 \ t_f$]中任意点位置的解

对于每个事件函数，应指定积分是否在零点处终止以及过零方向是否重要。

例 9-3：求解 $y' = 2t$ 的节点。

解：MATLAB 程序如下。

```
>> tspan = [0 5];
>> y0 = 0;
>> [t,y] = ode23(@(t,y) 2*t, tspan, y0);
>> plot(t,y,'-o')    % 数值解曲线
```

微分方程的解如图 9-3 所示。观察发现，数值解和解析解的曲线完全重合。

例 9-4：某厂房容积为 45m×15 m×6m。经测定，空气中含有 0.2%的二氧化碳。开动通风设备，以 360 m^3/s 的速度输入含有 0.05%二氧化碳的新鲜空气，同时又排出同等数量的室内空气。问 30min 后室内二氧化碳的。

解：设在时刻 t 车间内二氧化碳的浓度为 $x(t)\%$，时间经过 dt 之后，室内二氧化碳浓度改变量为 $45×15×6×dx\% = 360×0.05\%×dt - 360× x\%×dt$，得到

$$\begin{cases} dx = \dfrac{4}{45}(0.05 - x)dt \\ x(0) = 0.2 \end{cases}$$

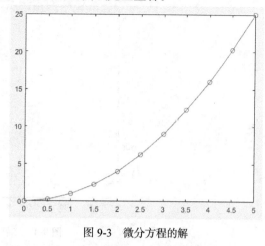

图 9-3　微分方程的解

首先创建 M 文件。

```
function co2=co2(t,x)
co2=4*(0.05-x)/45;
```

在命令行窗口中输入以下命令。

```
>> [t,x]=ode45('co2',[0,1800],0.2)
>> plot(t,x)
t =
  1.0e+003 *
        0
   0.0008
   0.0015
   0.0023
   0.0030
   0.0054
   ......
   1.7793
   1.7897
   1.8000
x =
   0.2000
   0.1903
   0.1812
   0.1727
   0.1647
   0.1424
   ......
   0.0500
   0.0500
   0.0500
```

可以得到，在 30min（1800s）之后，室内二氧化碳浓度为 0.05%。二氧化碳的浓度变化如图 9-4 所示。

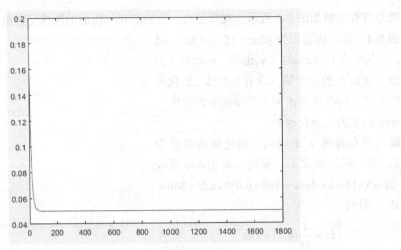

图 9-4　二氧化碳浓度的变化

例 9-5：利用龙格-库塔方法对 $y' = -\lambda y$、$\lambda = 1000$ 方程进行求解。

解：MATLAB 程序如下。

```
>> opts = odeset('Stats','on');
>> tspan = [0 2];
>> y0 = 1;
>> lambda = 1e3;
>> subplot(1,2,1)
>> disp('ode45 stats:')
ode45 stats:
>> tic, ode45(@(t,y) -lambda*y, tspan, y0, opts), toc
615 个成功步骤
35 次失败尝试
3901 次函数计算
时间已过 2.536693 秒
>> title('ode45')                    %显视图标题'ode45'
>> subplot(1,2,2)
>> disp(' ')
>> disp('ode23 stats:')
ode23 stats:
>> tic, ode23(@(t,y) -lambda*y, tspan, y0, opts), toc
822 个成功步骤
2 次失败尝试
2473 次函数计算
时间已过 0.533064 秒
>> title('ode23')                    %显视图标题'ode23'
```

从结果和图 9-5 中可以看到，ode23 的执行速度略快于 ode45，失败的步骤也更少。ode45 和 ode23 针对这个问题采取的步长受到等式稳定性要求的限制，而不是精度的限制。由于 ode23 所采取的步骤比 ode45 更简捷，所以 ode23 求解器执行得更快，即使它采取的步骤更多。

例 9-6：在[0，12]内求解下列方程。

$$\begin{cases} y'_1 = y_2 y_3 & y_1(0) = 0 \\ y'_2 = -y_1 y_3 & y_2(0) = 1 \\ y'_3 = -0.51 y_1 y_2 & y_3(0) = 1 \end{cases}$$

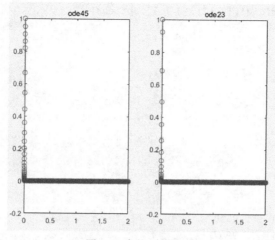

图 9-5　龙格-库塔方法

解：首先，创建要求解的方程的 M 文件。

```
function dy = rigid(t,y)
dy = zeros(3,1);
dy(1) = y(2) * y(3);
dy(2) = -y(1) * y(3);
dy(3) = -0.51 * y(1) * y(2);
```

对计算用的误差限进行设置，然后进行方程计算。

```
>> options = odeset('RelTol',1e-4,'AbsTol',[1e-4 1e-4 1e-5])
options =
            AbsTol: [1.0000e-004 1.0000e-004 1.0000e-005]
               BDF: []
            Events: []
       InitialStep: []
          Jacobian: []
         JConstant: []
          JPattern: []
              Mass: []
      MassConstant: []
      MassSingular: []
          MaxOrder: []
           MaxStep: []
       NonNegative: []
       NormControl: []
         OutputFcn: []
         OutputSel: []
            Refine: []
            RelTol: 1.0000e-004
             Stats: []
        Vectorized: []
   MStateDependence: []
         MvPattern: []
       InitialSlope: []
```

```
>> [T,Y] = ode45('rigid',[0 12],[0 1 1],options)
T =
         0
    0.0317
    0.0634
    0.0951
    ......
   11.7710
   11.8473
   11.9237
   12.0000
Y =
         0    1.0000    1.0000
    0.0317    0.9995    0.9997
    0.0633    0.9980    0.9990
    0.0949    0.9955    0.9977
    ......
   -0.5472   -0.8373    0.9207
   -0.6041   -0.7972    0.9024
   -0.6570   -0.7542    0.8833
   -0.7058   -0.7087    0.8639
>> plot(T,Y(:,1),'-',T,Y(:,2),'-.',T,Y(:,3),'.')
```

结果图像如图 9-6 所示。

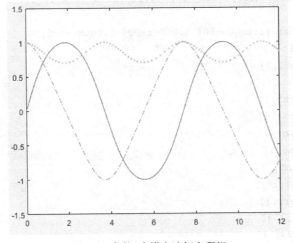

图 9-6　龙格-库塔方法解方程组

9.2.2　龙格-库塔（Runge-Kutta）方法解刚性问题

在求解常微分方程组时，经常出现解的分量数量级别差别很大的情形，给数值求解带来很大的困难。这种问题称为刚性问题，常见于化学反应、自动控制等领域中。下面介绍如何对刚性问题进行求解。

例 9-7：求解方程 $y''+1000(y^2-1)y'+y=0$，初值为 $y(0)=2$，$y'(0)=0$。

解：这是一个处在松弛振荡的范德波尔(Van Der Pol)方程。首先要将该方程进行标准化处理，

令 $y_1 = y, y_2 = y'$，有

$$\begin{cases} y_1' = y_2 & y_1(0) = 2 \\ y_2' = 1000(1 - y_1^2)y_2 - y_1 & y_2(0) = 0 \end{cases}$$

然后建立该方程组的 M 文件。

```
function dy = vdp1000(t,y)
dy = zeros(2,1);
dy(1) = y(2);
dy(2) =1000*(1 - y(1)^2)*y(2) - y(1);
```

使用 ode15s 函数进行求解。

```
>> [T,Y] = ode15s(@vdp1000,[0 3000],[2 0]);
>> plot(T,Y(:,1),'-o')
```

方程的解如图 9-7 所示。

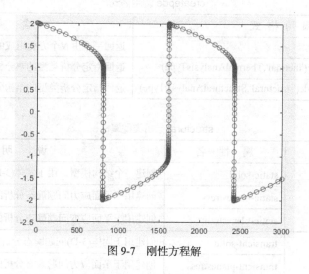

图 9-7 刚性方程解

9.3 PDE 模型方法

在利用 MATLAB 求解偏微分方程时，利用 PDE 模型函数，PDEModel 对象包含有关 PDE 问题的信息：方程数量、几何形状、网格和边界条件。

系统自带的 PDEModel 对象文件保存在 "D:\Program Files\Polyspace\R2020a\toolbox\pde" 下。PDEModel 对象函数见表 9-5。

表 9-5 PDEModel 对象函数

函 数 名 称	函 数 说 明
applyBoundaryCondition	将边界条件添加到 PDEModel 容器中
generateMesh	生成三角形或四面体网格
geometryFromEdges	创建二维几何图形
geometryFromMesh	从网格创建几何图形
importGeometry	从 STL 数据导入几何图形

函 数 名 称	函 数 说 明
SetInitialConditions	给出初始条件或初始解
specifyCoefficients	指定 PDE 模型中的特定系数
solvepde	在数据模型中指定的数据
solvepdeeig	求解 PDEModel 中指定的 PDE 特征值问题

9.3.1　PDE 模型函数

通过 createpde 函数创建模型，createpde 函数的调用格式见表 9-6，structural 分析类型属性见表 9-7。

表 9-6　　　　　　　　　　　createpde 调用格式

调 用 格 式	含　义
model = createpde(N)	返回一个由 N 个方程组成的系统的 PDE 模型对象
thermalmodel = createpde('thermal',ThermalAnalysisType)	返回指定分析类型的热分析模型
structuralmodel = createpde('structural',StructuralAnalysisType)	返回指定分析类型的结构分析模型

表 9-7　　　　　　　　　　　structural 分析类型属性

	属 性 名	说　明
static analysis 静态分析	static-solid	创建一个结构模型，用于实体(3-D)问题的静态分析
	static-planestress	创建用于平面应力问题静态分析的结构模型
	static-planestrain	创建用于平面应变问题静态分析的结构模型
transient analysis 瞬态分析	transient-solid	创建用于固体(3-D)问题瞬态分析的结构模型
	transient-planestress	创建用于平面应力问题瞬态分析的结构模型
	transient-planestrain	为平面应变问题的瞬态分析创建结构模型
model-solid 模态分析	model-solid	创建用于实体(3-D)问题模态分析的结构模型
	model-planestress	创建用于平面应力问题模态分析的结构模型
	model-planestrain	创建用于平面应变问题模态分析的结构模型

例 9-8：为 3 个方程组成的系统创建一个 PDE 模型。

解：在命令行窗口输入下面命令。

```
>> model = createpde(3)
model =
  PDEModel - 属性:
            PDESystemSize: 3
          IsTimeDependent: 0
                 Geometry: []
    EquationCoefficients: []
      BoundaryConditions: []
       InitialConditions: []
                     Mesh: []
            SolverOptions: [1×1 PDESolverOptions]
```

例 9-9：创建用于求解平面应变(2-D)问题的模态分析结构模型。

解：在命令行窗口输入下面命令。

```
>> modalStructural = createpde('structural','modal-planestrain')
modalStructural =
  StructuralModel - 属性:
           AnalysisType: 'modal-planestrain'
               Geometry: []
     MaterialProperties: []
     BoundaryConditions: []
  SuperelementInterfaces: []
                   Mesh: []
          SolverOptions: [1x1 pde.PDESolverOptions]
```

9.3.2 网格图

本节介绍导入几何模型，创建网格数据的相关内容。

1. generateMesh 函数

通过 generateMesh 函数将几何图形创建为三角形或四面体网格，generateMesh 函数的调用格式见表 9-8。

表 9-8 generateMesh 调用格式

调 用 格 式	说 明
generateMesh(model)	创建网格并将其存储在模型对象中。模型必须包含几何图形。其中 model 可以是一个分解几何矩阵，还可以是 M 文件
generateMesh(model,Name,Value)	在上面命令功能的基础上加上属性设置，表 9-9 给出了属性名及相应的属性值
mesh = generateMesh(…)	前面的任何语法将网格返回 MATLAB 工作区

表 9-9 generateMesh 属性

属 性 名	属 性 值	默 认 值	说 明
'Hgrad'	数值[1,2]	1.5	网格增长率
Hmax	数值	估计值	边界的最大尺寸
Hgrad	数值	1.3	网格增长比率

2. pdeplot 函数

在得到网格数据后，可以利用 pdeplot 函数来绘制三角形网格图。

pdeplot 函数的调用格式见表 9-10。

表 9-10 pdeplot 调用格式

调 用 格 式	含 义
pdeplot(model,'XYData',results.NodalSolution)	使用默认的 "jet" 颜色图将节点位置的模型解决方案绘制彩色表面图
pdeplot(model,'XYData',results.Temperature,'ColorMap','hot')	绘制二维热分析模型节点位置的温度，使用默认的 "jet" 颜色图绘制彩色表面图
pdeplot(model,'XYData',results.VonMisesStress,'Deformation',results.Displacement)	绘制冯米塞斯应力，并显示二维结构分析模型的变形形状

调 用 格 式	含 义
pdeplot(model,'XYData', results.ModeShapes.ux)	绘制二维结构模态分析模型的模态位移的 x 分量
pdeplot (model)	绘制模型中指定的网格
pdeplot (mesh)	绘制定义为 PDEModel 类型的二维模型对象的网格属性的网格
pdeplot (nodes,elements)	绘制由节点和元素定义的二维网格
pdeplot (model,u)	用网格图绘制模型或三角形数据 u，仅适用于二维几何图形
pdeplot (⋯，Name，Value)	通过参数来绘制网格
pdeplot (p,e,t)	绘制由网格数据 p、e、t 指定的网格图
h= pdeplot ()	绘制由网格数据，并返回一个轴对象句柄

例 9-10：方形梁的网格图形。

解：在命令行窗口输入下面命令。

```
>> model = createpde(1);
>> importGeometry(model,'PlateHoleSolid.stl');
>> pdegplot(model,'FaceLabels','on','FaceAlpha',0.5)    %查看面标签
```

运行结果如图 9-8 所示。

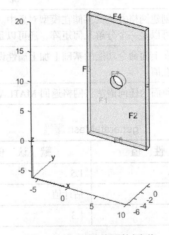

图 9-8　方形梁的网格图形

例 9-11：绘制热传导网格图。

解：在命令行窗口输入下面命令。

```
>> thermalmodel = createpde('thermal','transient');    %创建热传导模型
>> SQ1 = [3; 4; 0; 3; 3; 0; 0; 0; 3; 3];
>> D1 = [2; 4; 0.5; 1.5; 2.5; 1.5; 1.5; 0.5; 1.5; 2.5];
>> gd = [SQ1 D1];
>> sf = 'SQ1+D1';
>> ns = char('SQ1','D1');
>> ns = ns';
>> dl = decsg(gd,sf,ns);
>> geometryFromEdges(thermalmodel,dl);
>> pdegplot(thermalmodel,'EdgeLabels','on','FaceLabels','on')
```

```
>> xlim([-1.5 4.5])
>> ylim([-0.5 3.5])
>> axis equal
```

运行结果如图 9-9 所示。

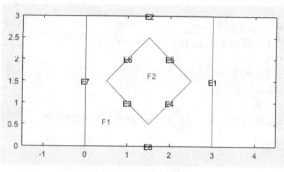

图 9-9 热传导网格图

3. pdeplot3D 函数

在得到网格数据后，可以利用 pdeplot3D 函数来绘制三维网格图。

pdeplot3D 函数的调用格式见表 9-11。

表 9-11   pdeplot3D 调用格式

调 用 格 式	含 义
pdeplot3D(model,'ColorMapData',results. NodalSolution)	将节点位置处的解绘制为模型中指定的三维几何图形表面上的颜色
pdeplot3D(model,'ColorMapData',results. Temperature)	绘制三维热分析模型节点位置的温度
pdeplot3D(model,'ColorMapData',results. VonMisesStress,'Deformation',results. Displacement)	绘制冯米塞斯应力，并显示三维结构分析模型的变形形状
pdeplot3D (model)	绘制模型中指定的三维模型网格
pdeplot3D (mesh)	绘制定义为 PDEModel 类型的三维模型对象的网格属性的网格
pdeplot3D (nodes,elements)	绘制出节点和元素定义的三维网格图
pdeplot3D (···,Name,Value)	通过参数来绘制三维网格
h= pdeplot3D (···)	绘制由网格数据，并返回一个轴对象句柄

例 9-12：绘制不同网格数的网格图。

解：在命令行窗口输入下面命令。

```
>> model = createpde(1);
>> importGeometry(model,'BracketTwoHoles.stl');
>> generateMesh(model)
ans =
  FEMesh - 属性:
          Nodes: [3×10003 double]
       Elements: [10×5774 double]
   MaxElementSize: 9.7980
   MinElementSize: 4.8990
```

```
    MeshGradation: 1.5000
    GeometricOrder: 'quadratic'
>> subplot(121),pdeplot3D(model),title('默认网格数网格图');
>> generateMesh(model,'Hmax',5)      % 创建目标最大元素大小为 5 的网格，而不是默认的 7.3485
ans =
  FEMesh - 属性:
            Nodes: [3×66965 double]
         Elements: [10×44080 double]
    MaxElementSize: 5
    MinElementSize: 2.5000
    MeshGradation: 1.5000
    GeometricOrder: 'quadratic'
>> subplot(122),pdeplot3D(model), title('网格数为 5 的网格图');
```

运行结果如图 9-10 所示。

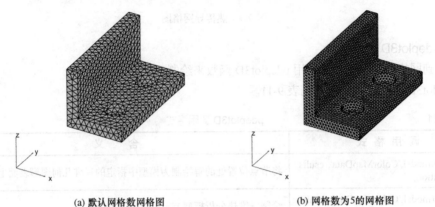

(a) 默认网格数网格图　　　　　　　　　　　　　　　(b) 网格数为5的网格图

图 9-10　网格图

4. pdemesh 函数

在得到网格数据后，可以利用 pdemesh 函数来绘制 pde 网格图。

pdemesh 函数的调用格式见表 9-12。

表 9-12　　　　　　　　　　　　　　　　pdemesh 调用格式

调 用 格 式	含 义
pdemesh(model)	绘制包含在 PDEModel 类型的二维或三维模型对象中的网格
pdemesh(mesh)	绘制定义为 PDEModel 类型的二维或三维模型对象的网格属性的网格
pdemesh(nodes,elements)	绘制由节点和元素定义的网格
pdemesh(model,u)	用网格图绘制模型或三角形数据 u，仅适用于二维几何图形
pdemesh (…,Name,Value)	通过参数来绘制网格
pdemesh(p,e,t)	绘制由网格数据 p、e、t 指定的网格图
pdemesh(p,e,t,u)	用网格图绘制节点或三角形数据 u。若 u 是列向量，则组装节点数据；若 u 是行向量，则组装三角形数据
h= pdemesh(…)	绘制由网格数据，并返回一个轴对象句柄

例 9-13：绘制 L 形模的网格图。

解：在命令行窗口输入下面命令。

```
>> model = createpde;
>> geometryFromEdges(model,@lshapeg);   %  初始化网格数据
>> mesh=generateMesh(model);
>> subplot(2,3,1),p1=pdemesh(model);
>> title('模型网格图');        %使用模型绘制初始网格图,如图 9-11(a)所示
>> subplot(2,3,2),pdemesh(mesh),title('网格数据网格图')% 使用网格数据绘制网格图,如图 9-11
(b)所示
>> subplot(2,3,3),pdemesh(mesh.Nodes,mesh.Elements),title('元素节点网格图')  %使用网
格的节点和元素,如图 9-11(c)所示
>> subplot(2,3,4),pdemesh(model,'NodeLabels','on'),title('节点网格图')      %显示节点标
签,如图 9-11(d)所示
>> xlim([-0.4,0.4])
>> ylim([-0.4,0.4])        % 放大特定节点,如图 9-11(e)所示
>> subplot(2,3,5),pdemesh(model,'ElementLabels','on') ,title('元素网格图')       % 显示
元素标签,如图 9-11(f)所示
>> xlim([-0.4,0.4])
>> ylim([-0.4,0.4])   % 放大特定元素,如图 9-11(g)所示
>>
applyBoundaryCondition(model,'dirichlet','Edge',1:model.Geometry.NumEdges,'u',0);
>> specifyCoefficients(model,'m',0,…
                              'd',0,…
                              'c',1,…
                              'a',0,…
                              'f',1);
>> subplot(2,3,6),generateMesh(model);
>> results = solvepde(model);
>> u = results.NodalSolution;
>>pdemesh(model,u) ,title('边界三角网格图')     % 应用边界条件,指定系数,并求解 PDE,如图 9-11
(h)所示
```

运行结果如图 9-11 所示。

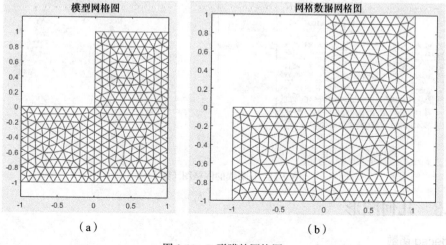

图 9-11　L 形膜的网格图

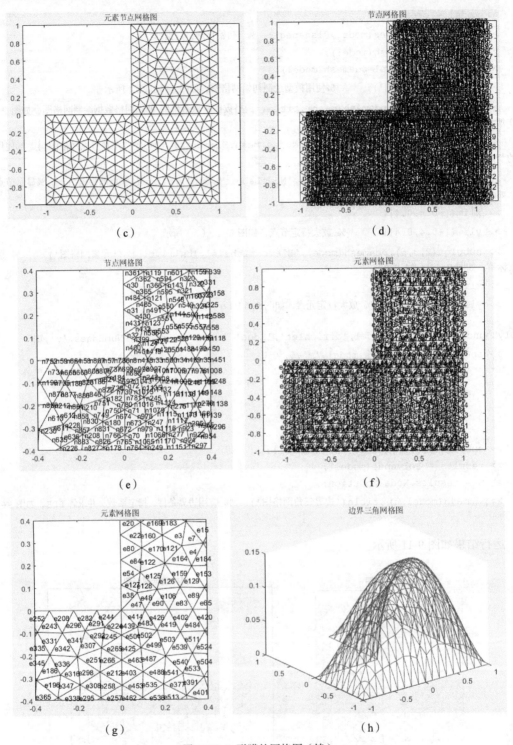

图 9-11　L 形膜的网格图（续）

9.3.3　几何图形

1. decsg 函数

使用 decsg 函数将构造性实体二维几何图形分解成最小区域，该函数的调用格式见表 9-13。

表 9-13　　　　　　　　　　　　　　　　　decsg 调用格式

调 用 格 式	含　　义
dl = decsg(gd,sf,ns)	将几何图形的描述矩阵 **gd** 分解成几何矩阵 **dl**，并返回满足集合公式 **sf** 的最小区域。名称空间矩阵 **ns** 是一个文本矩阵，它将 **gd** 中的列与 **sf** 中的变量名相关联
dl = decsg(gd)	返回所有最小区域几何矩阵 **dl**
[dl,bt] = decsg(···)	创建一个将原始形状与最小区域相关联的布尔矩阵。**bt** 中的列对应于 **gd** 中具有相同索引的列。**bt** 中的一行对应于最小区域的索引。可以使用 **bt** 来移除子域之间的边界

2. geometryFromEdges 函数

使用 geometryFromEdges 函数创建二维几何图形，geometryFromEdges 函数的调用格式见表 9-14。

表 9-14　　　　　　　　　　　　　　geometryFromEdges 调用格式

调 用 格 式	含　　义
geometryFromEdges(model,g)	从 g 中的几何文件创建几何图形，并将几何包含在模型文件中
pg = geometryFromEdges(model,g)	将模型文件、几何图形返回到 MATLAB 工作区

例 9-14：绘制分解的实体几何模型。

解：在命令行窗口输入下面命令。

```
>> model = createpde;  %创建 PDE 模型
>> R1 = [3,4,-1,1,1,-1,0.5,0.5,-0.75,-0.75]';% 创建几何图形
>> gm = [R1];
>> sf = 'R1';
>> ns = char('R1');  % 绘制几何图形
>> ns = ns';
>> g = decsg(gm,sf,ns);    % 根据描述矩阵与集合公式，将几何图形分解为最小区域
>> geometryFromEdges(model,g); % 将图形数据导入模型
>> pdegplot(model,'EdgeLabels','on')    %绘制模型文件，显示边缘标签
>> axis equal
>> xlim([-1.1,1.1])
```

运行结果如图 9-12 所示。

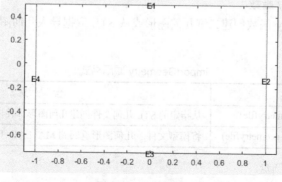

图 9-12　几何模型

3. geometryFromMesh 函数

使用 geometryFromMesh 函数从网格创建几何图形，geometryFromMesh 函数的调用格式见表 9-15。

表 9-15   geometryFromEdges 调用格式

调 用 格 式	含　　义
geometryFromMesh(model,nodes,elements)	在模型中创建几何图形，通过参数设置网格、元素属性。elements 指定为具有 3、4 或 10 行的整数矩阵，以及元素列，其中元素是网格中的元素数量
geometryFromMesh(model,nodes,elements, ElementIDToRegionID)	ElementIDToRegionID 为网格的每个元素指定子域 IDs
[G,mesh] = geometryFromMesh(model,nodes,elements)	将句柄 G 返回到模型中的几何图形

例 9-15：绘制四面体网格模型文件。

解：在命令行窗口输入下面命令。

```
>> load tetmesh   % 加载四面体网格到工作空间中，显示数据 X、tet。
>> nodes = X';     % 输入元素节点值
>> elements = tet';
>> model = createpde();   % 创建模型文件，显示边缘标签
>> geometryFromMesh(model,nodes,elements); % 将带节点、元素信息的图形数据导入模型中
>> pdegplot(model,'EdgeLabels','on')     % 加载四面体网格到工作空间中，显示数据 X、tet。
```

运行结果如图 9-13 所示。

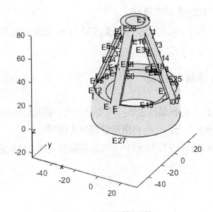

图 9-13　四面体网格

4. importGeometry 函数

使用 importGeometry 函数创建二维几何图形或从 STL 数据导入几何图形，importGeometry 函数的调用格式见表 9-16。

表 9-16   importGeometry 调用格式

调 用 格 式	含　　义
importGeometry(model,geometryfile)	从指定的 STL 几何文件创建几何图形，并将几何包含在模型文件中
gd = importGeometry(model,geometryfile)	将模型文件、几何图形返回到 MATLAB 工作区

例 9-16：绘制柱脚圆盘。

解：在命令行窗口输入下面命令。

```
>> model = createpde;
>> importGeometry (model,'Torus.stl')  % 将图形数据导入模型
>> pdegplot(model,'EdgeLabels','on')    %绘制模型文件
```

运行结果如图 9-14 所示。

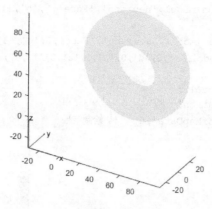

图 9-14　柱脚圆盘

9.3.4　边界条件

本节主要介绍边界条件的设置。边界条件的一般形式如下。

$$hu = r$$
$$n \cdot (c \otimes \nabla u) + qu = g + h'\mu$$

其中，符号 $n \cdot (c \otimes \nabla u)$ 表示 $N \times 1$ 矩阵，其第 i 行元素为

$$\sum_{j=1}^{n} \left(\cos(\alpha)c_{i,j,1,1}\frac{\partial}{\partial x} + \cos(\alpha)c_{i,j,1,2}\frac{\partial}{\partial y} + \sin(\alpha)c_{i,j,2,1}\frac{\partial}{\partial x} + \sin(\alpha)c_{i,j,2,2}\frac{\partial}{\partial y} \right) u_j \, .$$

$n = (\cos\alpha, \sin\alpha)$ 是外法线方向。有 M 个狄利克雷(Dirichlet)条件，且矩阵 h 是 $M \times N$ 型（ $M \geqslant 0$ ）。广义的诺依曼(Neumann)条件包含一个要计算的拉格朗日(Lagrange)乘子 μ 。若 $M = 0$ ，即为诺依曼条件；若 $M = N$ ，即为诺依曼条件；若 $M < N$ ，即为混合边界条件。

使用 applyBoundaryCondition 函数创建边界条件，applyBoundaryCondition 函数的调用格式见表 9-17。

表 9-17　　　　　　　　　　　　applyBoundaryCondition 调用格式

调 用 格 式	含　　义
applyBoundaryCondition(model,'dirichlet',RegionType, RegionID,Name,Value)	向模型中添加了一个 Dirichlet 边界条件
applyBoundaryCondition(model,'neumann', RegionType,RegionID,Name,Value)	将 Neumann 边界条件添加到模型中
applyBoundaryCondition(model,'mixed', RegionType,RegionID,Name,Value)	为 PDE 系统中的每个方程添加一个单独的边界条件
bc = applyBoundaryCondition(⋯)	返回边界条件对象

例 9-17：带孔薄板的不同边界条件的网格图。

解：在命令行窗口输入下面命令。

```
>> model = createpde(1);
>> importGeometry(model,'PlateHoleSolid.stl');
>> pdegplot(model,'FaceLabels','on','FaceAlpha',0.5)   %查看面标签
```

```
>> applyBoundaryCondition(model,'dirichlet','Face',1:4,'u',0); %在标记为 1 到 4 的窄面上
设置零 Dirichlet 边界条件
    >> applyBoundaryCondition(model,'neumann','Face',5,'g',1);% 在面 5 和面 6 上设置符号相反
的 Neumann 边界条件。
    >> applyBoundaryCondition(model,'neumann','Face',6,'g',-1);
    >> specifyCoefficients(model,'m',0,'d',0,'c',1,'a',0,'f',0); %设置 PDE 模型表示的微分方程系数
    >> generateMesh(model);
    >> results = solvepde(model);
    >> u = results.NodalSolution;
    >> pdeplot3D(model,'ColorMapData',u)    % 绘制结果
```

运行结果如图 9-15 所示。

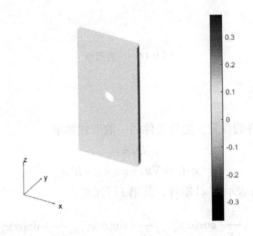

图 9-15　不同边界条件的网格图

9.4　偏微分方程

偏微分方程（PDE）在 19 世纪得到迅速发展，那时的许多数学家都对数学、物理问题的解决做出了贡献。到现在，偏微分方程已经是工程及理论研究不可或缺的数学工具（尤其是在物理学中），因此解偏微分方程也成了工程计算中的一部分。本节主要讲述如何利用 MATLAB 来求解一些常用的偏微分方程问题。

9.4.1　偏微分方程介绍

为了更加清楚地讲述下面几节，先对偏微分方程进行一个简单的介绍。MATLAB 可以求解的偏微分方程类型有以下几种。

- 椭圆型

$$-\nabla \cdot (c\nabla u) + au = f$$

其中，$u = u(x,y)$, $(x,y) \in \Omega$，Ω 是平面上的有界区域；c、a、f 是标量复函数形式的系数。

- 抛物线型

$$\mathrm{d}\frac{\partial u}{\partial t} - \nabla \cdot (c\nabla u) + au = f$$

其中，$u = u(x, y)$，$(x, y) \in \Omega$，Ω 是平面上的有界区域；c、a、f、d 是标量复函数形式的系数。

- 双曲线型

$$\mathrm{d}\frac{\partial^2 u}{\partial t^2} - \nabla \cdot (c\nabla u) + au = f$$

其中，$u = u(x, y)$，$(x, y) \in \Omega$，Ω 是平面上的有界区域；c、a、f、d 是标量复函数形式的系数。

- 特征值方程

$$-\nabla \cdot (c\nabla u) + au = \lambda \mathrm{d}u$$

其中，$u = u(x, y)$，$(x, y) \in \Omega$，Ω 是平面上的有界区域；λ 是待求特征值；c、a、f、d 是标量复函数形式的系数。

- 非线性椭圆型

$$-\nabla \cdot (c(u)\nabla u) + a(u)u = f(u)$$

其中，$u = u(x, y)$，$(x, y) \in \Omega$，Ω 是平面上的有界区域；c、a、f 是关于 u 的函数。

此外，MATLAB 还可以求解下面形式的偏微分方程组。

$$\begin{cases} -\nabla \cdot (c_{11}\nabla u_1) - \nabla \cdot (c_{12}\nabla u_2) + a_{11}u_1 + a_{12}u_2 = f_1 \\ -\nabla \cdot (c_{21}\nabla u_1) - \nabla \cdot (c_{22}\nabla u_2) + a_{21}u_1 + a_{22}u_2 = f_2 \end{cases}$$

边界条件是解偏微分方程所不可缺少的，常用的边界条件有以下几种。

- 狄利克雷（Dirichlet）边界条件：$hu = r$。
- 诺依曼（Neumann）边界条件：$n \cdot (c\nabla u) + qu = g$。

其中，n 为边界 $(\partial\Omega)$ 外法向单位向量；g，q、h、r 是在边界 $(\partial\Omega)$ 上定义的函数。

在有的偏微分参考书中，狄利克雷边界条件也称为第一类边界条件，诺依曼边界条件也称为第三类边界条件，如果 $q=0$，则称为第二类边界条件。对于特征值问题仅限于齐次条件：$g=0$，$r=0$；对于非线性情况，系数 g、q、h、r 可以与 u 有关；对于抛物型与双曲型偏微分方程，系数可以是关于 t 的函数。

对于偏微分方程组，狄利克雷边界条件如下。

$$\begin{cases} h_{11}u_1 + h_{12}u_2 = r_1 \\ h_{21}u_1 + h_{22}u_2 - r_2 \end{cases}$$

诺依曼边界条件如下。

$$\begin{cases} n \cdot (c_{11}\nabla u_1) + n \cdot (c_{12}\nabla u_2) + q_{11}u_1 + q_{12}u_2 = g_1 \\ n \cdot (c_{21}\nabla u_1) + n \cdot (c_{22}\nabla u_2) + q_{21}u_1 + q_{22}u_2 = g_2 \end{cases}$$

混合边界条件如下。

$$\begin{cases} n \cdot (c_{11}\nabla u_1) + n \cdot (c_{12}\nabla u_2) + q_{11}u_1 + q_{12}u_2 = g_1 + h_{11}\mu \\ n \cdot (c_{21}\nabla u_1) + n \cdot (c_{22}\nabla u_2) + q_{21}u_1 + q_{22}u_2 = g_2 + h_{21}\mu \end{cases}$$

其中，μ 的计算要使得狄利克雷条件满足。

9.4.2　偏微分方程求解

对于不同类型的偏微分方程或方程组，均可使用函数 solvepde 来求解一个数据模型中指定的数据，函数 solvepde 的调用格式见表 9-18。

表 9-18　　　　　　　　　　　　　　　　solvepde 调用格式

调 用 格 式	含 义
result = solvepde(model)	将解返回到模型中
result = solvepde(model,tlist)	将解决方案返回到时间列表中模型中表示的时间相关 PDE

例 9-18：在几何区域 $-1.1 \leq y \leq 1.1$ 上，满足狄利克雷边界条件 u=0，求方程 $-\nabla \cdot \nabla u = 1$ 的解。

解：MATLAB 程序如下。

```
>> model = createpde();
>> geometryFromEdges(model,@squareg);  %初始化网格，其中 squareg 为 MATLAB 偏微分方程工具箱
中自带的正方形区域 M 文件
>> pdegplot(model,'EdgeLabels','on')    % 绘制模型对象，显示边缘标签
>>  applyBoundaryCondition(model,'dirichlet','Edge',1:model.Geometry.NumEdges,'u',0);
% 在模型所有边上设置零狄利克雷边界条件。
>> specifyCoefficients(model,'m',0,…
'd',0,…
'c',1,…
'a',0,…
'f',1);
>> generateMesh(model,'Hmax',0.25);     % 创建模型的网格图，设置边界的最大尺寸为 0.25
>> u0=@(location) -1.1<=location.y<=1.1;
>> setInitialConditions(model,u0);      %设置初始条件
>> results = solvepde(model);           %求解 pde 模型中指定的偏微分方程
>> u=results.NodalSolution;             %求节点处的解
>> pdeplot(model,'XYData',u,'ZData',u)  %绘制节点解的图形
>> hold on                              %保留当前图窗中的绘图
>> pdemesh(model,u)                     %绘制节点解的网格图
>> title('解的网格表面图')
```

所得图形如图 9-16 所示。

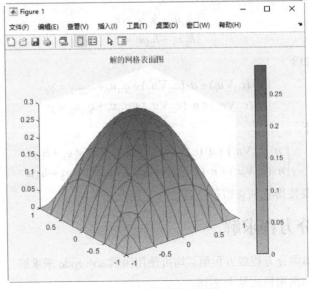

图 9-16　解的网格表面图

注意：

在边界条件的表达式和偏微分方程的系数中，符号 t 用来表示时间；变量 t 通常用来存储网格的三角矩阵。事实上，可以用任何变量来存储三角矩阵，但在偏微分方程工具箱的表达式中，t 总是表示时间。

使用函数 solvepdeeig 来求解偏微分方程或方程组指定的 PDE 特征值问题，函数 solvepdeeig 的调用格式见表 9-19。

表 9-19 　　　　　　　　　　　　　solvepdeeig 调用格式

调 用 格 式	含 义
result = solvepdeeig (model,evr)	解决模型中的 PDE 特征值问题，evr 表示范围中的特征值

例 9-19：在四面体区域上，计算 $-\Delta u = \lambda u$ 小于 100 的特征值及其对应的特征模态，并在几何边界上绘制特征值的解。

解：MATLAB 程序如下。

```
>> clear
>> r=[-Inf,100];     %区间矩阵
>> model = createpde(3);
>> importGeometry(model,'Tetrahedron.stl');   % 初始化网格，其中 Tetrahedron.stl 为 MATLAB
偏微分方程工具箱 PDE 中自带的四面体区域文件
>> pdegplot(model,'FaceLabels','on')          % 绘制模型文件的几何图形，如图 9-17 所示
```

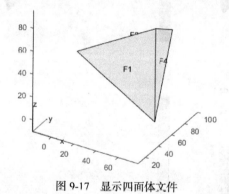

图 9-17　显示四面体文件

```
>> E = 200e9; % 输入钢的弹性模量
>> nu = 0.3; % 输入泊松比
>> specifyCoefficients(model,'m',0,···
                       'd',1,···
                       'c',elasticityC3D(E,nu),···
                       'a',0,···
                       'f',[0;0;0]);      %设置方程系数
>> generateMesh(model);
>> results=solvepdeeig(model,r);  % 在区间范围内求解特征值
            Basis= 10,  Time=   6.72,  New conv eig= 0
            Basis= 11,  Time=   6.80,  New conv eig= 0
            Basis= 12,  Time=   6.83,  New conv eig= 0
            Basis= 13,  Time=   6.91,  New conv eig= 0
            Basis= 14,  Time=   6.97,  New conv eig= 6
```

```
End of sweep: Basis= 14,  Time=  6.97,  New conv eig= 6
              Basis= 16,  Time=  7.53,  New conv eig= 0
End of sweep: Basis= 16,  Time=  7.53,  New conv eig= 0
>> length(results.Eigenvalues)        %返回解个数

ans =
    6
>> V = results.Eigenvectors;
>> subplot(2,2,1)                                      %在几何边界上绘制最低特征值的解，如图 9-18 所示
>> pdeplot3D(model,'ColorMapData',V(:,1,1))
>> title('x Deflection, Mode 1')
>> subplot(2,2,2)
>> pdeplot3D(model,'ColorMapData',V(:,2,1))
>> title('y Deflection, Mode 1')
>> subplot(2,2,3)
>> pdeplot3D(model,'ColorMapData',V(:,3,1))
>> title('z Deflection, Mode 1')
```

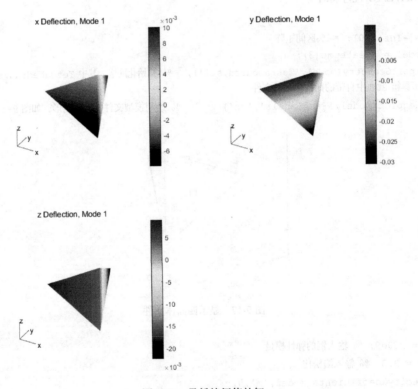

图 9-18   最低特征值的解

```
>> figure                                              %在几何边界上绘制第三个特征值的解，如图 9-19 所示
>> subplot(2,2,1)
>> pdeplot3D(model,'ColorMapData',V(:,1,3))
>> title('x Deflection, Mode 3')
>> subplot(2,2,2)
>> pdeplot3D(model,'ColorMapData',V(:,2,3))
>> title('y Deflection, Mode 3')
>> subplot(2,2,3)
>> pdeplot3D(model,'ColorMapData',V(:,3,3))
>> title('z Deflection, Mode 3')
```

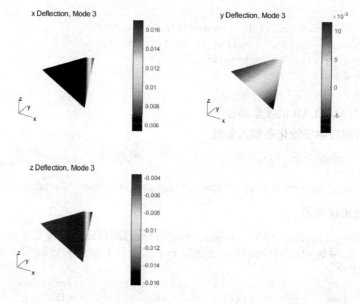

图 9-19 最高特征值的解

9.5 操作实例——带雅克比矩阵的 非线性方程组求解

本节介绍带有稀疏雅克比矩阵的非线性方程组的求解。下面的例子中，问题的维数为 1000。目标是求满足 $F(x) = 0$ 的 x。

设 $n = 1000$，求下列非线性不等式组的解。

$$\begin{cases} F(x) = 3x_1 - 2x_1^2 - 2x_2 + 1 \\ F(i) = 3x_i - 2x_i^2 - x_{i-1} - 2x_{i+1} + 1 \\ F(n) = 3x_n - 2x_n^2 - x_{n-1} + 1 \end{cases}$$

操作步骤如下。

为了求解大型方程组 $F(x) = 0$，可以使用函数 fsolve。

1. 建立目标函数和雅克比矩阵文件

```
function [F,J] = nlsf1(x);
% 这是一个演示函数
% 这个文件包含目标函数和雅克比矩阵
% 函数用来评估向量
n = length(x);
F = zeros(n,1);
i = 2:(n-1);
F(i) = (3-2*x(i)).*x(i)-x(i-1)-2*x(i+1)+ 1;
F(n) = (3-2*x(n)).*x(n)-x(n-1) + 1;
F(1) = (3-2*x(1)).*x(1)-2*x(2) + 1;
% Evaluate the Jacobian if nargout > 1
```

```
if nargout > 1
    d = -4*x + 3*ones(n,1);  D = sparse(1:n,1:n,d,n,n);
    c = -2*ones(n-1,1);  C = sparse(1:n-1,2:n,c,n,n);
    e = -ones(n-1,1);  E = sparse(2:n,1:n-1,e,n,n);
    J = C + D + E;
end
```

将文件保存在 MATLAB 的搜索路径下。

2. 在命令行窗口中初始化各输入参数

```
>> xstart = -ones(1000,1);
>> fun = @nlsf1;
>> options =optimset('Display','iter','LargeScale','on','Jacobian','on');
```

3. 调用函数求解问题

```
>> [x,fval,exitflag,output] = fsolve(fun,xstart,options)    % 使用 options 中指定的优化
```
选项求解非线性方程组，在解 x 处返回目标函数 fun 的值，exitflag 用于描述 fsolve 的退出条件，output 是包含优化过程信息的结构输出

Iteration	Func-count	f(x)	Norm of step	First-order optimality	Trust-region radius
0	1	1011		19	1
1	2	774.963	1	10.5	1
2	3	343.695	2.5	4.63	2.5
3	3	2.93752	5.20302	0.429	6.25
4	5	0.000489408	0.590027	0.0081	13
5	6	1.62688e-11	0.00781347	3.01e-06	13
6	7	6.70321e-26	1.41828e-06	5.85e-13	13

```
Equation solved.

fsolve completed because the vector of function values is near zero
as measured by the value of the function tolerance, and
the problem appears regular as measured by the gradient.
<stopping criteria details>
x =
  -0.5708
  -0.6819
  -0.7025
  -0.7063
......
   0.2478
   0.3358
  -0.1319
  -0.0187
exitflag =
    1
output =
    包含以下字段的 struct:
         iterations: 6
          funcCount: 7
          algorithm: 'trust-region-dogleg'
       firstorderopt: 5.8543e-13
             message: '↵Equation solved.↵↵fsolve completed because the vector of function
values is near zero ↵ as measured by the value of the function tolerance, and ↵ the problem
appears regular as measured by the gradient. ↵↵ <stopping criteria details> ↵↵ Equation
solved. The sum of squared function values, r = 6.703212e-26, is less than↵sqrt(options.
FunctionTolerance) = 1.000000e-03. The relative norm of the gradient of r,↵5.854315e-13,
is less than options.OptimalityTolerance = 1.000000e-06.↵↵'
```

第10章
图形用户界面设计

内容指南

MATLAB 提供了图形用户界面（Graphical User Interface，GUI）的设计功能，用户可以自行设计人机交互界面，以显示各种计算信息、图形、声音等，或提示输入计算所需要的各种参数。

知识重点

- 用户界面概述
- 图形用户界面设计方法
- 控件编程

10.1　用户界面概述

用户界面是用户与计算机进行信息交流的媒介，计算机在屏幕上显示图形和文本。用户通过输入设备与计算机进行通信，设定如何观看和感知计算机操作系统或应用程序。

图形用户界面是由窗口、菜单、图标、光标、按钮、对话框和文本等各种图形对象组成的用户界面。

10.1.1　用户界面对象

1. 控件

控件是显示数据或接收数据输入的相对独立的用户界面元素，常用控件介绍如下。

（1）按钮（Push Button）。按钮是对话框中最常用的控件对象，其特征是在矩形框上加上文字说明。一个按钮代表一种操作，有时也称命令按钮。

（2）双位按钮（Toggle Button）。在矩形框上加上文字说明。双位按钮有两个状态，即按下状态和弹起状态。每单击一次其状态将改变一次。

（3）单选按钮（Radio Button）。单选按钮是一个圆圈加上文字说明。它是一种选择性按钮，当被选中时，圆圈的中心有一个实心的黑点，否则圆圈为空白。在一组单选按钮中，通常只能有一个被选中，如果选中了其中一个，则原来被选中的就不再处于被选中状态，这就像收音机一次只能选中一个电台一样，故称作单选按钮。在有些文献中，该按钮也称作无线电按钮或收音机按钮。

（4）复选框（Check Box）。复选框是一个小方框加上文字说明。它的作用和单选按钮相似，也是一组选择项，被选中的项其小方框中有√。与单选按钮不同的是，复选框一次可以选择多项，这也是"复选框"名字的来由。

（5）列表框（List Box）。列表框列出可供选择的一些选项，当选项很多且列表框装不下时，可使用列表框右端的滚动条进行选择。

（6）弹出框（Pop-up Menu）。弹出框平时只显示当前选项，单击其右端的向下箭头即弹出一个列表框，列出全部选项。其作用与列表框类似。

（7）编辑框（Edit Box）。编辑框可供用户输入数据。编辑框内提供了默认的输入值，用户可以进行修改。

（8）滑动条（Slider）。滑动条可以用图示的方式输入指定范围内的一个数量值。用户可以移动滑动条中间的游标来改变它对应的参数。

（9）静态文本（Static Text）。静态文本是在对话框中显示的说明性文字，一般用来对用户进行必要的提示。因为用户不能在程序执行过程中改变这些说明性文字，所以将其称为静态文本。

2. 菜单（Uimenu）

在 Windows 程序中，菜单是一个必不可少的程序元素。通过使用菜单，可以把对程序的各种操作命令非常规范有效地展示给用户，单击菜单项程序将执行相应的功能。菜单对象是图形窗口的子对象，所以菜单设计总在某一个图形窗口中进行。MATLAB 的各个图形窗口有自己的菜单栏，包括文件、编辑、分析、目标、查看、窗口、帮助共 7 个菜单项。

3. 快捷菜单（Uicontextmenu）

快捷菜单是用鼠标右键单击某对象时在屏幕上弹出的菜单。这种菜单出现的位置是不固定的，而且总是和某个图形对象相联系。

4. 按钮组（Uibuttongroup）

按钮组是一种容器，用于对图形窗口中的单选按钮和双位按钮集合进行逻辑分组。例如，要分出若干组单选按钮，在一组单选按钮内部选中一个按钮后不影响在其他组内继续选择。按钮中的所有控件，其控制代码必须写在按钮组的 SelectionChangeFcn 响应函数中，而不是控件的回调函数中。按钮组会忽略其中控件的原有属性。

5. 面板（Uipanel）

面板对象用于对图形窗口中的控件和坐标轴进行分组，便于用户对一组相关的控件和坐标轴进行管理。面板可以包含各种控件，如按钮、坐标系及其他面板等。面板中的控件与面板之间的位置为相对位置，当移动面板时，这些控件在面板中的位置不改变。

6. 工具栏（Uitoolbar）

通常情况下，工具栏包含的按钮和窗体菜单中的菜单项相对应，以方便用户对应用程序的常用功能和命令进行快速访问。

7. 表（Uitable）

用表格的形式显示数据。

10.1.2 图形用户界面

MATLAB 本身提供了很多的图形用户界面。在 MATLAB 中，图形用户界面提供了新的设计分析工具，体现了新的设计分析理念，可进行某种技术、方法的演示。

1. 单输入单输出控制系统设计工具

在命令行窗口输入"sisotool"，弹出图 10-1 所示的图形用户界面。

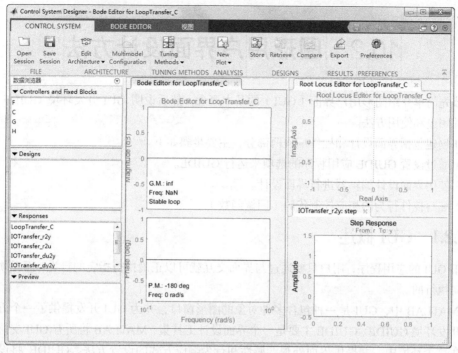

图 10-1　单输入单输出控制系统设计环境

2. 滤波器设计和分析工具

在命令行窗口输入"fdatool"，弹出图 10-2 所示的图形用户界面。

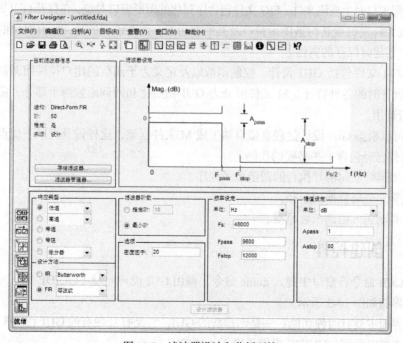

图 10-2　滤波器设计和分析环境

这些工具的出现不仅提高了用户的设计和分析效率，而且改变了原先的设计模式，引出了新的设计思想，改变了人们的设计、分析理念。

10.2 图形用户界面设计方法

本节先简单介绍图形用户界面（GUI）的基本概念，然后说明 GUI 开发环境 GUIDE 及其组成部分的用途和使用方法。

GUI 创建包括界面设计和控件编程两部分，主要步骤如下。

（1）通过设置 GUIDE 应用程序的选项来运行 GUIDE。

（2）使用界面设计编辑器进行界面设计。

（3）编写控件行为的相应控制代码（回调函数）。

10.2.1 GUI 概述

对于 GUI 的应用程序，用户只要通过与界面交互就可以正确执行指定的行为，而无须知道程序是如何执行的。

在 MATLAB 中，GUI 是一种包含多种对象的图形窗口，并为 GUI 开发提供了一个方便高效的集成开发环境 GUIDE。GUIDE 主要是一个界面设计工具集，MATLAB 将所有 GUI 支持的控件都集成在这个环境中，并提供界面外观、属性和行为响应方式的设置方法。GUIDE 将设计好的 GUI 保存在一个 FIG 文件中，同时还生成 M 文件框架。

FIG 文件：FIG 文件包括 GUI 图形窗口及其所有后裔的完全描述，还包括所有对象的属性值。FIG 文件是一个二进制文件，调用函数 hgsave 或选择界面设计编辑器"文件"菜单下的"保存"选项，保存图形窗口时生成该文件。FIG 文件包含序列化的图形窗口对象，在打开 GUI 时，MATLAB 能够通过读取 FIG 文件重新构造图形窗口及其所有后裔。需要说明的是，所有对象的属性都被设置为图形窗口创建时保存的属性。

M 文件：M 文件包括 GUI 设计、控制函数以及定义为子函数的用户控件回调函数，主要用于控制 GUI 展开时的各种特征。M 文件可分为 GUI 初始化和回调函数两个部分，回调函数根据交互行为进行调用。

GUIDE 可以根据 GUI 设计过程直接自动生成 M 文件框架，这样做具有以下优点。

- M 文件已经包含一些必要的代码。
- 管理图形对象句柄并执行回调函数子程序。
- 提供管理全局数据的途径。
- 支持自动插入回调函数原型。

10.2.2 创建控件

在 MATLAB 命令行窗口中键入 guide 命令，调用 GUI 设计向导（GUIDE）。

GUIDE 界面如图 10-3 所示。

GUIDE 界面主要有两种功能：一是创建新的 GUI，二是打开现有的 GUI（见图 10-4）。

从图 10-3 可以看到，GUIDE 提供了以下 4 种 GUI。

- 空白 GUI（Blank GUI）。
- 控制 GUI（GUI with Uicontrols）。
- 图像与菜单 GUI（GUI with Axes and Menu）。

● 对话框 GUI（GUI with Modal Question Dialog）。

其中，后 3 种 GUI 在空白 GUI 基础上预置了相应的功能供用户直接选用。

图 10-3　GUIDE 界面

图 10-4　打开现有的 GUI

在 GUIDE 界面中选择"Blank GUI"，进入 GUI 的编辑界面，如图 10-5 所示。

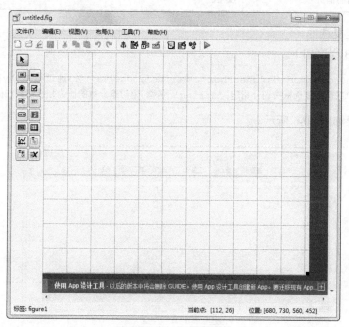

图 10-5　GUI 编辑界面

1. 控件创建

在用户界面上有各种各样的控件，利用这些控件可以实现有关的控制。MATLAB 提供了用于建立控件对象的函数 uicontrol，其调用格式见表 10-1。

表 10-1　　　　　　　　　　　　　　　　　uicontrol 调用格式

调 用 格 式	说　　明
c = uicontrol	在当前图形窗口中使用默认用户界面控件创建一个按钮，并返回 UIControl 对象。如果图形窗口不存在，则 MATLAB 调用 figure 函数创建一个图形窗口
c = uicontrol(Name,Value)	创建一个用户界面控件，其中包含使用一个或多个名称-值对组参数指定的属性值。名称-值对见表 10-2

续表

调 用 格 式	说　明
c = uicontrol(parent)	在指定的父容器中创建默认用户界面控件，而不是默认在当前图窗中
c = uicontrol(parent,Name,Value)	指定用户界面控件的父容器（Panel、ButtonGroup 或 Tab 对象）和一个或多个名称-值对组参数
uicontrol(c)	将焦点放在一个以前定义的用户界面控件上

表 10-2　　　　　　　　　　　　　　　　　名称-值对

参 数 名 称	说　明	参 数 值
'Style'	UIControl 对象的样式	'pushbutton'（默认）、'togglebutton'、'checkbox'、'radiobutton'……
'String'	要显示的文本	字符或字符串向量与矩阵
'Position'	位置和大小	[20 20 60 20]（默认）、[left bottom width height]
'Value'	当前值	数值

例 10-1：创建复选框。

解：MATLAB 程序如下。

```
>> c = uicontrol('Style','checkbox','String','One');  % 通过将 'Style' 名称-值对组参
数指定为'checkbox'来创建复选框按钮；指定 'String' 名称-值对组参数的值为复选框添加标签
```

程序运行结果如图 10-6 所示。

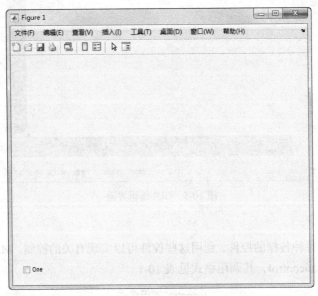

图 10-6　生成图窗

在命令行窗口中输入"uicontrol"，弹出如图 10-7 所示的图形界面。在命令行窗口输入"figure"，弹出如图 10-8 所示的图形编辑窗口。

2. 属性设置

用户图形对象属性设置函数为 set，set 的调用方式见表 10-3。

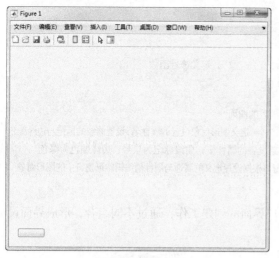
图 10-7 图形界面

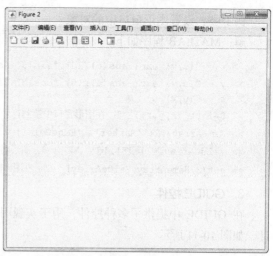
图 10-8 图形编辑窗口

表 10-3 set 调用格式

调 用 格 式	说 明
set(H,Name,Value)	为 H 标识的对象指定其 Name 属性的值
set(H,NameArray,ValueArray)	使用元胞数组 NameArray 和 ValueArray 指定多个属性值
set(H,S)	使用 S 指定多个属性值，其中 S 是一个结构体，其字段名称是对象属性名称，字段值是对应的属性值
s = set(H)	返回 H 标识的对象的、可由用户设置的属性及其属性值
values = set(H,Name)	返回指定属性的可能值

例 10-2：创建图形窗口。

解：MATLAB 程序如下。

```
>> H_fig=figure;              % 创建图形窗口, 显示图 10-9 所示的图形窗口
>> set(H_fig,'MenuBar','none')  % 隐去标准菜单, 显示图 10-10 所示的图形窗口
>> set(gcf,'MenuBar','figure')  % 恢复标准菜单, 显示图 10-9 所示的图形窗口
```

图 10-9 显示菜单栏

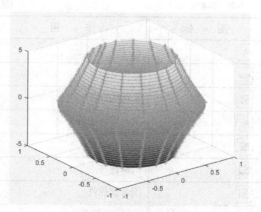
图 10-10 隐藏菜单栏显示

例 10-3：设置图形窗口中的对象。

解：MATLAB 程序如下。

```
>> x = @(u,v) exp(-abs(u)/10).*sin(5*abs(v));    % 定义符号函数
>> y = @(u,v) exp(-abs(u)/10).*cos(5*abs(v));
>> z = @(u,v) u;
>> S=fsurf(x,y,z);    % 在图形窗口中绘制符号函数的曲面
>> NameArray = { 'Marker', 'EdgeColor' };   % 定义图形对象设置的属性名,设置曲线的标记与边缘颜色
>> ValueArray = { '*','g'};         % 图形对象设置的属性值，曲线标记为星号，边缘颜色为绿色
>> set(S,NameArray,ValueArray)    % 在图形窗口根据设置定义的属性与属性值编辑图形窗口中的图形对象
```

3. GUIDE 控件

在 GUIDE 中提供了多种控件，用于实现用户界面的创建工作，通过不同组合，形成界面设计，如图 10-11 所示。

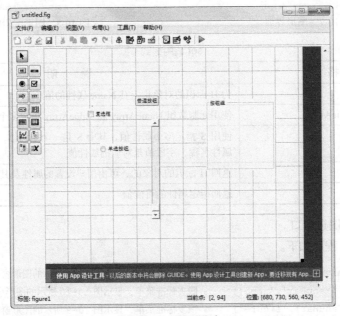

图 10-11　界面设计

用户界面控件分布在 GUI 编辑器左侧，其作用见表 10-4。

表 10-4　　　　　　　　　　　　　　　　　　　　GUI 控件

图　标	作　　用	图　标	作　　用
	选择模式		按钮控件
	滚动条控件		单选按钮
	复选框控件		文本框控件
	文本信息控件		弹出菜单控件
	列表框控件		开关按钮控件
	表格控件		坐标轴控件
	组合框控件		按钮组控件
	ActiveX 控件		

下面简要介绍其中几种控件的功用和特点。

- 按钮：通过鼠标单击可以实现某种行为，并调用相应的回调子函数。

- 滚动条：通过移动滚动条改变指定范围内的数值输入，滚动条的位置代表用户输入的数值。

- 单选按钮：执行方式与按钮相同，通常以组为单位，且组中各按钮是一种互斥关系，即任何时候一组单选按钮中只能有一个有效。

- 复选框：与单选按钮类似，不同的是同一时刻可以有多个复选框有效。

- 文本框：该控件用于控制用户编辑或修改字符串的文本域。

- 文本信息控件：通常用作其他控件的标签，且用户不能采用交互方式修改其属性值或调用其响应的回调函数。

- 弹出菜单：用于打开并显示一个由 String 属性定义的选项列表，通常用于提供一些相互排斥的选项，与单选按钮组类似。

- 列表框：与弹出菜单类似，不同的是该控件允许用户选择其中的一项或多项。

- 开关按钮：该控件能产生一个二进制状态的行为（on 或 off）。单击该按钮可以使按钮在下陷或弹起状态间进行切换，同时调用相应的回调函数。

- 坐标轴：该控件可以设置许多关于外观和行为的参数，使用户的 GUI 可以显示图片。

- 组合框：图形窗口中的一个封闭区域，用于把相关联的控件组合在一起。该控件可以有自己的标题和边框。

- 按钮组：作用类似于组合框，但它可以响应单选按钮及开关的操作。

10.2.3　控件属性编辑

在 GUI 设计的过程中需要进行一系列属性、样式等的设置，需要用到相应的设计工具。下面对几种设计工具进行介绍。

1. 属性编辑器（Properties Inspector）

在 GUIDE 界面中选择"Blank GUI"，进入 GUI 的编辑界面，如图 10-12 所示。

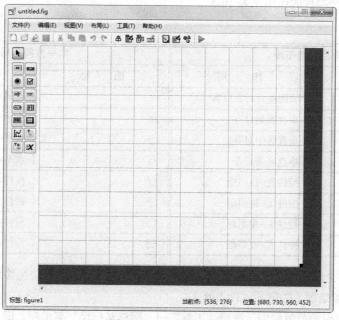

图 10-12　GUI 编辑界面

GUI 编辑界面的左侧是控件区，右侧是编辑区。

进入属性编辑器有以下两种途径。

（1）在编辑区单击鼠标右键，选择"属性检查器"。

（2）在工具栏中单击⊞按钮。

属性编辑器如图 10-13 所示，在此工具中可以设置所选图形对象或者 GUI 空间各属性的值，如名称、颜色等。

2. 控件布置编辑器（Alignment Objects）

在工具栏中单击"对齐对象"⊞按钮即可调用控件布置编辑器，其功能是设置编辑区中使用的各种控件的布局，包括水平布局、垂直布局、对齐方式、间距等，如图 10-14 所示。

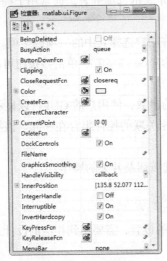

图 10-13　属性编辑器

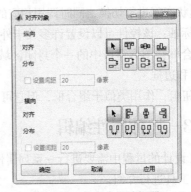

图 10-14　控件布置编辑器

该编辑器中各个控件的作用见表 10-5。

表 10-5　　　　　　　　　　　　　　　　　控件作用

垂直方向布局		水平方向布局	
图　标	作　用	图　标	作　用
▶	关闭垂直对齐设置	▶	关闭水平对齐设置
0̤0̤	垂直顶端对齐	▤	水平左对齐
▦	垂直居中对齐	▤	水平中对齐
▥	垂直底端对齐	▤	水平右对齐
▤	控件底–顶间距	▾▾	控件右–左间距
▤	控件顶–顶间距	▾▾	控件左–左间距
▤	控件中–中间距	▾▾	控件中–中间距
▤	控件底–底间距	▾▾	控件右–右间距

在设置间距时，需要先选中需要设置的控件，然后设置间距值（单位为像素）。

3. 网格标尺编辑器（Grid and Rulers）

在 GUI 编辑界面的菜单栏中，选择"工具"→"网格和标尺"菜单项，即可进入网格和标尺编辑器，如图 10-15 所示。

利用该编辑器可以设置是否显示标尺、向导线和网格线等。

4.　菜单编辑器（Menu Editor）

在工具条中单击 按钮即可打开菜单编辑器，如图 10-16（a）图所示。

单击该编辑器工具栏上的 按钮，或在图 10-16（a）左侧的空白处单击，即可添加　个菜单项，如图 10-16（b）所示。利用该编辑器可以设置所选菜单项的属性，包括菜单名称（Label）、标签（Tag）等。"在此菜单项上方放置分隔线"定义是否在该菜单项上显示一条

图 10-15　网格和标尺编辑器

分隔线，以区分不同类型的菜单操作；"在此菜单项前添加选中标记"定义是否在菜单被选中时给出标示。

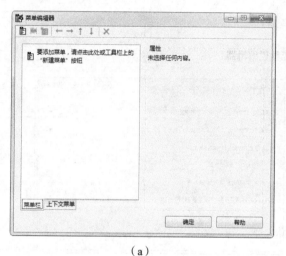

（a）

（b）

图 10-16　菜单编辑器

5.　工具栏编辑器（Toolbar Editor）

在 GUI 编辑窗口的工具条中单击 按钮，即可打开工具栏编辑器，如图 10-17（a）所示。

该编辑器用于定制工具栏。将界面左侧的工具图标拖放到其顶端的工具条中，或选中某个工具图标后单击"添加"按钮，即可在图 10-17（b）所示的界面中定制工具项图标、名称、在工具栏中的位置及工具栏名称等属性。

6.　对象浏览器（Object Browser）

在 GUI 编辑窗口的工具条中单击 按钮，即可打开对象浏览器，如图 10-18 所示。

在此工具中可以显示所有的图形对象，单击该对象就可以打开相应的属性编辑器。

7.　GUI 属性编辑器（GUI Options）

在 GUI 编辑界面的菜单栏中，选择"工具"→"GUI 选项"菜单项，即可打开 GUI 选项编辑器，如图 10-19 所示。

其中，"调整大小的方式"用于设置 GUI 的缩放形式，包括固定界面、比例缩放、用户自定义缩放等形式；"命令行的可访问性"用于设置 GUI 对命令行窗口句柄操作的响应方式，包括屏蔽、响应、用户自定义响应等；中间的复选框用于设置 GUI 保存形式。

（a）

（b）

图 10-17　工具栏编辑器

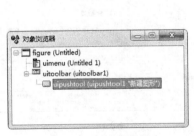

图 10-18　对象浏览器

图 10-19　GUI 属性编辑器

10.3　控件编程

　　GUI 图形界面的功能主要通过一定的设计思路与计算方法，由特定的程序来实现。为了实现程序的功能，还需要在运行程序前编写代码，完成程序中变量的赋值、输入输出、计算及绘图功能。

10.3.1　菜单设计

　　建立自定义的用户菜单的函数为 uimenu，uimenu 的调用方式见表 10-6。

表 10-6　　　　　　　　　　　　　　　　　　　uimenu 调用格式

调 用 格 式	说　　明
m = uimenu	创建一个现有的用户界面的菜单栏
m = uimenu（Name,Value,…）	创建一个菜单并指定一个或多个菜单属性名称和值
m = uimenu（parent）	创建一个菜单并指定特定的对象
m = uimenu（parent,Name,Value,…）	创建一个特定的对象并制定一个或多个菜单属性和值

在命令行窗口中输入下面命令。

```
>> uimenu
```

执行上面命令后，弹出图 10-20 所示的图形界面。

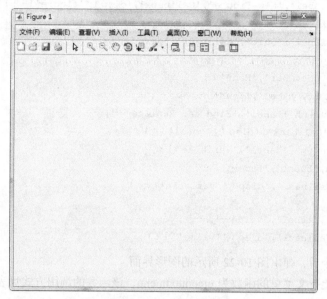

图 10-20 图形界面显示

例 10-4：添加图形编辑界面菜单栏命令。

解：MATLAB 程序如下。

```
>> f = figure ('ToolBar','none');
>> m = uimenu (f,'Text','Simulink');
>> mitem = uimenu (m,'Text','Model File');
```

执行上面的命令后，弹出图 10-21 所示的图形界面。

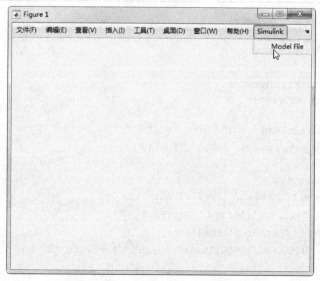

图 10-21 添加菜单栏后的图形窗口

例 **10-5**：重建图形界面菜单栏。

解：MATLAB 程序如下。

```
>> f = uimenu ('Label','Workspace');
>> uimenu (f,'Label','New Figure','Callback','disp(''figure'')');
>> uimenu (f,'Label','Save','Callback','disp(''save'')');
>> uimenu (f,'Label','Quit','Callback','disp(''exit'')',…
          'Separator','on','Accelerator','Q');
>> f = figure ('MenuBar','None');
>> mh = uimenu (f,'Label','Find');
>> frh = uimenu (mh,'Label','Find and Replace …',…
              'Callback','disp(''goto'')');
>> frh = uimenu (mh,'Label','Variable');
>> uimenu (frh,'Label','Name…',…
          'Callback','disp(''variable'')');

>> uimenu (frh,'Label','Value…',…
          'Callback','disp(''value'')');
```

执行上面的命令后，弹出图 10-22 所示的图形界面。

建立自定义的上下文菜单的函数为 uicontextmenu，该函数的调用方式见表 10-7。

表 10-7   uicontextmenu 调用格式

调 用 格 式	说　　　明
c = uicontextmenu	在当前图窗中创建一个上下文菜单，并将 ContextMenu 对象返回为 c。如果图窗不存在，则 MATLAB 调用 figure 函数以创建一个图窗
c = uicontextmenu(Name,Value)	创建一个上下文菜单，其中包含使用一个或多个名称-值对组参数指定的属性值
c = uicontextmenu(parent)	在指定的父图窗中创建上下文菜单
c=uicontextmenu(parent,Name,Value)	指定上下文菜单的父图窗和一个或多个名称-值对组参数

例 **10-6**：创建一个上下文菜单。

解：MATLAB 程序如下。

```
>> f = figure;
% Create the UICONTEXTMENU
>> cmenu = uicontextmenu;

% Create the parent menu
>> fontmenu = uimenu (cmenu,'label','Font');

% Create the submenus
>> font1 = uimenu (fontmenu,'label','Helvetica',…
              'Callback','disp(''HelvFont'')');
>> font2 = uimenu (fontmenu,'label',…
              'Monospace','Callback','disp(''MonoFont'')');
>> f.UIContextMenu = cmenu;
```

执行上面命令后，弹出图 10-23 所示的图形界面。

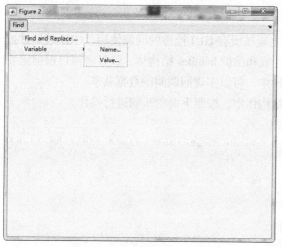

图 10-22　重建菜单栏后的图形窗口

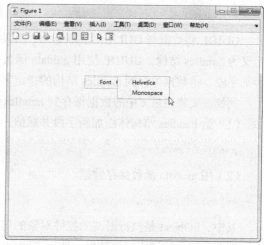

图 10-23　添加上下文菜单后的图形窗口

10.3.2　回调函数

在图形用户界面中，每一控件均与一个或数个函数或程序相关，此相关程序称为回调函数（callbacks），每一个回调函数可以在经由按钮触动、鼠标单击、项目选定、光标滑过特定控件等动作后产生的事件下执行。

1. 事件驱动机制

面向对象的程序设计是以对象感知事件的过程为编程单位，这种程序设计的方法称为事件驱动编程机制。每一个对象都能感知和接受多个不同的事件，并对事件做出响应（动作）。当事件发生时，相应的程序段才会运行。

事件是由用户或操作系统引发的动作。事件发生在用户与应用程序交互时，例如，单击控件、键盘输入、移动鼠标等都是一些事件。每一种对象能够"感受"的事件是不同的。

2. 回调函数

回调函数就是处理该事件的程序，它定义对象怎样处理信息并响应某事件。该函数不会主动运行，是由主控程序调用的。主控程序一直处于前台操作，它对各种消息进行分析、排队和处理，当控件被触发时去调用指定的回调函数，执行完毕之后控制权又回到主控程序。gcbo 为正在执行回调的对象句柄，可以使用它来查询该对象的属性。例如：

```
get(gcbo,'Value')      %获取回调对象的状态
```

MATLAB 将 Tag 属性作为每个控件的唯一标识符。GUIDE 在生成 M 文件时，将 Tag 属性作为前缀，放在回调函数关键字 Callback 前，通过下划线连接而成函数名。例如：

```
function pushbutton1 Callback(hObject,eventdata,handles)
```

其中，hObject 为发生事件的源控件；eventdata 为事件数据；handles 为一个结构体，保存图形窗口中所有对象的句柄。

3. handles 结构体

GUI 中的所有控件使用同一个 handles 结构体，handles 结构体中保存了图形窗口中所有对象的句柄，可以使用 handles 获取或设置某个对象的属性。例如，设置图形窗口中静态文本控件 text1 的文字为 "Welcome"。

```
set(handles·textl,'strlng','Welcome')
```

GUIDE 将数据与 GUI 图形关联起来，并使之能被所有 GUI 控件的回调使用。GUI 数据常被定义为 handles 结构，GUIDE 使用 guidata 函数生成和维护 handles 结构体，设计者可以根据需要添加字段，将数据保存到 handles 结构的指定字段中，可以实现回调间的数据共享。

例如，要将向量 x 中的数据保存到 handles 结构体中，按照下面的步骤进行操作。

（1）给 handles 结构体添加新字段并赋值。

```
handles. mydata=X;
```

（2）用 guidata 函数保存数据。

```
guidata(hObject,handles)
```

其中，hObject 是执行回调的控件对象的句柄。

要在另一个回调中提取数据，使用下面命令。

```
X= handles. mydata;
```

例 10-7：显示提示对话框。

解：MATLAB 程序如下。

```
>> guide
```

弹出图 10-24 所示的 GUIDE 快速入门对话框，选择空白文档，单击"确定"按钮，进入 GUI 图形窗口，进行界面设计。

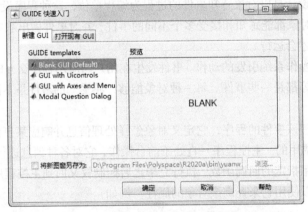

图 10-24　GUIDE 快速入门

在弹出的图形窗口中选择"普通按钮"，放置到设计界面，选择该控件，单击鼠标右键，选择"属性检查器"命令，在弹出的对话框中设置"string"栏为"关闭"，结果如图 10-25 所示。

单击"保存"按钮，保存图形界面，并自动在编辑器窗口新建、打开一个同名的脚本文件，在对应的回调函数中输入下面程序。

```
>> choice=questdlg('是否需要重启计算机? ', 'Information', 'Yes ', 'No ', 'No ');%  弹
出图 10-26 所示的图形界面。
    >> switch choice,
      case 'Yes '
          delete(handles.figure1);
          return
      case 'No '
```

```
        return
    end
%   编写变量对应关系代码
```

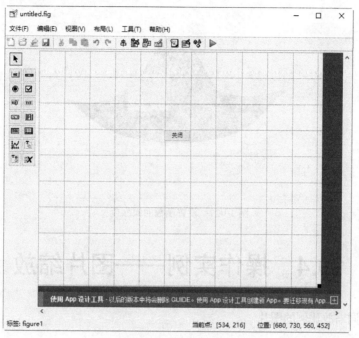

图 10-25　界面设计结果

图 10-26　创建信息对话框

例 10-8：绘制函数曲线并控制曲线颜色。

$$z = \frac{\sin\sqrt{x^2+y^2}}{\sqrt{x^2+y^2}} \quad -5 \leqslant x, \ y \leqslant 5$$

解：输入下面程序。

```
>> [X,Y]=meshgrid(-5:0.25:5);
>> Z=sin(sqrt(X.^2+Y.^2))./sqrt(X.^2+Y.^2);
>> hline= surf(X,Y,Z);    %绘制曲面
>> cm=uicontextmenu;    %创建快捷菜单
>> uimenu(cm,'label','Red','callback','set(hline,''EdgeColor'',''r''),')
>> uimenu(cm,'label','Blue','callback','set(hline,''EdgeColor'',''b''),')
>> uimenu(cm,'label','Green','callback','set(hline,''EdgeColor'',''g''),')
>> set(hline,'uicontextmenu',cm)
```

执行命令后，弹出图 10-27 所示的图形窗口，同时，单击右键可弹出快捷菜单，显示曲线颜色。

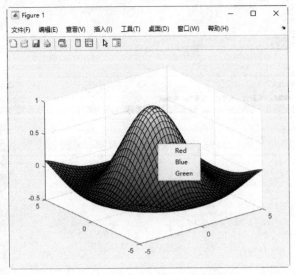

图 10-27　设置函数曲面颜色

10.4　操作实例——图片缩放

演示输入不同缩放比例的图片。

操作步骤如下。

1. 界面布置

（1）在命令行窗口中输入下面命令。

```
>> guide
```

弹出图 10-28 所示的 GUI DE 快速入门对话框，选择空白文档，单击"确定"按钮，进入 GUI 图形窗口，进行界面设计。

（2）在弹出的图形窗口中选择 1 个坐标轴、1 个弹出式菜单和 3 个普通按钮，放置到设计界面，如图 10-29 所示。

（3）单击工具栏中的"属性检查器"按钮 ，弹出"检查器"属性面板，如图 10-30 所示。在"String"文本框中修改控件名称，也可单击编辑按钮 ，在弹出的"String"文本框中输入要修改的名称，如图 10-31 所示，在"FontSize"文本框中修改字体大小。

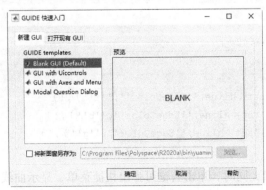

图 10-28　GUI DE 快速入门对话框

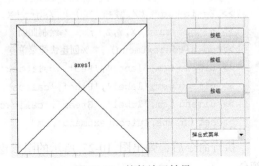

图 10-29　控件放置结果

图 10-30 控件属性设置　　　　　　　　　　　图 10-31 "String" 文本框

选中右侧按钮控件，单击"对齐对象"按钮，弹出"对齐对象"对话框，设置"纵向"，设置分布均匀，如图 10-32 所示。单击"应用"按钮，对齐控件，图形界面分布结果如图 10-33 所示。

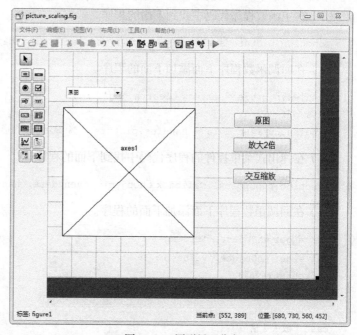

图 10-32 "对齐对象"对话框　　　　　　　图 10-33 图形界面分布

单击"对象浏览器"按钮，打开对象浏览器，如图 10-34 所示，显示所有的图形对象，修改相应的属性编辑器。

单击"运行"按钮，系统自动生成以".fig"".m"为后缀的文件，如图 10-35 所示的

"picture_scaling.fig" 图形显示图形运行界面。

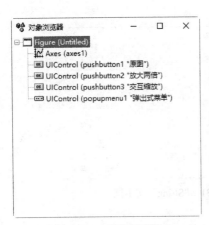

图 10-34　对象浏览器　　　　　　　　　　图 10-35　图形运行界面

2. 回调函数编辑

单击工具栏中的"编辑器"按钮 🗎，打开"picture_scaling.m"文件。

（1）在主函数程序代码中找到下面的程序。

```
function picture_scaling_OpeningFcn(hObject, eventdata, handles, varargin)
```

（2）在回调函数程序下面添加下面的程序。

```
handles.picture = imshow('earth.jpg');
axis off
handles.current_data = handles.picture;  % 显示当前图形
```

（3）在弹出式菜单控件的程序代码中找到下面的程序。

```
function popupmenu1_Callback(hObject, eventdata, handles)
```

（4）在回调函数程序下面添加下面的程序。

```
str = get(hObject, 'String');
val = get(hObject,'Value');
switch str{val}
case '原图'
    200m out;
case '放大 2 倍'
    200m(2);
case '交互缩放'
    200m on;
end
guidata(hObject,handles)    %保存句柄数据结构
```

（5）在"原图"按钮控件程序代码中找到下面的程序。

```
function pushbutton1_Callback(hObject, eventdata, handles)
```

（6）在回调函数程序下面添加下面的程序。

```
zoom out    % 将图形恢复原状
```

（7）在"放大 2 倍"按钮控件程序代码中找到下面的程序。

```
function pushbutton2_Callback(hObject, eventdata, handles)
```

（8）在回调函数程序下面添加下面的程序。

```
zoom(2);
```

（9）在"交互缩放"按钮控件程序代码中找到下面的程序。

```
function pushbutton3_Callback(hObject, eventdata, handles)
```

（10）在回调函数程序下面添加下面的程序。

```
zoom on;    % 使用鼠标选择区域缩放图形
```

3. 程序运行

单击工具栏中的"运行"按钮▶，在运行界面显示图 10-36 所示的运行结果。

图 10-36　运行结果

单击"放大 2 倍"按钮，图片放大 2 倍，显示结果如图 10-37 所示。

单击"交互缩放"按钮，图形处于交互式的放大状态，有两种方法来放大图形。

一种是用鼠标单击需要放大的部分，可使此部分放大一倍，这一操作可进行多次，直到 MATLAB 的最大显示为止；按住 Shift 键单击鼠标，可使图形缩小一半，这一操作可进行多次，直到还原图形为止。

另一种是用鼠标拖出要放大的部分，系统将放大选定的区域。按住 Shift 键用鼠标拖出要缩小的部分，系统将缩小选定的区域。结果如图 10-38 所示。

图 10-37　运行结果

图 10-38　运行结果

第11章
Simulink 仿真基础

内容指南

Simulink 是 MATILAB 的重要组成部分，可以非常容易地实现可视化建模，并把理论研究和工程实践有机地结合在一起，不需要书写大量的程序，只需要使用鼠标对已有模块进行简单的操作，以及使用键盘设置模块的属性。

本章着重讲解 Simulink 的概念及组成、Simulink 搭建系统模型的模块及参数设置，以及 Simulink 环境中的仿真及调试。

知识重点

- Simulink 简介
- Simulink 模块库
- 模块的创建
- 仿真分析
- 回调函数

11.1 Simulink 简介

Simulink 是 MATLAB 软件的扩展，它提供了集动态系统建模、仿真和综合分析于一体的图形用户环境，是实现动态系统建模和仿真的一个软件包，它与 MATLAB 的主要区别在于，其与用户的交互接口是基于 Windows 的模型化图形输入，其结果是使得用户可以把更多的精力投入到系统模型的构建，而非语言的编程上。

Simulink 提供了大量的系统模块，包括信号、运算、显示和系统等多方面的功能，可以创建各种类型的仿真系统，实现丰富的仿真功能。用户也可以定义自己的模块，进一步扩展模型的范围和功能，以满足不同的需求。为了创建大型系统，Simulink 提供了系统分层排列的功能，类似于系统的设计，在 Simulink 中可以将系统分为从高级到低级的几个层次，每层又可以细分为几个部分，每层系统构建完成后，将各层连接起来构成一个完整的系统。模型创建完成之后，可以启动系统的仿真功能分析系统的动态特性，Simulink 内置的分析工具包括各种仿真算法、系统线性化、寻求平衡点等，仿真结果可以以图形的方式显示在示波器窗口，以便于用户观察系统的输出结果；Simulink 也可以将输出结果以变量的形式保存起来，并输入到 MATLAB 工作空间中以完成进一步的分析。

Simulink 可以支持多采样频率系统，即不同的系统能够以不同的采样频率进行组合，可以仿真较大、较复杂的系统。

1. 图形化模型与数学模型间的关系

现实中每个系统都有输入、输出和状态 3 个基本要素，它们之间随时间变化的数学函数关系，即数学模型。图形化模型也体现了输入、输出和状态之间随时间变化的某种关系，如图 11-1 所示。只要这两种关系在数学上是等价的，就可以用图形化模型代替数学模型。

图 11-1　模块的图形化表示

2. 图形化模型的仿真过程

Simulink 的仿真过程包括如下几个阶段。

（1）模型编译阶段。Simulink 引擎调用模型编译器，将模型翻译成可执行文件。其中编译器主要完成以下任务。

- 计算模块参数的表达式，以确定它们的值。
- 确定信号属性（如名称、数据类型等）。
- 传递信号属性，以确定未定义信号的属性。
- 优化模块。
- 展开模型的继承关系（如子系统）。
- 确定模块运行的优先级。
- 确定模块的采样时间。

（2）连接阶段。Simulink 引擎按执行次序创建运行列表，初始化每个模块的运行信息。

（3）仿真阶段。Simulink 引擎从仿真的开始到结束，在每一个采样点按运行列表计算各模块的状态和输出。该阶段又分成以下两个子阶段。

- 初始化阶段：该阶段只运行一次，用于初始化系统的状态和输出。
- 迭代阶段：该阶段在定义的时间段内按采样点间的步长重复运行，并将每次的运算结果用于更新模型。在仿真结束时获得最终的输入、输出和状态值。

11.1.1　Simulink 模型的特点

Simulink 建立的模型具有以下 3 个特点。

- 仿真结果的可视化。
- 模型的层次性。
- 可封装子系统。

例 11-1：演示 Simulink 建立模型的特点。

（1）通过菜单命令"帮助"→"文档"，打开图 11-2 所示的"帮助"窗口。

（2）在选项中选择"Simulink"→"Simulation"→"Featured Example"→"Four Hydraulic Cylinder Simulation"。

（3）单击"Open this model"，打开图 11-3 所示的窗口。

（4）单击"运行"按钮，可以看到图 11-4 所示的仿真结果。

（5）双击模型图标中的 Control Valve Command 模块，可以看到图 11-5 所示的 Control Valve Command 子系统图标。

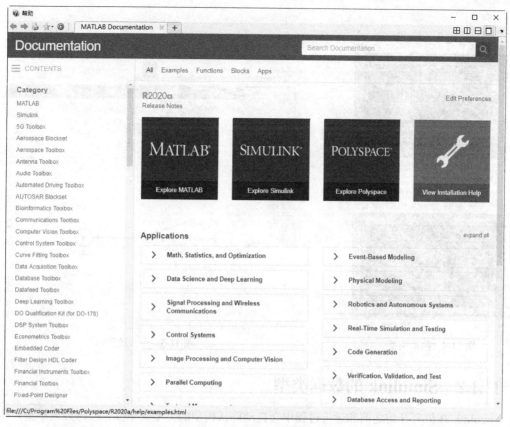

图 11-2　MATLAB 帮助

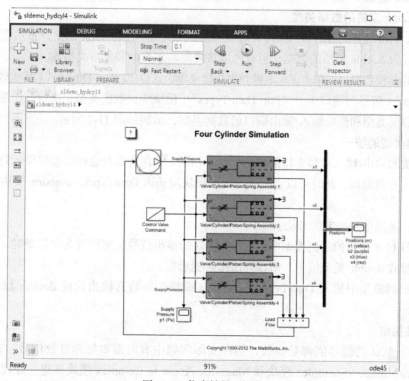

图 11-3　仿真结果可视化

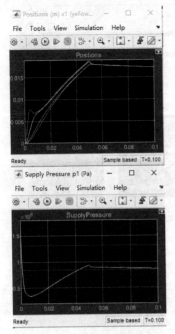

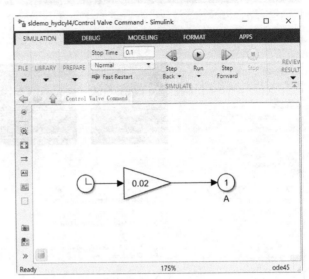

图 11-4　演示模型　　　　　　　　　　　　　　图 11-5　子系统图标

11.1.2　Simulink 的数据类型

Simulink 在仿真开始之前和运行过程中会自动确认模型的类型安全性，以保证该模型产生的代码不会出现上溢或下溢。

1. Simulink 支持的数据类型

Simulink 支持所有的 MATLAB 内置数据类型，除此之外 Simulink 还支持布尔类型。绝大多数模块都默认为 double 类型的数据，但有些模块需要布尔类型和复数类型等。

在 Simulink 模型窗口，单击鼠标右键弹出快捷菜单，选择"Other Display"（其他显示命令）→"Signal&Ports"（信号与端口）→"Port Data Types"（模块端口数据类型）选项，如图 11-6 所示，查看信号的数据类型和模块输入/输出端口的数据类型，示例如图 11-7 所示。

2. 数据类型的统一

如果模块的输出/输入信号支持的数据类型不相同，则在仿真时会弹出错误提示对话框，告知出现冲突的信号和端口。此时可以尝试在冲突的模块间插入 DataTypeConversion 模块来解决类型冲突。

例 11-2：解决信号冲突的方法。

（1）在图 11-8 所示的示例模型中，当常数模块的输出信号类型设置为布尔型时，由于连续信号积分器只接收 double 类型信号，所以弹出错误提示框。

（2）在示例模型中插入 DataTypeConversion 模块，并将其输出改成 double 数据类型，如图 11-9 所示。

3. 复数类型

Simulink 默认的信号值都是实数，但在实际问题中有时需要处理复数信号。在 Simulink 中通常用 Real-Image to complex 模块和 Magnitue-Angle to Complex 模块来建立处理复数信号的模型。

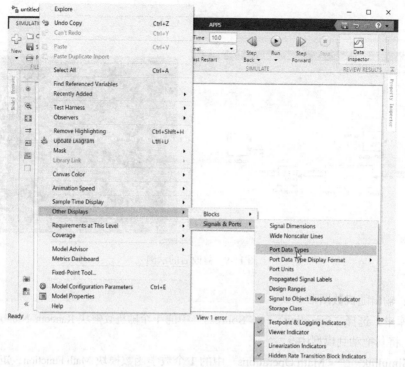

图 11-6　查看信号的数据类型

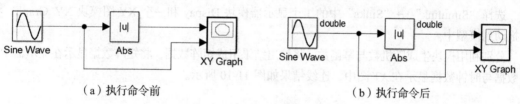

（a）执行命令前　　　　　　　　　　　　　　（b）执行命令后

图 11-7　信号的数据类型的显示

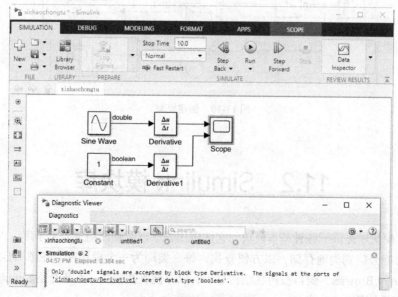

图 11-8　数据类型示例模型

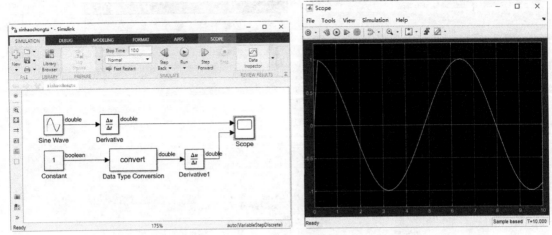

图 11-9 修改后的示例

例 11-3：输出随机数图形。

在模块库中，选择"Simulink"→"Sources"中的 1 个随机数模块 Random Number、1 个时钟模块 Clock，将其拖动到模型中。

选择"Simulink"→"Math Operations"中的 1 个数学函数模块 Math Function，矩阵的串联模块 Matrix Concatenation，将其拖动到模型中。

选择"Simulink"→"Sinks"中的 1 个显示器模块 Dispay 和一个 XY 图模块 XY Graph，将其拖动到模型中。

分别利用模块生成随机数与幂函数，将输出结果组成矩阵数据，将矩阵数据显示在显示器中，将数据与时钟数据显示在 XY 图中，连线结果如图 11-10 所示。

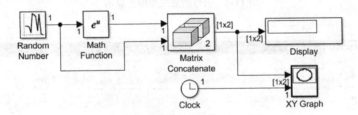

图 11-10 创建模型

11.2 Simulink 模块库

Simulink 模块库提供了各种基本模块，它按应用领域以及功能组成若干子库，大量封装子系统模块按照功能分门别类地存储，以方便查找，每一类即为一个模块库。在图 11-11 中显示的"Simulink Library Browser"窗口按树状结构显示，以方便查找模块。本节介绍 Simulink 常用子库中的常用模块库中模块的功能。

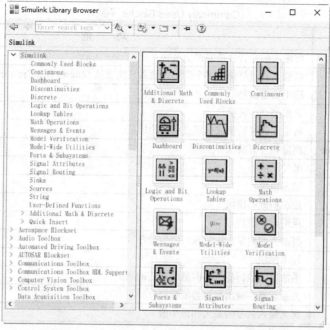

图 11-11　"Simulink Library Browser" 窗口

11.2.1　常用模块库

1.　Commonly Used Blocks 库

双击 Simulink 模块库窗口中的 "Commonly Used Blocks"，即可打开常用模块库，如图 11-12 所示，常用模块库中的各子模块功能见表 11-1。

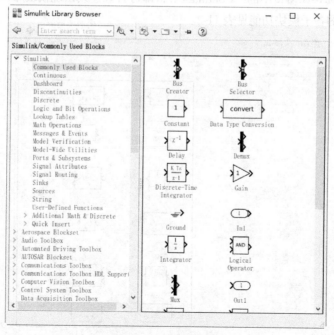

图 11-12　常用模块库

表 11-1   Commonly Used Blocks 子库

模 块 名	功 能
Bus Creator	将输入信号合并成向量信号
Bus Selector	将输入向量分解成多个信号，输入只接受从 Mux 和 Bus Creator 输出的信号
Constant	输出常量信号
Data Type Conversion	数据类型的转换
Demux	将输入向量转换成标量或更小的标量
Discrete-Time Integrator	离散积分器模块
Gain	增益模块
In1	输入模块
Integrator	连续积分器模块
Logical Operator	逻辑运算模块
Mux	将输入的向量、标量或矩阵信号合成
Out1	输出模块
Product	乘法器，执行标量、向量或矩阵的乘法
Relational Operator	关系运算，输出布尔类型数据
Saturation	定义输入信号的最大和最小值
Scope	输出滤波器
Subsystem	创建子系统
Sum	加法器
Switch	选择器，根据第二个输入信号来选择输出第一个还是第三个信号
Terrainator	终止输出，用于防止模型最后的输出端没有接任何模块时报错
Unit Delay	单位时间延迟

2. Continuous 库

双击 Simulink 模块库窗口中的 "Continuous"，即可打开连续系统模块库，如图 11-13 所示，连续系统模块库中的各子模块功能见表 11-2。

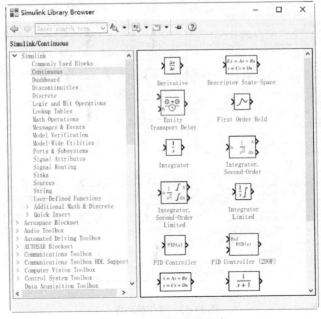

图 11-13 连续系统模块库

表 11-2　　　　　　　　　　　　　　　　Continuous 子库

模 块 名	功 能
Derivative	数值微分
Integrator	积分器与 Commonly Used Blocks 子库中的同名模块一样
State-Space	创建状态空间模型 $dx/dt = Ax + Bu$ $y = Cx + Du$
Transport Delay	定义传输延迟，如果将延迟设置得比仿真步长大，就可以得到更精确的结果
Transfer Fen	用矩阵形式描述的传输函数
Variable Transport Delay	定义传输延迟，第一个输入接收输入，第二个输入接收延迟时间
Zero-Pole	用矩阵描述系统零点，用向量描述系统极点和增益

11.2.2　子系统及其封装

若模型的结构过于复杂，则需要将功能相关的模块组合在一起形成几个小系统，即子系统，然后在这些子系统之间建立连接关系，从而完成整个模块的设计。这种设计方法实现了模型图表的层次化，使整个模型变得非常简洁，使用起来非常方便。

用户可以把一个完整的系统按照功能划分为若干个子系统，而每一个子系统又可以进一步划分为更小的子系统，这样依次细分下去，就可以把系统划分成多层。

图 11-14 所示为一个二级系统图的基本结构图。

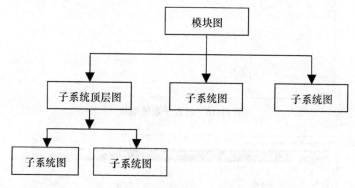

图 11-14　二级系统图的基本结构图

模块的层次化设计既可以采用自上而下的设计方法，也可以采用自下而上的设计方法。

1. 子系统的创建方法

在 Simulink 中有两种创建子系统的方法。

（1）通过子系统模块来创建子系统

打开 Simulink 模块库中的 Ports&Subsystems 库，如图 11-15 所示，选中 Subsystem 模块，将其拖动到模块文件中，如图 11-16 所示。

双击 Subsystem 模块，打开 Subsystem 文件，如图 11-17 所示，在该文件中绘制子系统图，然后保存即可。

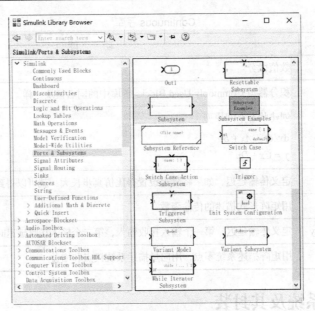

图 11-15　Simulink 模块库对话框

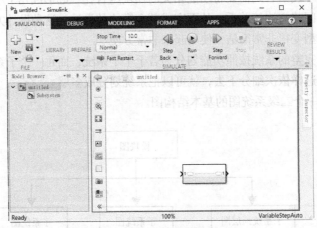

图 11-16　放置子系统模块

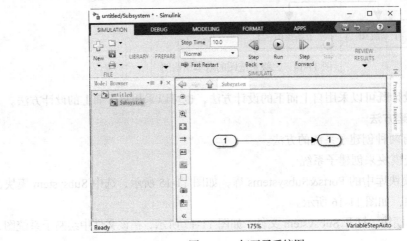

图 11-17　打开子系统图

（2）组合已存在的模块集

打开"Model Browser"（模块浏览器）面板，如图 11-18 所示。单击面板中相应的模块文件名，在编辑区内就会显示对应的系统图。

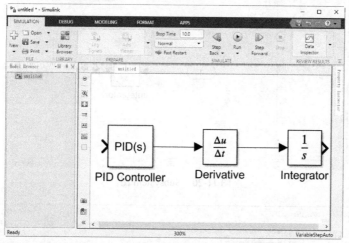

图 11-18　打开"Model Browser"（模块浏览器）面板

选择其中一个模块，单击鼠标右键弹出快捷菜单，选择"Create Subsystem from Selection"命令，模块自动变为 Subsystem 模块，如图 11-19 所示，同时在左侧的"Model Browser"（模块浏览器）面板中显示下一个层次的 Subsystem 图。

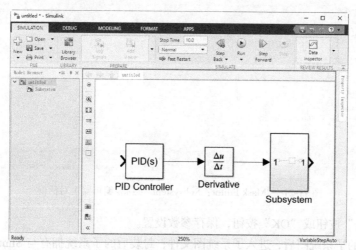

图 11-19　显示子系统图层次结构

在左侧的"Model Browser"（模块浏览器）面板中单击子系统图或在编辑区双击变为 Subsystem 的模块，打开子系统图，如图 11-20 所示。

2. 封装子系统

封装后的子系统创建可以反映子系统功能的图标，可以避免用户在无意中修改子系统中模块的参数。

选择需要封装的子系统，单击鼠标右键弹出快捷菜单选择"Mask"→"Create Mask"选项，弹出如图 11-21 所示的封装编辑器对话框，从中设置子系统中的参数。

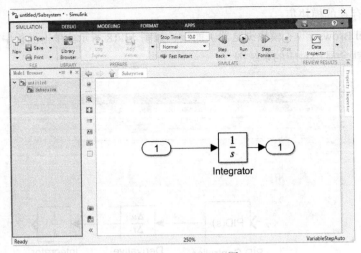

图 11-20　Subsystem 图

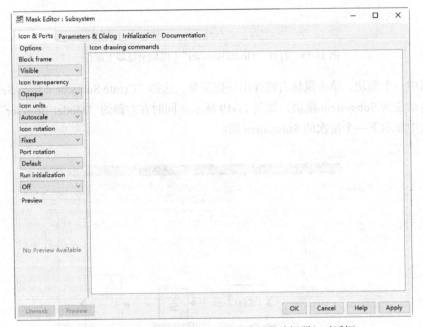

图 11-21　"Mask Editor：Subsystem"（封装编辑器）对话框

单击 "Apply" 按钮或 "OK" 按钮，保存参数设置。

双击封装前的子系统图后，进入子系统图文件；封装后的子系统拥有与 Simulink 提供的模块
一样的图标，如图 11-22 所示，显示添加 image 封装
属性后弹出的对话框。

例 11-4：封装信号选择输出子系统。

选择需要封装的 Subsystem 模块，单击鼠标右键
弹出快捷菜单，选择 "Mask" → "Create Mask" 选项，
弹出封装编辑器对话框，打开 "Parameters&Dialog"
选项卡，输入参数，如图 11-23 所示。

按照图 11-24 所示设置 "Documentation" 选项卡，

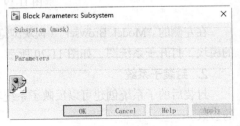

图 11-22　"Block Parameters：Subsystem"
（模块参数：子系统）对话框

设置封装子系统的封装类型、模块描述和模块帮助信息。

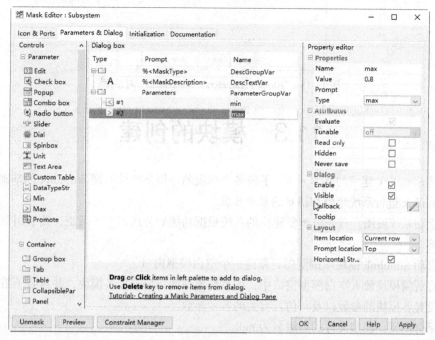

图 11-23 "Parameters & Dialog" 选项卡

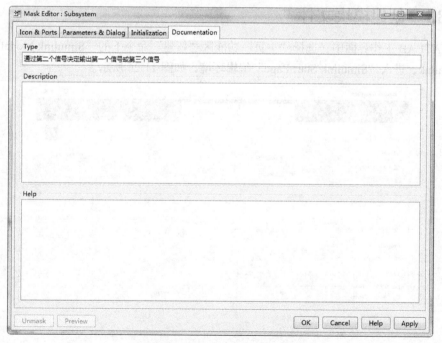

图 11-24 "Documentation" 选项卡

单击 "Apply" 按钮或 "OK" 按钮，保存参数设置。

双击 Subsystem 模块，弹出图 11-25 所示的参数对话框，显示添加的封装参数。

将文件保存为 "signal_switch_fz" 文件。

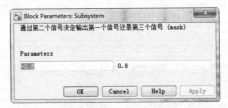

图 11-25 "Block Parameters：Subsystem"对话框

11.3 模块的创建

模块是 Simulink 建模的基本元素，了解各个模块的作用是熟练掌握 Simulink 的基础。下面介绍利用 Simulink 进行系统建模和仿真的基本步骤。

（1）绘制系统流图。首先将所要建模的系统根据功能划分成若干子系统，然后用模块来搭建每个子系统。

（2）启动 Simulink 模块库浏览器，新建一个空白模型窗口。

（3）将所需模块放入空白模型窗口中，按系统流图的布局连接各模块，并封装子系统。

（4）设置各模块的参数以及与仿真有关的各种参数。

（5）保存模型，模型文件的后缀名为.mdl。

（6）运行并调试模型。

11.3.1 创建模块文件

在 MATLAB 工作界面中，选择"主页"功能区"新建"命令下的"Simulink Model"命令，启动 Simulink，进入"Simulink Start Page"编辑环境，如图 11-26 所示。

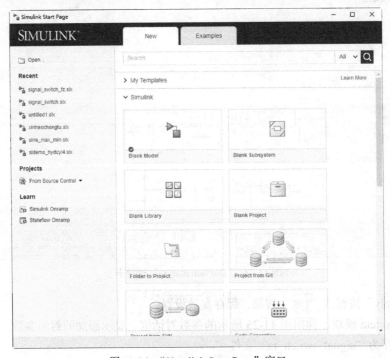

图 11-26 "Simulink Start Page"窗口

（1）单击"Blank Model"命令，创建空白模块文件，如图 11-27 所示，后面详细介绍模块的编辑。

图 11-27　创建模块文件

（2）单击"Blank Library"命令，创建空白模块库文件。通过自定义模块库，可以集中存放为某个领域服务的所有模块，将需要的模块复制到模块库窗口中即可创建模块库，如图 11-28 所示。

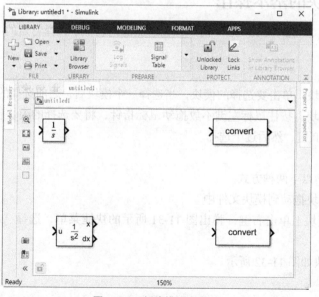

图 11-28　创建模块库文件

（3）单击"Blank Project"命令，创建空白项目文件，执行该命令后，弹出图 11-29 所示的"Create Project"对话框，设置项目文件的路径与名称。

单击"Create Project"按钮，创建项目文件，如图 11-30 所示。

图 11-29 "Create Project" 对话框

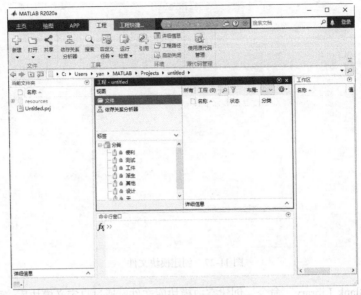

图 11-30 项目文件编辑环境

11.3.2 模块的基本操作

打开 "Simulink Library Browser" 窗口，在左侧的列表框中选择特定的库文件，在右侧显示对应的模块。

1. 模块的选择

● 选择一个模块：单击要选择的模块，当选择一个模块后，之前选择的模块被放弃。

● 选择多个模块：按住鼠标左键不放拖动鼠标指针，将要选择的模块包括在鼠标画出的方框中；或者按住 Shift 键，然后逐个选择。

2. 模块的放置

模块的放置包括以下两种方式。

● 将选中的模块拖动到模块文件中。

● 在选中的模块上单击右键，弹出图 11-31 所示的快捷菜单，选择 "Add block to model untitled" 命令。

完成放置的模块如图 11-32 所示。

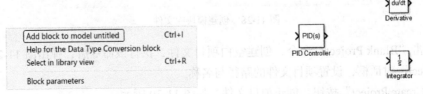

图 11-31 快捷菜单

图 11-32 放置模块

3. **模块的位置调整**

- 不同窗口间复制模块：直接将模块从一个窗口拖动到另一个窗口。

- 同一模型窗口内复制模块：先选中模块，然后按 "Ctrl+C" 组合键，再按 "Ctrl+V" 组合键；还可以在选中模块后，单击鼠标右键弹出快捷菜单，选择 "Cut" 命令来实现。

- 移动模块：按下鼠标左键直接拖动模块。

- 删除模块：先选中模块，再按 Delete 键或者通过快捷菜单中的 "Delete" 命令删除模块。

4. **模块的属性编辑**

- 改变模块大小：先选中模块，然后将鼠标指针移到模块方框的一角，当鼠标指针变成两端有箭头的线段时，按下鼠标左键拖动模块图标，以改变图标大小。

- 调整模块的方向：先选中模块，然后通过快捷菜单中的 "Rotate&Flip" → "Clockwise" 或 "Counterclockwise" 来改变模块方向。

- 给模块添加阴影：先选中模块，然后通过快捷菜单中的 "Format" → "Shadow" 给模块添加阴影，如图 11-33 所示。

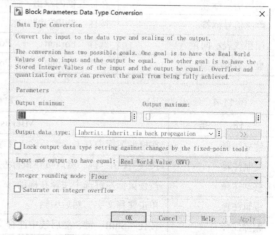

（a）添加前　（b）添加后

图 11-33　给模块添加阴影

- 修改模块名：双击模块名，然后修改。

- 模块名的显示与否：先选中模块，然后通过快捷菜单中的 "Format" → "Show Block Name" 来决定是否显示模块名。

- 改变模块名的位置：先选中模块，然后通过快捷菜单中的 "Format" → "Fllip Block Name" 菜单来改变模块名的显示位置。

11.3.3　模块参数设置

1. **参数设置**

双击模块或选择快捷菜单中的 "Block Parameters" 命令，弹出 "Block Parameters:Data Type Conversion" 对话框，如图 11-34 所示，设置增益模块的参数值。

2. **属性设置**

选择快捷菜单中的 "Properties" 命令，弹出属性设置对话框，如图 11-35 所示，其中包括如下 3 项内容。

（1）"General" 选项卡

- Description：用于注释该模块在模型中的用法。

- Priority：定义该模块在模型中执行的优先顺序，其中优先级的数值必须是整数，且数值越小（可以是负整数），优先级越高，一般由系统自动设置。

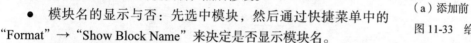

图 11-34　模块参数设置对话框

- Tag：为模块添加文本格式的标记。

（2）"Block Annotation" 选项卡

指定在图标下显示模块的参数、取值及格式。

（3）"Callbacks" 选项卡

用于定义该模块发生某种指定行为时所要执行的回调函数。对信号进行标注和对模型进行注释的方法分别见表 11-3 和表 11-4。

图 11-35　模块属性设置对话框

表 11-3　　　　　　　　　　　　　　　　标注信号

任　　务	Microsoft Windows 环境下的操作
建立信号标签	直接在直线上双击，然后输入
复制信号标签	按住"Ctrl"键，然后按住鼠标左键选中标签并拖动
移动信号标签	按住鼠标左键选中标签并拖动
编辑信号标签	在标签框内双击，然后编辑
删除信号标签	按住"Shift"键，然后单击选中标签，再按"Delete"键
用粗线表示向量	选择"Format"→"Port / Signal Displays"→"Wide Nonscalar Lines"菜单
显示数据类型	选择"Format"→"Port / Signal Displays"→"Port Data Types"菜单

表 11-4　　　　　　　　　　　　　　　　注释模型

任　　务	Microsoft Windows 环境下的操作
建立注释	在模型图标中双击，然后输入文字
复制注释	按住"Ctrl"键，然后按住鼠标左键选中注释文字并拖动
移动注释	按住鼠标左键选中注释并拖动
编辑注释	单击注释文字，然后编辑
删除注释	按住"Shift"键，然后选中注释文字，再按"Delete"键

11.3.4　模块的连接

1. 直线的连接

● 连接模块：先选中源模块，然后按住"Ctrl"键并单击目标模块，如图 11-36 所示。

● 断开模块间连接：先按住"Shift"键，然后拖动模块到另一个位置；或者将鼠标指针指向连线的箭头处，当出现一个小圆圈圈住箭头时，按下鼠标左键并移动连线，如图 11-37 所示。

同时也可以直接选中连线，按"Delete"键删除。

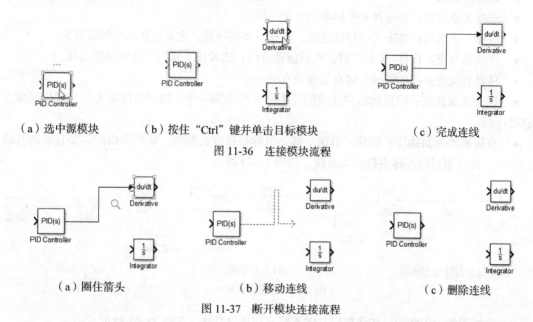

（a）选中源模块　　　　（b）按住"Ctrl"键并单击目标模块　　　　（c）完成连线

图 11-36　连接模块流程

（a）圈住箭头　　　　　　（b）移动连线　　　　　　（c）删除连线

图 11-37　断开模块连接流程

● 在连线之间插入模块：拖动模块到连线上，使模块的输入/输出接口对准连线，如图 11-38 所示。

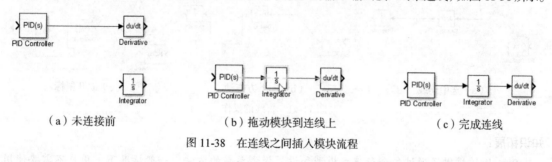

（a）未连接前　　　　　（b）拖动模块到连线上　　　　　（c）完成连线

图 11-38　在连线之间插入模块流程

知识拓展：

模块不仅可以在连线之间插入，还可以在连线之外插入并进行连接，如图 11-39 所示。

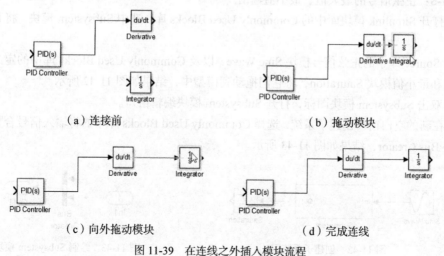

（a）连接前　　　　　　　　　　　　　（b）拖动模块

（c）向外拖动模块　　　　　　　　　（d）完成连线

图 11-39　在连线之外插入模块流程

2. 直线的编辑

- 选择多条直线：与选择多个模块的方法一样。
- 选择一条直线：单击要选择的连线，选择一条连线后，之前选择的连线被放弃。
- 连线的分支：按住"Ctrl"键，然后拖动直线；或者按下鼠标左键并拖动直线。
- 移动直线段：按住鼠标左键直接拖动直线。
- 移动直线顶点：将鼠标指向连线的箭头处，当出现一个小圆圈圈住箭头时，按住鼠标左键移动连线。
- 直线调整为斜线段：按住"Shift"键，鼠标指针变为圆圈，将圆圈指向需要移动的直线上的一点，并按下鼠标左键直接拖动直线，如图 11-40 所示。

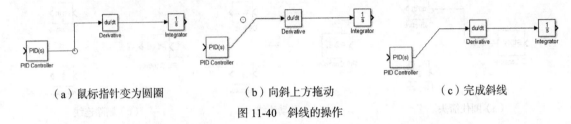

（a）鼠标指针变为圆圈　　　　　（b）向斜上方拖动　　　　　（c）完成斜线

图 11-40　斜线的操作

- 直线调整为折线段：按住鼠标左键不放直接拖动直线，如图 11-41 所示。

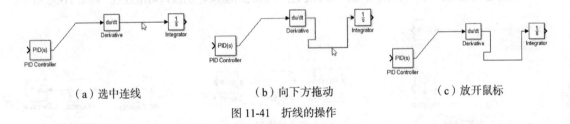

（a）选中连线　　　　　　　（b）向下方拖动　　　　　　　（c）放开鼠标

图 11-41　折线的操作

知识拓展：

Simulink 提供了通过命令行建立模型和设置模型参数的方法。一般情况下，用户不需要使用这种方式来建模，因为它很不直观，这里不再介绍。

例 11-5：正弦信号的最大值、最小值输出。

（1）打开 Simulink 模块库中的 Commonly Used Blocks 库，选中 Subsystem 模块，将其拖动到模型中。

选择 Source 库中的正弦信号模块 Sine Wave，以及 Commonly Used Blocks 库中的定义输入信号的最大和最小值模块 Saturation，将它们拖动到模型中，结果如图 11-42 所示。

（2）双击 Subsystem 模块图标，打开 Subsystem 模块编辑窗口。

（3）在新的空白窗口创建子系统，选择 Commonly Used Blocks 库中的将输入信号合并成向量信号模块 Bus Creator，结果如图 11-43 所示。

图 11-42　创建子系统图　　　　　　　图 11-43　绘制 Subsystem 模块

（4）将文件保存为"sine_max_min"文件。

例 **11-6**：信号选择输出。

（1）打开 Simulink 模块库中的 Commonly Used Blocks 库，选中 Switch（选择器）模块、Scope（示波器）模块，将其拖动到模型中。

（2）选择 Source 库中的正弦信号模块 Sine Wave、Constant 模块、Chirp Signal 模块，连接模块，结果如图 11-44 所示。

（3）选中要创建成了系统的模块，如图 11-45 所示。选择快捷菜单中的"Subsystem&Model Reference"→"Create Subsystem from Selection"命令，模块自动变为 Subsystem 模块，结果如图 11-46 所示。

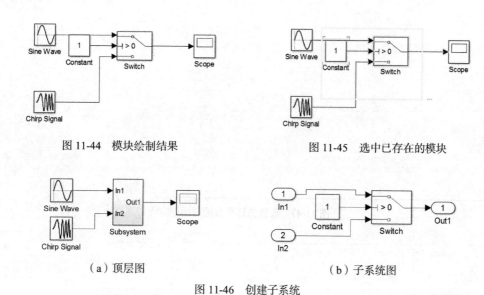

图 11-44　模块绘制结果　　　　　　图 11-45　选中已存在的模块

（a）顶层图　　　　　　　　　　（b）子系统图

图 11-46　创建子系统

（4）将文件保存为"signal_switch"文件。

11.4　仿真分析

Simulink 的仿真性能和精度受许多因素的影响，包括模型的设计、仿真参数的设置等。用户可以通过设置不同的相对误差或绝对误差参数值，比较仿真结果，并判断解是否收敛，设置较小的绝对误差参数。

11.4.1　仿真参数设置

在模型窗口中选择快捷菜单命令"Mode Configuration Parameters"项，打开设置仿真参数的对话框，如图 11-47 所示。

下面介绍不同面板中参数的含义。

（1）Solver 面板

主要用于设置仿真开始和结束时间，选择求解器，并设置相应的参数，如图 11-48 所示。

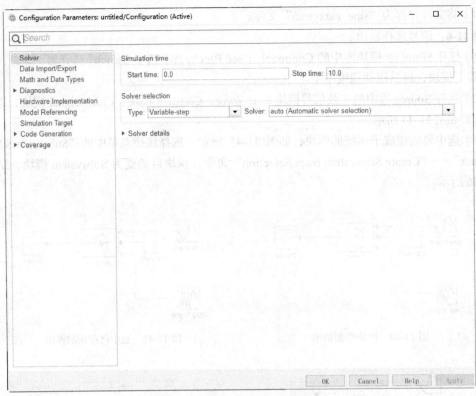

图 11-47　设置仿真参数的对话框

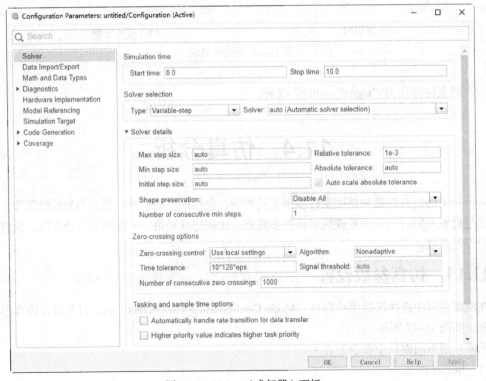

图 11-48　Solver（求解器）面板

Simulink 支持两类求解器：固定步长和变步长求解器。Type 下拉列表用于设置求解器类型，Solver 下拉列表用于选择相应类型的具体求解器。

（2）Data Import/Export 面板

主要用于向 MATLAB 工作空间输出模型仿真结果，或从 MATLAB 工作空间读入数据到模型，如图 11-49 所示。

- Load from workspace：设置从 MATLAB 工作空间向模型导入数据。
- Save to workspace or file：设置向 MATLAB 工作空间输出仿真时间、系统状态、输出和最终状态。
- Save options：设置向 MATLAB 工作空间输出数据。

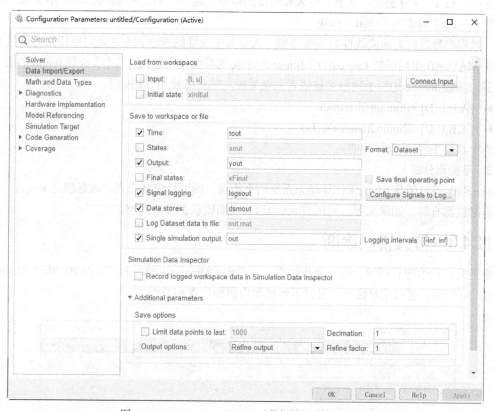

图 11-49　Data Import/Export（数据输入/输出）面板

11.4.2　仿真的运行和分析

仿真结果的可视化是 Simulink 建模的一个特点，而且 Simulink 还可以分析仿真结果。仿真运行方法包括以下 3 种。

- 单击功能区的“Run”按钮 ▷。
- 通过命令行窗口运行仿真。
- 从 M 文件中运行仿真。

为了使仿真结果能达到一定的效果，仿真分析还可采用几种不同的分析方法。

1. 仿真结果输出分析

在 Simulink 中输出模型的仿真结果有如下 3 种方法。

- 在模型中将信号输入 Scope（滤波器）模块或 XY Graph 模型。
- 将输出写入 To Workspace 模块，然后使用 MATLAB 绘图功能。
- 将输出写入 To File 模块，然后使用 MATLAB 文件读取和绘图功能。

2. 线性化分析

线性化就是将所建模型用如下线性时不变模型进行近似表示。

$$\begin{cases} \dot{x} = Ax + Bu \\ y = Cx + Du \end{cases}$$

其中，x、u、y 分别表示状态、输入和输出的向量。模型中的输入/输出必须使用 Simulink 提供的输入（Inl）和输出（Outl）模块。

一旦将模型近似表示成线性时不变模型，大量关于线性的理论和方法就可以用来分析模型。

在 MATLAB 中用函数 linmod() 和 dlinmod() 来实现模型的线性化，其中，函数 linmod() 用于连续模型，函数 dlinmod() 用于离散系统或者混杂系统。其具体使用方法如下。

- [A,B,C,D] =linmod(filename)
- [A,B,C,D]=dlinmod(filename,Ts)

其中参量 Ts 表示采样周期。

3. 平衡点分析

Simulink 通过函数 trim() 来计算动态系统的平衡点，所谓稳定状态点，就是满足 $x=f(x)$。并不是所有时候都有解，如果无解，则函数 trim() 返回离期望状态最近的解。

11.4.3 仿真错误诊断

在运行过程中遇到错误，程序停止仿真，并弹出 "Diagnostic Viewer"（仿真诊断）对话框，如图 11-50 所示。通过该对话框，可以了解模型出错的位置和原因。

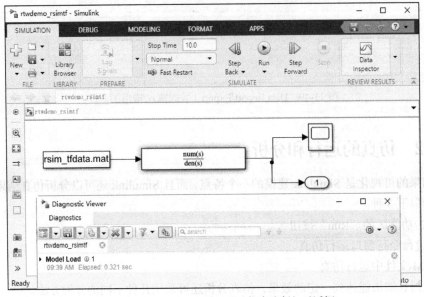

图 11-50 "Diagnostic Viewer"（仿真诊断）对话框

单击每一个错误左侧的按钮，可展开显示了每个错误的信息，如图 11-51 所示。在蓝色文字上单击，模块文件中对应的错误模型元素采用黄色加亮显示。

展开的错误信息包括运行结果的完整内容，以及出错原因和元素。

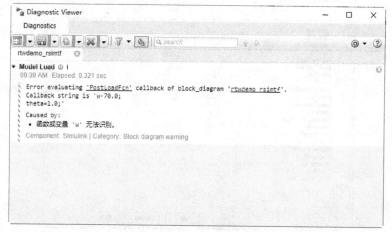

图 11-51　显示详细的错误信息

11.5　回调函数

为模型或模块设置回调函数的方法有下面两种。

- 通过模型或模块的编辑对话框设置。
- 通过 MATLAB 相关的命令设置。

在图 11-52 和图 11-53 所示的"Model Properties:untitled"（模型属性设置）和"Block Properties: Data Type Conversion"（模块属性设置）对话框中的 Callbacks 选项卡给出了回调函数列表，分别见表 11-5 和表 11-6。

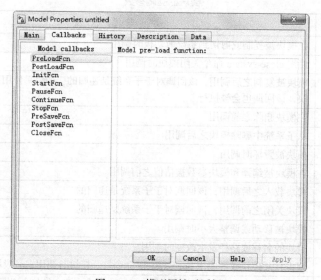

图 11-52　模型属性对话框

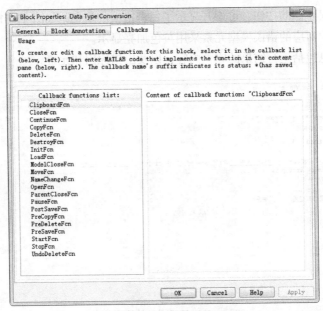

图 11-53　模块属性设置对话框

表 11-5　　　　　　　　　　　　　　　　　　　模型的回调参数

模型回调参数名称	参 数 含 义
CloseFcn	在模型图表被关之前调用
PostLoadFcn	在模型载入之后调用
InitFcn	在模型的仿真开始时调用
PostSaveFcn	在模型保存之后调用
PreLoadFcn	在模型载入之前调用，用于预先载入模型使用的变量
PreSaveFcn	在模型保存之前调用
StartFcn	在模型仿真开始之前调用
StopFcn	在模型仿真停止之后，在 StopFcn 执行前，仿真结果先写入工作空间中的变量和文件中

表 11-6　　　　　　　　　　　　　　　　　　　模块的回调参数

模块回调参数名称	参 数 含 义
ClipboardFcn	在模块被复制或剪切到系统剪切板时调用
CloseFcn	使用 close-system 命令关闭模块时调用
CopyFcn	模块被复制之后调用，该回调对于子系统是递归的。如果是使用 add-block 命令复制模块，该回调也会被执行
DeleteFcn	在模块删除之前调用
DeleteChildFcn	从子系统中删除模块之后调用
DestroyFcn	模块被毁坏时调用
InitlFcn	在模块被编译和模块参数被估值之前调用
LoadFcn	模块载入之后调用，该回调对于子系统是递归的
ModelCloseFcn	模块关闭之前调用，该回调对于子系统是递归的
MoveFcn	模块被移动或调整大小时调用
NameChangeFcn	模块的名称或路径发生改变时调用
OpenFcn	双击打开模块或者使用 open-system 命令打开模块时调用，一般用于子系统模块
ParentCloseFcn	在关闭包含该模块的子系统或者用 new-system 命令建立的包含该模块的子系统时调用

续表

模块回调参数名称	参 数 含 义
PostSaveFcn	模块保存之后调用，该回调对于子系统是递归的
PreSaveFcn	模块保存之前调用，该回调对于子系统是递归的
StarFcn	模块被编译之后、仿真开始之前调用
StopFcn	仿真结束时调用
UndoDeleteFcn	一个模块的删除操作被取消时调用

11.6 操作实例——弹球模型动态系统

弹球模型演示了一个经典的混合动态系统。混合动态系统既有连续动力学特性又有离散转换特性，其动力学特性会发生变化，而且状态会发生跃变。弹球的连续动力学特性可以简单地描述如下。

$$\frac{\mathrm{d}v}{\mathrm{d}t} = -g$$

$$\frac{\mathrm{d}x}{\mathrm{d}t} = v$$

式中，g 为重力加速度，x 为球的位置，v 为速度。因此，系统有两个连续状态：位置 x 和速度 v。

该模型的混合系统方面来源于对球与地面碰撞的建模。如果假定与地面发生部分弹性碰撞，则碰撞前的速度 v^- 和碰撞后的速度 v^+ 可通过球的恢复系数 k 联系起来，如下所示。

$$v^+ = -kv^-, x = 0$$

因此，在转移条件 $x = 0$ 下，弹球显示出以连续状态（速度）弹跳。

弹球是说明 Zeno 现象的最简单模型之一。Zeno 行为的非正式特征是，特定混合系统在有限时间间隔内发生无数次的事件。在弹球模型中，随着球的能量的损失，会开始以逐级变小的时间间隔出现大量与地面的碰撞。因此，该模型会表现出 Zeno 行为。具有 Zeno 行为的模型本身很难在计算机上仿真，但会在许多常见和重要的工程应用中遇到。

操作步骤如下。

1. 创建模型文件

在 MATLAB "主页" 主窗口单击 "新建" →
"Simulink Model" 命令，打开 Simulink 模型文件。

2. 打开库文件

选择功能区的 "Library Browser" 命令，
弹出图 11-54 所示的模块库浏览器。

3. 放置模块

在模块库中，选择 "Simulink" → "Commonly
Used Block" 中的 1 个常数模块 Constant、2 个
终止模块 Terminator、1 个增益模块 Gain，将
其拖动到模型中。

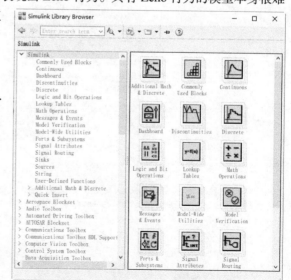

图 11-54 "Simulink Library Browser" 对话框

选择"Simulink"→"Continuous"中的 1 个积分模块 Intergrator Second-Order，将其拖动到模型中。

选择"Simulink"→"Discrete"中的 1 个 Memory 模块，将其拖动到模型中。

选择"Simulink"→"Signal Attributes"库中选择 IC 模块，将其拖动到模型中。

4. 仿真模型中参数的设定

设置 Gain 模块中增益值为-0.8，，常数模块 Constant 值为-9.81，IC 模块的初始值设置为 15。

双击积分模块 Intergrator Second-Order，显示参数如图 11-55 所示，在弹出的对话框的"Attributes"选项卡中，勾选"Reinitialize dx/dt when x reaches saturation"复选框，通过此参数可以在 x 达到饱和限制时将 $\dfrac{\mathrm{d}x}{\mathrm{d}t}$（弹球模型中的 v）重新初始化为一个新值。

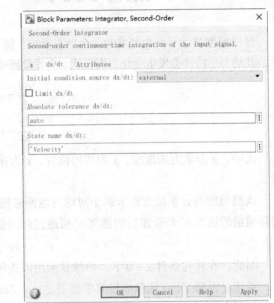

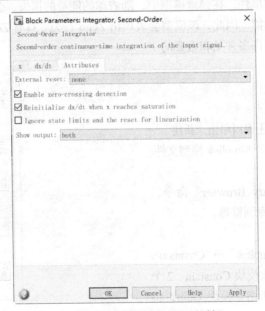

图 11-55　积分模块属性设置对话框

翻转增益模块和记忆模块，将 IC 模块的初始值设置为 15，连接模块，结果如图 11-56 所示。

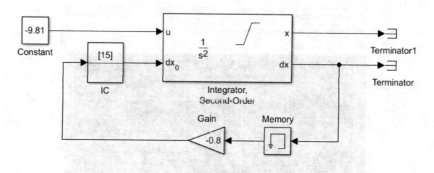

图 11-56　创建模型图

选择"SIMULINK"功能区的"Save As"命令，将生成的模型文件保存为"Ball_Model.slx"。

5．创建输出信号

在积分模块 Intergrator Second-Order 右侧输出线上双击，修改输出的信号线名称为"Position""Velocity"。

在输出的信号线"Position"上单击鼠标右键，在如图 11-57 所示的快捷菜单中选择"Creat& Connect View"→"DSP"→"Scope"命令，生成图 11-58 所示的"View"对话框，在示波器中显示输出信号。

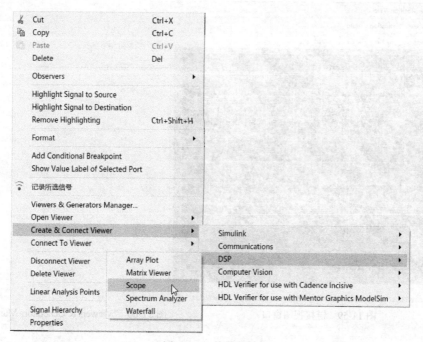

图 11-57　快捷菜单

在信号线"Velocity"上单击鼠标右键，在快捷菜单中选择"Connect To Viewer"→"Scope"命令，链接两个滤波器窗口，如图 11-59 所示。

在如图 11-57 所示的快捷菜单中选择"Viewers & Generators Manager"命令，弹出"Viewers &

Generators Manager" 对话框, 如图 11-60 所示。

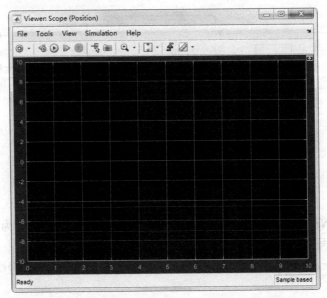

图 11-58 "View" 对话框

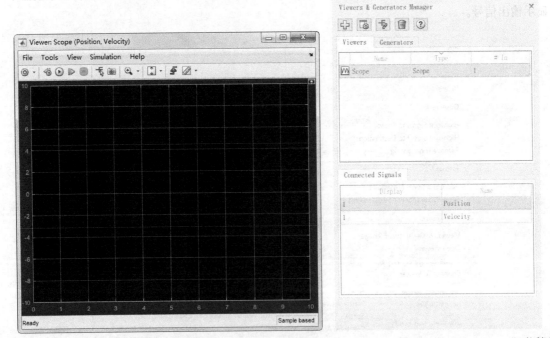

图 11-59 链接视图窗口

图 11-60 "Viewers & Generators Manager" 对话框

6. 仿真分析

单击工具栏中的 "Run" 按钮 ⊙, 弹出 "Viewer:Scope(Position,Velocity)" 对话框, 在滤波器中显示分析结果, 如图 11-61 所示。

在视图窗口中选择 "View" → "Layout", 选择两个信号的输出样式, 如图 11-62 所示, 表示两个视口竖向排列，如图 11-63 所示。

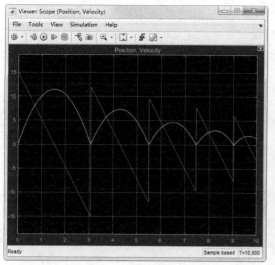

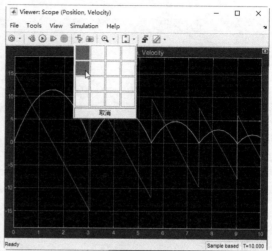

图 11-61　滤波器分析图　　　　　　　　　　图 11-62　视图布局

在输出信号线上单击鼠标右键选择"Viewers & Generators Manager"命令，弹出"Viewers & Generators Manager"对话框，如图 11-64 所示，设置"Connected Signals"选项组下"Velocity"信号线"Display"（信号显示）的编号为 2，如图 11-65 所示。

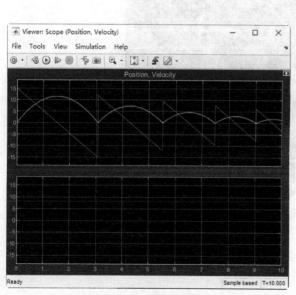

图 11-63　滤波器排列图　　　　　　　图 11-64　"Signal & Generators Manager
　　　　　　　　　　　　　　　　　　　（信号滤波器管理器）"对话框

单击工具栏中的"Run"按钮 ⊙，弹出"Viewer:Scope(Position,Velocity)"对话框，在滤波器中显示分析结果，如图 11-66 所示。

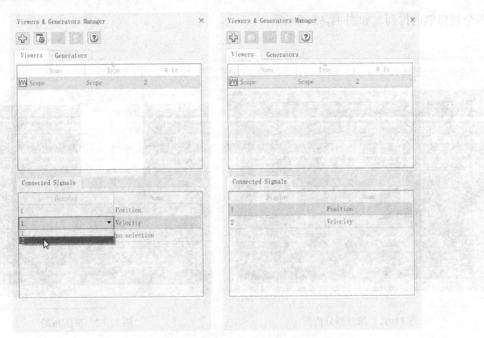

图 11-65 "Signal & Generators Manager"对话框

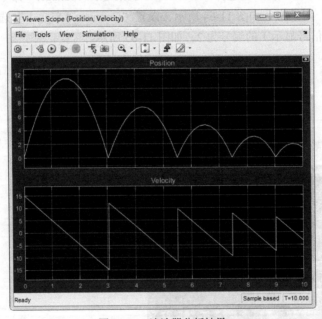

图 11-66 滤波器分析结果

第12章
MATLAB 联合编程

内容指南

MATLAB 的编程效率高，但运行效率低，不能成为通用的软件开发平台。可以利用 MATLAB 的应用程序接口实现 MATLAB 与通用编程平台的混合编程。这样可以充分发挥 MATLAB 的优势，避开其执行效率低的不足。

知识重点

- 应用程序接口介绍
- MEX 文件的编辑与使用
- MATLAB 与.NET 联合编程

12.1 应用程序接口介绍

MATLAB 不仅自身功能强大、环境友善、能十分有效地处理各种科学和工程问题，而且具有极好的开放性。其开放性表现在以下两方面。

（1）MATLAB 适应各种科学、专业研究的需要，并提供了各种专业性的工具包。

（2）MATLAB 为实现与外部应用程序的"无缝"结合，提供了专门的应用程序接口（Application Program Interface，API）。

MATLAB 的 API 包括以下三部分内容。

（1）MATLAB 解释器能识别并执行的动态链接库（MEX 文件），使得可以在 MATLAB 环境下直接调用 C 语言或 FORTRAN 等编写的程序段。

（2）MATLAB 计算引擎函数库，使得可以在 C 语言或 FORTRAN 等中直接使用 MATLAB 的内置函数。

（3）MAT 文件应用程序，可读写 MATLAB 数据文件（MAT 文件），以实现 MATLAB 与 C 语言或 FORTRAN 等程序之间的数据交换。

12.1.1 MEX 文件简介

在大规模优化问题中，MATLAB 本身所带的工具箱已十分完善，但是有些特殊的问题需要用户自己设计一些算法和程序来实现。由于问题的规模很大，单纯依靠 MATLAB 本身将会给计算机带来巨大的压力，这就需要靠一些其他比较节省系统空间的高级语言的帮助。

MEX 是 MATLAB 和 Executable 两个单词的缩写。MEX 文件是一种具有特定格式的文件，是能够被 MATLAB 解释器识别并执行的动态链接函数。它可由 C 语言等高级语言编写。在 Microsoft Windows 操作系统中，这种文件类型的扩展名为.dll。

MEX 文件是在 MATLAB 环境下调用外部程序的应用接口，通过 MEX 文件，可以在 MATLAB 环境下调用由 C 语言等高级语言编写的应用程序模块。在 MATLAB 中调用 MEX 文件也相当方便，其调用方式与使用 MATLAB 的 M 文件相同，只需要在命令行窗口中键入相应的 MEX 文件名即可。同时，在 MATLAB 中 MEX 文件的调用优先级高于 M 文件，所以，即使 MEX 文件同 M 文件重名，也不会影响 MEX 文件的执行。更重要的是，在调用过程中并不对所调用的程序进行任何的重新编译处理。

由于 MEX 文件本身不带有 MATLAB 可以识别的帮助信息，在程序设计的过程中都会为 MEX 文件另外建立一个 M 文件，用来说明 MEX 文件。一般情况下，在实际操作中，为 MEX 文件建立同名的 M 文件，这样在查询所使用的 MEX 文件的帮助时，就可以通过 MATLAB 的帮助系统查看同名的 M 文件以获取帮助信息。

12.1.2　API 库函数和 MEX 文件的区别

编写 MEX 文件源程序时，要用到两类 API 库函数，即 mx-库函数和 mex-库函数，分别以 mx 和 mex 为前缀，并且分别完成不同的功能。

（1）mx-库函数

mx-库函数是 MATLAB 外部程序接口函数库中提供的一系列函数，它们均以 mx 为前缀，主要是为用户提供了一种在 C 语言等高级程序设计语言中创建、访问、操作和删除 mxArray 结构体对象的方法。在 C 语言中，mxArray 结构体用于定义 MATLAB 矩阵，即 MATLAB 唯一能处理的对象。

（2）mex-库函数

mex-库函数同样是 MATLAB 外部程序接口函数库中提供的一系列函数，它们均以 mex 为前缀，主要是与 MATLAB 环境进行交互，从 MATLAB 环境中获取必要的阵列数据，并且返回一定的信息，包括文本提示、数据阵列等。这里必须注意，以 mex 为前缀的函数只能用于 MEX 文件中。

有关这些库函数的详细说明可参阅 MATLAB 的 help 文件。

12.1.3　MAT 文件

MAT 文件是 MATLAB 数据存储的默认文件格式，在 MATLAB 环境下生成数据存储时，都是以.mat 作为扩展名。MAT 文件由文件头、变量名和变量数据三部分组成。其中，MAT 文件的文件头又是由 MATLAB 的版本信息、使用的操作系统平台和文件的创建时间三部分组成的。

在 MATLAB 中，用户可以直接使用 Save 命令存储当前工作内存区中的数据，把这些数据存储成二进制的 MAT 文件，load 则执行相反的操作，它把磁盘中的 MAT 文件数据读取到 MATLAB 工作区中，而且 MATLAB 提供了带 mat 前缀的 API 库函数，这样用户就能够比较容易地对 MAT 文件进行操作。

值得注意的是，对 MAT 文件的操作与所用的操作系统无关，这是因为在 MAT 文件中包含了有关操作系统的信息，在调用过程中，MAT 文件本身会进行必要的转换，这也表现出了 MATLAB 的灵活性和可移植性。

12.2　MEX 文件的编辑与使用

作为应用程序接口的组成部分，MEX 文件在 MATLAB 与其他应用程序设计语言的交互程序设计中发挥着重要的作用。

12.2.1　编写 C 语言 MEX 文件

C 语言 MEX 文件，就是基于 C 语言编写的 MEX 文件，是 MATLAB 应用程序接口的重要组成部分。通过它不但可以将现有的使用 C 语言编写的函数轻松地引入 MATLAB 环境中进行使用，避免重复的程序设计，而且可以使用 C 语言为 MATLAB 定制用于特定目的的函数，以完成在 MATLAB 中不易实现的任务，同时还可以使用 C 语言提高 MATLAB 环境中数据的处理效率。

下面通过一个实例来演示 C 语言 MEX 文件的编写过程。

例：传递一个数量。

解：这是一个 C 语言程序，用来求解一个数量的 2 倍。示例代码如下。

```c
#include <math.h>
void timestwo(double y[], double x[])
{
  y[0] = 2.0*x[0];
  return;
}
```

下面是相应的 MEX 文件。

```c
#include "mex.h"

void timestwo(double y[], double x[])
{
  y[0] = 2.0*x[0];
}

void mexFunction(int nlhs, mxArray *plhs[], int nrhs,
               const mxArray *prhs[])
{
  double *x, *y;
  int mrows, ncols;

  /* Check for proper number of arguments. */
  if (nrhs != 1) {
    mexErrMsgTxt("One input required.");
  } else if (nlhs > 1) {
    mexErrMsgTxt("Too many output arguments");
  }

  /* The input must be a noncomplex scalar double.*/
  mrows = mxGetM(prhs[0]);
  ncols = mxGetN(prhs[0]);
  if (!mxIsDouble(prhs[0]) || mxIsComplex(prhs[0]) ||
     !(mrows == 1 && ncols == 1)) {
    mexErrMsgTxt("Input must be a noncomplex scalar double.");
  }

  /* Create matrix for the return argument. */
  plhs[0] = mxCreateDoubleMatrix(mrows,ncols, mxREAL);
  /* Assign pointers to each input and output. */
  x = mxGetPr(prhs[0]);
```

```
    y = mxGetPr(plhs[0]);

    /* Call the timestwo subroutine. */
    timestwo(y,x);
}
```

从上面的示例程序可以看出，C 语言编写的 MEX 文件与一般的 C 语言程序相同，没有复杂的内容和格式。较为独特的是，在输入参数中出现的一种新的数据类型 mxArray，该数据类型就是 MATLAB 矩阵在 C 语言中的表述，是一种已经在 C 语言头文件 matrix.h 中预定义的结构类型，所以，在实际编写 MEX 文件的过程中，应当在文件开始声明这个头文件，否则，在执行过程中会报错。

在 MATLAB 命令行窗口中输入下述命令，进行编译和链接。

```
>> mex timestwo.c
```

这样，就可以把上述文件当作 MATLAB 中的 M 文件一样调用了。

```
>> x = 2;
>> y = timestwo(x)
y =
    4
```

12.2.2　编写 FORTRAN 语言 MEX 文件

与 C 语言相同，FORTRAN 语言也可以实现与 MATLAB 语言的通信。

同 C 语言编写的 MEX 文件相比，FORTRAN 语言在数据的存储上表现得更为简单一些，这是因为 MATLAB 的数据存储方式与 FORTRAN 语言相同，均是按列存储，所以，编制的 MEX 文件在数据存储上相对简单（C 语言的数据存储是按行进行的）。但是，在 C 语言中使用 mxArray 数据类型表示的 MATLAB 的数据在 FORTRAN 中没有显性地定义该数据结构，且 FORTRAN 语言没有灵活的指针运算，所以，在程序的编制过程中是通过一种所谓的"指针"类型数据完成 FORTRAN 与 MATLAB 之间的数据传递。

MATLAB 将需要传递的 mxArray 数据指针保存为一个整数类型的变量，例如在 mexFunction 入口函数中声明的 prhs 和 plhs，然后在 FORTRAN 程序中通过能够访问指针的 FORTRAN 语言 mx 函数访问 mxArray 数据，获取其中的实际数据。

FORTRAN 语言编写的 MEX 文件与普通的 FORTRAN 程序也没有特别的差别。同 C 语言编写的 MEX 文件相同，FORTRAN 语言编写的 MEX 文件也需要入口程序，并且入口程序的参数与 C 语言完全相似。

本节不拟对 FORTRAN 语言的 MEX 文件做实例分析，但是值得注意的是，在 FORTRAN 语言中的函数调用必须加以声明，而不能像 C 语言那样仅仅给出头文件即可，所以在使用 mx 函数或 mex 函数时应做出适当的声明。

12.3　MATLAB 与.NET 联合编程

MATLAB Builder for .NET（也叫.NET Builder）是一个对 MATLAB Compiler 的扩充。它可以将 MATLAB 函数文件打包成.NET 组件，提供给.NET 程序员，并通过 C#、VB 等通用编程语言

调用。在调用这些打包的函数时，只需要安装 MATLAB Component Runtime（MCR）就可以了，它是一组独立的共享库，支持 MATLAB 的所有功能。

12.3.1　MATLAB Builder for.NET 主要功能

MATLAB Builder for .NET 的主要功能如下。

- 将 MATLAB 函数打包使得.NET 程序员可以通过 CLS 语言调用。
- 创造能够保持 MATLAB 灵活性的组件。
- 提供强健的数据转换、索引和数据队列格式化能力。
- 提供源自 MATLAB 函数的句柄错误，作为标准托管异常。
- 创建 com 组件。

注意：

为了支持 MATLAB 的数据类型，.NET Builder 提供了 MWarray 继承类，需要在.net Builder MWarray assembly 中定义。在托管程序中引用这个组件来实现由本地类向 Matlab array 间的转换。

被打包的 M 文件必须是函数类型。

MATLAB 面向.NET、C、Java 等环境的编译都集成在 Deployment Tool 工具中。

12.3.2　MATLAB Builder for.NET 原理

在创建.NET 组件之前，首先要创建.NET 项目，它包含有创建.NET 组件需要的 M 文件、类和方法的设置。在创建.NET 组件的过程中，M 文件将被编译成 MicroSoft .NET 框架中的类的方法。

在项目设置过程中，需要对组件名（也是将被引用的 DLL 库命令）和类名进行设置。在这个过程中，MATLAB Builder for .NET 支持 MicroSoft .NET 框架中使用的 Pascal case 规则（这不同于 MATLAB 命名规则，MATLAB 命名规则中，函数名都为小写字母）。

一个典型的 MATLAB 函数如下。

```
function [Out1,Out2,…,varargout] = foo(In1,In2,…,varargin)
```

其中等号左边为一系列可选择的输出参数，右边为一系列输入参数以及可选择的定义，当然，这些参数都是 MATLAB 数据类型。而当.NET Builder 对 M 编码进行处理的时候，会创建一系列可以实现 MATLAB 函数功能的重用方法，每一个对应着对 M 函数的一次访问。除此之外，.NET Builder 还创建另外一个方法来定义 M 函数的返回值。

为了 MATLAB 环境与.NET 环境之间的数据类型转换，.NET Builder 提供了一套衍生于抽象类 "MWArray" 的数据转换类。所以，当调用.NET 组件的时候，输入和输出参数都是 MWArray 的衍生类型（也可叫子类）。抽象类 MWArray 是数据类型转换类层的基础，对应于 MATLAB 的数据类型，它主要包括以下几个子类：MWNumericArray、 MWLogicalArray、MWCharArray、MWCellArray 和 MWStructArray。实际使用中，大部分数据类型转换都是按照对应规则自动进行的，所以，只要直接提供给组件.NET 中使用的计算机语言的数据类型就可以了。

```
result = theFourier.plotfft(3, data, interval);
```

其中，对 interval 参数以 C#的数据类型 "System.Double" 输入，.NET Builder 会自动将其转换成 MWNumericArray 供组件使用。

注意：

VB 语言必须有一个明确的数据类型转换，不能使用这种自动转换。

在创建一个组件的过程中，.NET Builder 要完成以下工作。

（1）生成两个 C#文件：一个组件数据文件（包含静态组件信息）和一个组件包装文件（包含组件的执行代码以及项目设计阶段添加的 M 文件的.NET 应用程序接口）。

（2）编译以上两个 C#文件并生成 "/for_redistribution" "/for_testing" 和 "/for_redistribution_files_only" 三个子目录。其中 "/src" 下存放的是组件数据文件（组件名_mcc_component_data.cs）和组件包装文件（类名_cs），"/distrib" 存放的是组件动态链接库（组件名.dll）、CTF 文件（组件名.ctf）、XML 文件（组件名.xml）和 debug 文件（组件名.pdb，需要选择 "Debug"）。

.NET Builder 为每个组件创建一个 MCR 实例，供组件中的所有类重复使用。这样可以省去每次启动 MCR 的资源占用，提高内存利用效率。

（3）生成一个名为 "组件名.exe" 的可执行程序，压缩以下内容。

- 动态链接库文件（组件名.dll）。
- CTF 文件（组件名.ctf）。
- XML 文件（组件名.xml）。
- debug 文件（组件名.pdb，需要选择 "Debug"）。
- MCRInstaller.exe（需要选择 "Include MCR"）。
- install.bat。

提示：

CTF 的全称是 Component Technology File，这是一种归档技术，通过它，MATLAB 将可部署文件包装起来。需要注意的是，位于 CTF 归档文件中的所有 M 文件都采用了 AES（Advanced Encryption Standard）进行加密，AES 的对成密钥则通过 1024 位的 RSA 密钥保护。除此之外，CTF 还对归档文件进行了压缩。显然，通过这种方式，可以只将可执行的应用程序或者组件发布给终端用户，而保证源代码不被泄漏。

要部署一个已完成的组件，首先运行其安装程序（组件名.exe），然后按以下步骤进行。

（1）如果还没有安装过 MCR，则安装 MCR。

（2）安装组件动态链接库。

（3）将 MWArray 库复制到 Global Assembly Cache (GAC)。

这样，一个 MATLAB 的.NET 组件就部署在一台计算机上了。

12.4　操作实例——MATLAB Builder for.NET 应用实例

本例是在 C#语言中调用.NET 组件，实现正弦函数的功能。在介绍实例之前，先简要介绍一下使用 Deployment Tool 的操作流程，如图 12-1 所示。

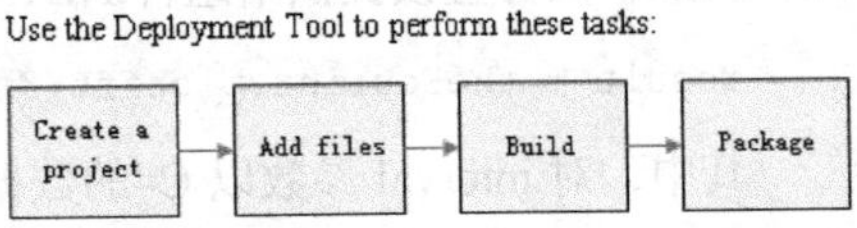

从图 12-1 中可以看出，使用 Deployment Tool 要完成以下工作。

Use the Deployment Tool to perform these tasks:

图 12-1　操作流程

- 创建一个项目。
- 添加 M 文件。
- 生成 DDL。

本例具体的操作步骤如下。

1. 建立一个 M 函数文件 zhengxian.m

```
function y = zhengxian (x)
y = sin(x);
```

2. 创建组件

（1）在 MATLAB 命令行窗口中键入 "deploytool"，打开 "MATLAB Compiler" 对话框，如图 12-2 所示。

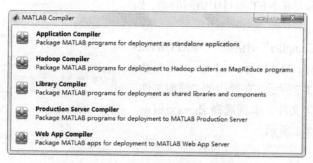

图 12-2　"MATLAB Compiler" 对话框

（2）单击 "Library Compiler" 选项，打开图 12-3 所示的 "Library Compiler" 对话框。

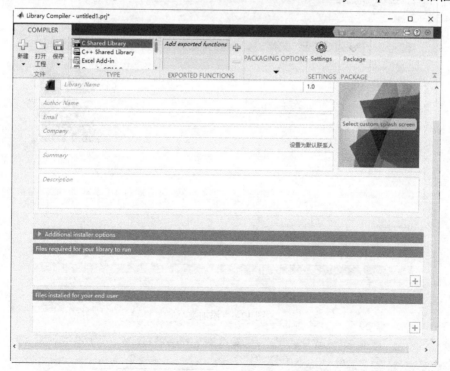

图 12-3　"Library Compiler" 对话框

（3）在 "TYPE" 下拉列表中选择 ".NET Assembly"，如图 12-4 所示。然后单击 "Settings"

按钮，弹出图 12-5 所示的"Settings"对话框，指定项目保存路径，通常为工作目录。本例保留默认设置。单击"OK"按钮，关闭"Settings"对话框。

图 12-4　选择".NET Assembly"

（4）在"Library information"区域键入项目名称。本例项目命名为"zhengxian"。

（5）单击"Library Compiler"对话框底部的"+"（添加类），可以添加需要在.NET 项目中访问的类，如图 12-6 所示。

（6）在"Library Compiler"对话框中"EXPORTED FUNCTIONS"区域单击"Add exported function to the project"按钮，如图 12-7 所示。在弹出的"添加文件"对话框中选择需要的类文件。本例选择 zhengxian.m。此时的对话框如图 12-8 所示。

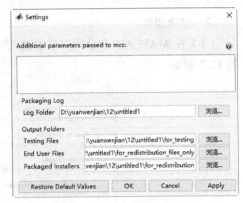

图 12-5　"Settings"对话框

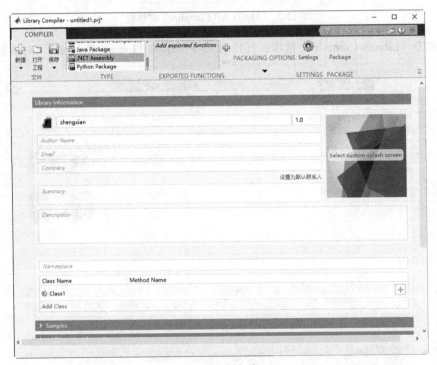

图 12-6　添加类

图 12-7　类操作

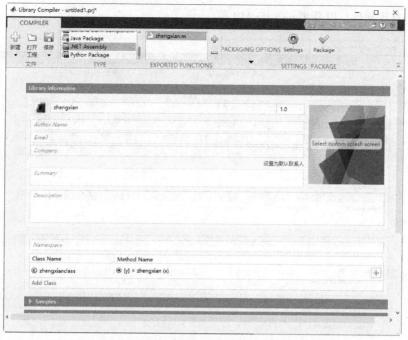

图 12-8　添加文件

（7）拖动滑动条到 "Files installed for your end user"（与应用程序一起安装的文件）区域，如图 12-9 所示，可对打包文件进行设置，例如，是否对其他文件进行打包（如一些说明文档）、是否包含 MCR（包含 MCR 将方便组件的发布）等。

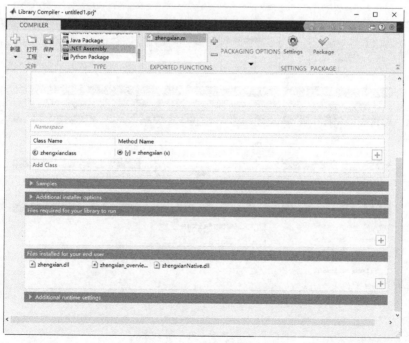

图 12-9　对打包文件进行设置

（8）拖动滑动条到 "Additional runtime settings" 区域，如图 12-10 所示。在这里可以设置.NET

版本、动态链接库属性，以及 Type Safe API 等。

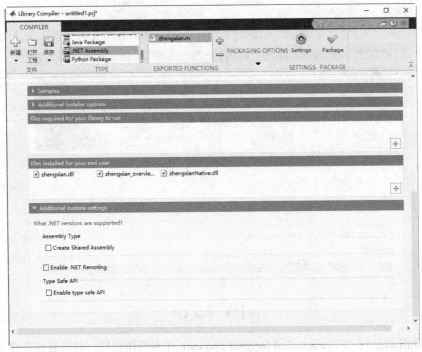

图 12-10　设置.NET 属性

（9）单击"Package"按钮，即可打包，打包完成后显示图 12-11 所示的界面，表示打包成功。

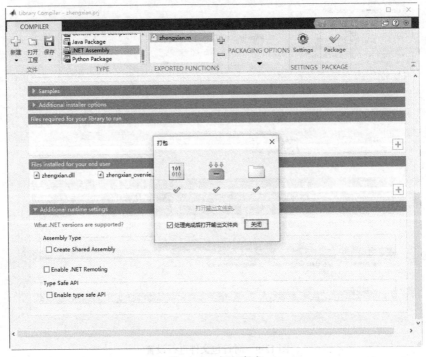

图 12-11　打包完成

第13章
优化设计

内容指南

由于优化问题无处不在，目前最优化方法的应用和研究已经深入到生产和科研的各个领域，如土木工程、机械工程、化学工程、运输调度、生产控制、经济规划、经济管理等，并取得了显著的经济效益和社会效益。

知识重点

- 优化问题概述
- MATLAB 中的工具箱
- 优化工具箱中的函数
- 优化函数的变量
- 参数设置
- 模型输入时需要注意的问题
- 句柄函数
- 优化算法介绍
- 无约束非线性规划问题

13.1 优化问题概述

在生活和工作中，人们对于同一个问题往往会提出多个解决方案，并通过各方面的论证从中提取最佳方案。最优化方法就是专门研究如何从多个方案中科学合理地提取出最佳方案的科学。

用最优化方法解决最优化问题的技术称为最优化技术，它包含以下两个方面的内容。

（1）建立数学模型：用数学语言来描述最优化问题。模型中的数学关系式反映了最优化问题所要达到的目标和各种约束条件。

（2）数学求解：数学模型建好以后，选择合理的最优化方法进行求解。

最优化方法的发展很快，现在已经包含有多个分支，如线性规划、整数规划、非线性规划、动态规划、多目标规划等。利用 MATLAB 的优化工具箱，可以求解线性规划、非线性规划和多目标规划问题，具体而言，包括线性及非线性最小化、最大最小化、二次规划、半无限问题、线性及非线性方程（组）的求解、线性及非线性的最小二乘问题。另外，该工具箱还提供了线性及非线性最小化、方程求解、曲线拟合、二次规划等问题中大型课题的求解方法，为优化方法在工程中的实际应用提供了更方便快捷的途径。

优化中的线性规划问题，利用 MATLAB 可以很容易找到它的解。事实上，优化问题的一般形式如下。

$$\begin{aligned} \min \quad & f(x) \\ \text{s.t.} \quad & x \in X \end{aligned} \tag{13-1}$$

式中，$x \in R^n$ 是决策变量；$f(x)$ 是目标函数；$X \subseteq R^n$ 为约束集或可行域。特别地，如果约束集 $X = R^n$，则上述优化问题称为无约束优化问题，即

$$\min_{x \in R^n} \quad f(x)$$

而约束最优化问题通常写为

$$\begin{aligned} \min \quad & f(x) \\ \text{s.t.} \quad & c_i(x) = 0 \quad i \in E \\ & c_i(x) \leqslant 0 \quad i \in I \end{aligned} \tag{13-2}$$

式中，E、I 分别为等式约束指标集与不等式约束指标集；$c_i(x)$ 为约束函数。

式（13-1）中，如果对于某个 $x^* \in X$，以及每个 $x \in X$ 都有 $f(x) \geqslant f(x^*)$ 成立，则称 $x*$ 为式（13-1）的最优解（全局最优解），相应的目标函数值称为最优值；若只是在 X 的某个子集内有上述关系，则 $x*$ 称为式（13-1）的局部最优解。最优解并不是一定存在的，通常，求出的解只是一个局部最优解。

对于优化式（13-2），当目标函数和约束函数均为线性函数时，式（13-2）就称为线性规划问题；当目标函数和约束函数中至少有一个是变量 x 的非线性函数时，式（13-2）就称为非线性规划问题。此外，根据决策变量、目标函数和要求不同，优化问题还可分为整数规划、动态规划、网络优化、非光滑规划、随机优化、几何规划、多目标规划等若干分支。下面几节主要讲述如何利用 MATLAB 提供的优化工具箱来求解一些常见的优化问题。

13.2 MATLAB 中的工具箱

MATLAB 工具箱已经成为一个系列产品，MATLAB 各种工具箱主要用来扩充 MATLAB 的数值计算、符号运算功能、图形建模仿真功能、文字处理功能以及与硬件实时交互功能，能够用于多种学科。

领域型工具箱是学科专用工具箱，其专业性很强，如控制系统工具箱（Control System Toolbox）、信号处理工具箱（Signal Processing Toolbox）、财政金融工具箱（Financial Toolbox）和优化工具箱（Optimization Toolbox）等。

13.2.1 MATLAB 中常用的工具箱

MATLAB 中常用的工具箱有以下几种。

- MATLAB Main Toolbox——MATLAB 主工具箱。
- Control System Toolbox——控制系统工具箱。
- Communication Toolbox——通信工具箱。
- Financial Toolbox——财政金融工具箱。

- System Identification Toolbox——系统辨识工具箱。
- Fuzzy Logic Toolbox——模糊逻辑工具箱。
- Higher-Order Spectral Analysis Toolbox——高阶谱分析工具箱。
- Image Processing Toolbox——图像处理工具箱。
- LMI Control Toolbox——线性矩阵不等式工具箱。
- Model predictive Control Toolbox——模型预测控制工具箱。
- μ-Analysis and Synthesis Toolbox——μ 分析工具箱。
- Neural Network Toolbox——神经网络工具箱。
- Optimization Toolbox——优化工具箱。
- Partial Differential Toolbox——偏微分方程工具箱。
- Robust Control Toolbox——鲁棒控制工具箱。
- Signal Processing Toolbox——信号处理工具箱。
- Spline Toolbox——样条工具箱。
- Statistics Toolbox——统计工具箱。
- Symbolic Math Toolbox——符号数学工具箱。
- Simulink Toolbox——动态仿真工具箱。
- System Identification Toolbox——系统辨识工具箱。
- Wavele Toolbox——小波工具箱。

13.2.2　工具箱和工具箱函数的查询

1. MATLAB 的目录结构
首先，简单介绍一下 MATLAB 的目录树。

D:\Program Files\Polyspace\R2020a\bin

D:\Program Files\Polyspace\R2020a\extern

D:\Program Files\Polyspace\R2020a\simulink

D:\Program Files\Polyspace\R2020a\toolbox\comm\

D:\Program Files\Polyspace\R2020a\toolbox\control\

D:\Program Files\Polyspace\R2020a\toolbox\symbolic\

- R2020a\bin —— 该目录包含 MATLAB 系统运行文件，MATLAB 帮助文件及一些必需的二进制文件。
- R2020a\extern —— 包含 MATLAB 与 C 语言、FORTRAN 语言交互所需的函数定义和连接库。
- R2020a\simulink —— 包含建立 simulink MEX 文件所必需的函数定义及接口软件。
- R2020a\toolbox —— 各种工具箱，MathWorks 公司提供的商品化 MATLAB 工具箱有 30 多种。toolbox 目录下的子目录数量是随安装情况而变的。

2. 工具箱函数清单的获得
在 MATLAB 中，所有工具箱中都有函数清单文件 contents.m，可用各种方法得到工具箱函数清单。

- 执行在线帮助命令

help　　工具箱名称

上述格式的功能如下。

列出该工具箱中 contents.m 的内容，显示该工具箱中所有函数清单。

例 13-1：列出优化工具箱的内容。

解：MATLAB 程序如下。

```
>> help optim
  Optimization Toolbox
  Version 8.5 (R2020a) 18-Nov-2019

  Nonlinear minimization of functions.
    fminbnd       - Scalar bounded nonlinear function minimization.
    fmincon       - Multidimensional constrained nonlinear minimization.
    fminsearch    - Multidimensional unconstrained nonlinear minimization,
                    by Nelder-Mead direct search method.
    fminunc       - Multidimensional unconstrained nonlinear minimization.
    fseminf       - Multidimensional constrained minimization, semi-infinite
                    constraints.

  Nonlinear minimization of multi-objective functions.
    fgoalattain   - Multidimensional goal attainment optimization
    fminimax      - Multidimensional minimax optimization.

  Linear least squares (of matrix problems).
    lsqlin        - Linear least squares with linear constraints.
    lsqnonneg     - Linear least squares with nonnegativity constraints.

  Nonlinear least squares (of functions).
    lsqcurvefit   - Nonlinear curvefitting via least squares (with bounds).
    lsqnonlin     - Nonlinear least squares with upper and lower bounds.

  Nonlinear zero finding (equation solving).
    fzero         - Scalar nonlinear zero finding.
    fsolve        - Nonlinear system of equations solve (function solve).

  Minimization of matrix problems.
    intlinprog    - Mixed integer linear programming.
    linprog       - Linear programming.
    quadprog      - Quadratic programming.

  Controlling defaults and options.
    optimoptions - Create or alter optimization OPTIONS

  Graphical user interface and plot routines
    optimtool                 - Optimization Toolbox Graphical User
                                Interface
    optimplotconstrviolation  - Plot max. constraint violation at each
                                iteration
    optimplotfirstorderopt    - Plot first-order optimality at each
                                iteration
    optimplotresnorm          - Plot value of the norm of residuals at
                                each iteration
    optimplotstepsize         - Plot step size at each iteration

  Optimization Toolbox 文档
  名为 optim 的文件夹
```

上述内容即为 MATLAB 优化工具箱的全部函数内容。

注意：

优化工具箱的名称为 optim.m。

- 使用 type 命令得到工具箱函数的清单。

例如以下程序。

```
>> type    signal\contents
%


% This file and the first comment line are intentionally empty.


% Copyright 2013 The MathWorks, Inc.
>> type    optim\contents
% Optimization Toolbox
% Version 8.5 (R2020a) 18-Nov-2019
%
% Nonlinear minimization of functions.
%    fminbnd      - Scalar bounded nonlinear function minimization.
%    fmincon      - Multidimensional constrained nonlinear minimization.
%    fminsearch   - Multidimensional unconstrained nonlinear minimization,
%                   by Nelder-Mead direct search method.
%    fminunc      - Multidimensional unconstrained nonlinear minimization.
%    fseminf      - Multidimensional constrained minimization, semi-infinite
%                   constraints.
%
% Nonlinear minimization of multi-objective functions.
%    fgoalattain  - Multidimensional goal attainment optimization
%    fminimax     - Multidimensional minimax optimization.
%
% Linear least squares (of matrix problems).
%    lsqlin       - Linear least squares with linear constraints.
%    lsqnonneg    - Linear least squares with nonnegativity constraints.
%
% Nonlinear least squares (of functions).
%    lsqcurvefit  - Nonlinear curvefitting via least squares (with bounds).
%    lsqnonlin    - Nonlinear least squares with upper and lower bounds.
%
% Nonlinear zero finding (equation solving).
%    fzero        - Scalar nonlinear zero finding.
%    fsolve       - Nonlinear system of equations solve (function solve).
%
% Minimization of matrix problems.
%    intlinprog   - Mixed integer linear programming.
%    linprog      - Linear programming.
%    quadprog     - Quadratic programming.
%
% Controlling defaults and options.
%    optimoptions - Create or alter optimization OPTIONS
%
```

```
%  Graphical user interface and plot routines
%    optimtool                    - Optimization Toolbox Graphical User
%                                   Interface
%    optimplotconstrviolation     - Plot max. constraint violation at each
%                                   iteration
%    optimplotfirstorderopt       - Plot first-order optimality at each
%                                   iteration
%    optimplotresnorm             - Plot value of the norm of residuals at
%                                   each iteration
%    optimplotstepsize            - Plot step size at each iteration

%  Copyright 1990-2019 The MathWorks, Inc.
```

注意:

这种方式得出的结果，内容与上面的方式相同，输出的格式稍有不同。

13.3 优化工具箱中的函数

利用 MATLAB 的优化工具箱，可以求解线性规划、非线性规划和多目标规划问题。具体而言，包括线性、非线性最小化，最大最小化，二次规划，半无限问题，线性、非线性方程（组）的求解，线性、非线性的最小二乘问题。另外，该工具箱还提供了线性、非线性最小化，方程求解，曲线拟合，二次规划等问题中大型课题的求解方法，为优化方法在工程中的实际应用提供了更方便快捷的途径。

优化工具箱中的函数包括表 13-1～表 13-3 所示的函数。

表 13-1   最小化函数

函　　数	描　　述
fminsearch, fminunc	无约束非线性最小化
fminbnd	有边界的标量非线性最小化
fmincon	有约束的非线性最小化
linprog	线性规划
quadprog	二次规划
fgoalattain	多目标规划
fminimax	极大极小约束
fseminf	半无限约束多变量非线性函数的最小值问题

表 13-2   最小二乘问题函数

函　　数	描　　述
\	线性最小二乘
lsqnonlin	非线性最小二乘
lsqnonneg	非负线性最小二乘
lsqlin	有约束线性最小二乘
lsqcurvefit	非线性曲线拟合

表 13-3   方程求解函数

函　　数	描　　述
\	线性方程求解
fzero	标量非线性方程求解
fsolve	非线性方程求解

演示函数见表 13-4、表 13-5。

表 13-4   中型问题方法演示函数

函　　数	描　　述
tutdemo	教程演示
optdemo	演示过程菜单
officeassign	求解整数规划
goaldemo	目标达到举例
dfildemo	过滤器设计的有限精度

表 13-5   大型问题方法演示函数

函　　数	描　　述
molecule	用无约束非线性最小化进行分子组成求解
circustent	马戏团帐篷问题——二次规划问题
optdeblur	用有边界线性最小二乘法进行图形处理

13.4　优化函数的变量

在 MATLAB 的优化工具箱中，定义了一系列的标准变量，通过使用这些标准变量，用户可以使用 MATLAB 来求解在工作中碰到的问题。

MATLAB 优化工具箱中的变量主要有三类：输入变量、输出变量和优化参数中的变量。

1. 输入变量

调用 MATLAB 优化工具箱，需要首先给出一些输入变量，优化工具箱函数通过对这些输入变量的处理得到用户需要的结果。

优化工具箱中的输入变量大体上分成两类：输入系数和输入参数，分别见表 13-6、表 13-7。

表 13-6   输入系数

变量名	作用和含义	主要的调用函数
A,b	矩阵 A 和向量 b 分别为线性不等式约束的系数矩阵和右端项	fgoalattain,fmincon,fminimax, fseminf,linprog,lsqlin,quadprog
Aeq,beq	矩阵 Aeq 和向量 beq 分别为线性方程约束的系数矩阵和右端项	fgoalattain,fmincon,fminimax, fseminf,linprog,lsqlin,quadprog
C,d	矩阵 C 和向量 d 分别为超定或不定线性系统方程组的系数和进行求解的右端项	lsqlin,lsqnonneg
f	线性方程或二次方程中线性项的系数向量	linprog,quadprog

续表

变量名	作用和含义	主要的调用函数
H	二次方程中二次项的系数	quadprog
lb,ub	变量的上下界	fgoalattain,fmincon,fminimax fseminf,linprog,quadprog,lsqlin lsqcurvefit,lsqnonlin
fun	待优化的函数	fgoalattain,fminbnd,fmincon,fminimax fminsearch,fminunc,fseminf,fsolve,fzero lsqcurvefit,lsqnonlin
nonlcon	计算非线性不等式和等式	fgoalattain,fmincon,fminimax
seminfcon	计算非线性不等式约束、等式约束和半无限约束的函数	fseminf

表 13-7   输入参数

变量名	作用和含义	主要的调用函数
goal	目标试图达到的值	fgoalattain
ntheta	半无限约束的个数	fseminf
options	优化选项参数结构	所有
P1,P2,…	传给函数 fun、变量 nonlcon、变量 seminfcon 的其他变量	fgoalattain,fminbnd,fmincon,fminimax,fsearch, fminunc,fseminf, fsolve,fzero,lsqcurvefit,lsqnonlin
weight	控制对象未达到或超过的加权向量	fgoalattain
xdata,ydata	拟合方程的输入数据和测量数据	lsqcurvefit
x0	初始点	除 fminbnd 所有
x1,x2	函数最小化的区间	fminvnd

2. 输出变量

调用 MATLAB 优化工具箱的函数后，函数给出一系列的输出变量，提供给用户相应的输出信息，见表 13-8。

表 13-8   输出变量

变量名	作用和含义
x	由优化函数求得的解
fval	解 x 处的目标函数值
exitflag	退出条件
output	包含优化结果信息的输出结构
lambda	解 x 处的拉格朗日乘子
grad	解 x 处函数 fun 的梯度值
hessian	解 x 处函数 fun 的海森矩阵
jacobian	解 x 处函数 fun 的雅克比矩阵
maxfval	解 x 处函数的最大值
attainfactor	解 x 处的达到因子
residual	解 x 处的残差值
resnorm	解 x 处残差的平方范数

3. 优化参数

优化参数见表 13-9。

表 13-9　　　　　　　　　　　　　　　　　优化参数

参　数　名	含　　义
DerivativeCheck	对自定义的解析导数与有限差分导数进行比较
Diagnostics	打印进行最小化或求解的诊断信息
DiffMaxChange	有限差分求导的变量最大变化
DiffMinChange	有限差分求导的变量最小变化
Display	值为 off 时，不显示输出；为 iter 时，显示迭代信息；为 final 时，只显示结果；为 notify 时，函数不收敛时输出
GoalsExactAchieve	精确达到的目标个数
GradConstr	用户定义的非线性约束的梯度
GradObj	用户定义的目标函数的梯度
Hessian	用户定义的目标函数的海森矩阵
HessPattern	有限差分的海森矩阵的稀疏模式
HessUpdate	海森矩阵修正结构
Jacobian	用户定义的目标函数的雅克比矩阵
JacobPattern	有限差分的雅克比矩阵的稀疏模式
LargeScale	使用大型算法（如果可能的话）
LevenbergMarquardt	用 Levenberg-Marquardt 方法代替 Gauss-Newton 法
LineSearchType	一维搜索算法的选择
MaxFunEvals	允许进行函数评价的最大次数
MaxIter	允许进行迭代的最大次数
MaxPCGIter	允许进行 PCG 迭代的最大次数
MeritFunction	使用多目标函数
MinAbsMax	最小化最坏个案绝对值的 f(x))的个数
PrecondBandWidth	PCG 前提的上带宽
TolCon	违背约束的终止容限
TolFun	函数值的终止容限
TolPCG	PCG 迭代的终止容限
TolX	X 处的终止容限
TypicalX	典型 X 值

在 MATLAB 中，optimvar 函数用于创建优化变量，优化变量是一个符号对象，根据变量为目标函数和问题约束创建表达式。它的调用格式也非常简单，见表 13-10。

表 13-10　　　　　　　　　　　　　　　　optimvar 调用格式

调　用　格　式	说　　明
x = optimvar(name)	创建标量优化变量 x
x = optimvar(name,n)	创建优化变量 x，x 是 $n \times 1$ 向量
x = optimvar(name,cstr)	创建优化变量向量 x，使用 cstr 进行索引。x 的元素数量与 *cstr* 向量的长度相同。x 的方向与 *cstr* 的方向相同：当 *cstr* 是行向量时，x 是行向量；当 *cstr* 是列向量时，x 是列向量

调 用 格 式	说　　明
x = optimvar(name,cstr1,n2,…,cstrk) x = optimvar(name,{cstr1,cstr2,…,cstrk}) x = optimvar(name,[n1,n2,…,nk])	对于正整数 nj 和名称 cstrk 的任意组合，创建一个优化变量数组，其维数等于整数 nj 和条目 cstrk 的长度
x = optimvar(…,Name,Value)	一个或多个名称、值对参数指定优化变量 x 的属性

例 13-2：创建优化变量向量

解：MATLAB 程序如下。

```
>> x = optimvar('x',5)    % 创建一个名为 x 的 5×1 的优化变量向量 x
x =
   5×1 OptimizationVariable 数组 - 属性:
   Array-wide properties:
         Name: 'x'
         Type: 'continuous'
    IndexNames: {{}  {}}
   Elementwise properties:
     LowerBound: [5×1 double]
     UpperBound: [5×1 double]
  See variables with show.
  See bounds with showbounds.
```

13.5　参数设置

对于优化控制，利用 optimset 函数可以创建和编辑参数结构；利用 optimget 函数可以获得 options 优化参数。

13.5.1　optimoptions 函数

optimoptions 函数的功能是创建优化选项，为 Optimization Toolbox 或 Global Optimization Toolbox 求解器设置选项，具体的调用格式见表 13-11。

表 13-11　　　　　　　　　　　　　optimoptions 调用格式

调 用 格 式	说　　明
options=optimoptions(SolverName)	返回 solvername 解算器的默认优化选项
options=optimoptions(SolverName,Name,Value)	利用名称-参数设置优化选项属性
options=optimoptions(oldoptions,Name,Value)	返回 oldoptions 的副本，利用名称-参数设置优化选项属性
options=optimoptions(SolverName,oldoptions)	返回 solvername 解算器的默认选项，并将 oldoptions 中适用的选项复制到 options 中
options = optimoptions(prob)	返回 prob 优化问题或方程问题的一组默认优化选项
options=optimoptions(prob,Name,Value)	利利用名称-参数设置优化选项属性

例 13-3：创建非默认优化选项。

解：MATLAB 程序如下。

```
>> options = optimoptions(@fminimax,'ConstraintTolerance',1e7, 'DiffMaxChange',15000)
% 为 fminimax 解算器创建优化选项，不同的结算器可以设置的属性不同，设置约束冲突的终止容差，默认值为 1e6;
有限差分梯度变量，默认值是 inf
options =
  fminimax options:

  Set properties:
           ConstraintTolerance: 10000000
  Default properties:
    AbsoluteMaxObjectiveCount: 0
                      Display: 'final'
      FiniteDifferenceStepSize: 'sqrt(eps)'
         FiniteDifferenceType: 'forward'
            FunctionTolerance: 1.0000e-06
        MaxFunctionEvaluations: '100*numberOfVariables'
                 MaxIterations: 400
           OptimalityTolerance: 1.0000e-06
                    OutputFcn: []
                      PlotFcn: []
       SpecifyConstraintGradient: 0
        SpecifyObjectiveGradient: 0
                StepTolerance: 1.0000e-06
                     TypicalX: 'ones(numberOfVariables,1)'
                   UseParallel: 0
```

13.5.2　optimset 函数

optimset 函数的功能是创建或编辑优化选项参数结构，具体的调用格式见表 13-12。

表 13-12　　　　　　　　　　　　　　optimset 调用格式

调 用 格 式	说　　明
options=optimset('param1',value1,'param2', value2,…)	创建一个称为 options 的优化选项参数，其中指定的参数具有指定值。所有未指定的参数都设置为空矩阵[ ]（将参数设置为[ ]表示当 options 传递给优化函数时给参数赋默认值）。赋值时只要输入参数前面的字母即可
optimset	没有任何输入输出参数，将显示一张完整的带有有效值的参数列表
options = optimset	创建一个选项结构 options，其中所有的元素被设置为[ ]
options = optimset(optimfun)	创建一个含有所有参数名和与优化函数 optimfun 相关的默认值的选项结构 options
options=optimset(oldopts,'param1',value1,…)	创建一个 oldopts，用指定的数值修改参数
options=optimset(oldopts,newopts)	将已经存在的选项结构 oldopts 与新的选项结构 newopts 进行合并。newopts 参数中的所有元素将覆盖 oldopts 参数中的所有对应元素

optimset 为 4 个 MATLAB 优化求解器设置选项：fminbnd、fminsearch、fzero 和 lsqnonneg。optimset 不能设置 Global Optimization Toolbox 求解器的大多数选项。

例 13-4：显示优化参数列表。

解：MATLAB 程序如下。

```
>> optimset    % 没有任何输入/输出参数，显示一张完整的带有有效值的参数列表
                            Display: [ off | iter | iter-detailed | notify | notify-
detailed | final | final-detailed ]
              MaxFunEvals: [ positive scalar ]
                  MaxIter: [ positive scalar ]
```

```
                        TolFun: [ positive scalar ]
                          TolX: [ positive scalar ]
                    FunValCheck: [ on | {off} ]
                      OutputFcn: [ function | {[]} ]
                       PlotFcns: [ function | {[]} ]
                      Algorithm: [ active-set | interior-point | interior-point-convex | l
evenberg-marquardt | ···
                                   sqp | trust-region-dogleg | trust-region-reflective ]
          AlwaysHonorConstraints: [ none | {bounds} ]
                DerivativeCheck: [ on | {off} ]
                    Diagnostics: [ on | {off} ]
                  DiffMaxChange: [ positive scalar | {Inf} ]
                  DiffMinChange: [ positive scalar | {0} ]
                  FinDiffRelStep: [ positive vector | positive scalar | {[]} ]
                    FinDiffType: [ {forward} | central ]
              GoalsExactAchieve: [ positive scalar | {0} ]
                      GradConstr: [ on | {off} ]
                        GradObj: [ on | {off} ]
                        HessFcn: [ function | {[]} ]
                        Hessian: [ user-supplied | bfgs | lbfgs | fin-diff-grads | on | off ]
                        HessMult: [ function | {[]} ]
                    HessPattern: [ sparse matrix | {sparse(ones(numberOfVariables))} ]
                      HessUpdate: [ dfp | steepdesc | {bfgs} ]
                InitBarrierParam: [ positive scalar | {0.1} ]
            InitTrustRegionRadius: [ positive scalar | {sqrt(numberOfVariables)} ]
                        Jacobian: [ on | {off} ]
                        JacobMult: [ function | {[]} ]
                    JacobPattern: [ sparse matrix | {sparse(ones(Jrows,Jcols))} ]
                      LargeScale: [ on | off ]
                        MaxNodes: [ positive scalar | {1000*numberOfVariables} ]
                      MaxPCGIter: [ positive scalar | {max(1,floor(numberOfVariables/2))} ]
                    MaxProjCGIter: [ positive scalar | {2*(numberOfVariables-numberOfEqualities)} ]
                      MaxSQPIter: [ positive scalar | {10*max(numberOfVariables,numberOfIne
qualities+numberOfBounds)} ]
                        MaxTime: [ positive scalar | {7200} ]
                  MeritFunction: [ singleobj | {multiobj} ]
                      MinAbsMax: [ positive scalar | {0} ]
                  ObjectiveLimit: [ scalar | {-1e20} ]
                PrecondBandWidth: [ positive scalar | 0 | Inf ]
                  RelLineSrchBnd: [ positive scalar | {[]} ]
          RelLineSrchBndDuration: [ positive scalar | {1} ]
                    ScaleProblem: [ none | obj-and-constr | jacobian ]
              SubproblemAlgorithm: [ cg | {ldl-factorization} ]
                        TolCon: [ positive scalar ]
                      TolConSQP: [ positive scalar | {1e-6} ]
                        TolPCG: [ positive scalar | {0.1} ]
                      TolProjCG: [ positive scalar | {1e-2} ]
                    TolProjCGAbs: [ positive scalar | {1e-10} ]
                        TypicalX: [ vector | {ones(numberOfVariables,1)} ]
                      UseParallel: [ logical scalar | true | {false} ]
```

例 13-5：optimset 使用举例。

解：MATLAB 程序如下。

```
>> options = optimset('Display','iter','TolFun',1e-8)      %创建一个称为 options 的优化选
项结构，其中显示参数设为'iter'，TolFun 参数设置为 1e-8
```

包含以下字段的 struct:

```
               Display: 'iter'
           MaxFunEvals: []
               MaxIter: []
                TolFun: 1.0000e-08
                  TolX: []
           FunValCheck: []
             OutputFcn: []
              PlotFcns: []
        ActiveConstrTol: []
             Algorithm: []
  AlwaysHonorConstraints: []
        DerivativeCheck: []
           Diagnostics: []
          DiffMaxChange: []
          DiffMinChange: []
           FinDiffRelStep: []
             FinDiffType: []
        GoalsExactAchieve: []
             GradConstr: []
               GradObj: []
               HessFcn: []
               Hessian: []
              HessMult: []
           HessPattern: []
            HessUpdate: []
        InitBarrierParam: []
    InitTrustRegionRadius: []
              Jacobian: []
              JacobMult: []
           JacobPattern: []
            LargeScale: []
              MaxNodes: []
             MaxPCGIter: []
          MaxProjCGIter: []
             MaxSQPIter: []
               MaxTime: []
          MeritFunction: []
             MinAbsMax: []
       NoStopIfFlatInfeas: []
          ObjectiveLimit: []
      PhaseOneTotalScaling: []
          Preconditioner: []
         PrecondBandWidth: []
           RelLineSrchBnd: []
    RelLineSrchBndDuration: []
            ScaleProblem: []
       SubproblemAlgorithm: []
                TolCon: []
              TolConSQP: []
             TolGradCon: []
                TolPCG: []
              TolProjCG: []
            TolProjCGAbs: []
               TypicalX: []
             UseParallel: []
```

13.5.3　optimget 函数

在 MATLAB 中，optimget 函数的功能是获得 options 优化参数，具体的调用格式见表 13-13。

表 13-13　　　　　　　　　　　　　　　　　optimget 调用格式

调 用 格 式	说　　明
val=optimget(options,'param')	返回优化参数 options 中指定的参数的值。只需要用参数开头的字母来定义参数就行了。选项名称忽略大小写
val=optimget(options,'param',default)	若 options 结构参数中没有定义指定参数，则返回默认值。注意，这种形式的函数主要用于其他优化函数

设置了参数 options 后才可以用上述调用形式完成指定任务。

例 13-6：optimget 函数使用 1。

解：MATLAB 程序如下。

```
>> val = optimget(options,'Display') % 显示优化参数 options 返回到 options 结构中
val =
'iter'
```

例 13-7：optimget 函数使用 2。

解：MATLAB 程序如下。

```
>> optnew = optimget(options,'Display','final')% 返回显示优化参数 options 到 my_options
结构中，但如果显示参数没有定义，则返回值'final'
optnew =
'iter'
```

13.6　模型输入时需要注意的问题

使用优化工具箱时，由于优化函数要求目标函数和约束条件满足一定的格式，所以需要用户在进行模型输入时注意以下几个问题。

1. 目标函数最小化

优化函数 fminbnd、fminsearch、fminunc、fmincon、fgoalattain、fminmax 和 lsqnonlin 都要求目标函数最小化，如果优化问题要求目标函数最大化，可以通过使该目标函数的负值最小化即-$f(x)$最小化来实现。近似地，对于 quadprog 函数提供-H 和-f，对于 linprog 函数提供-f。

2. 约束非正

优化工具箱要求非线性不等式约束的形式为 $C_i(x) \leqslant 0$，通过对不等式取负可以达到使大于零的约束形式变为小于零的不等式约束形式的目的，如 $C_i(x) \geqslant 0$ 形式的约束等价于-$C_i(x) \leqslant 0$；$C_i(x) \geqslant b$ 形式的约束等价于-$C_i(x)+b \leqslant 0$。

3. 避免使用全局变量

在 MATLAB 中，函数内部定义的变量除特殊声明外均为局部变量，即不加载到工作空间中。如果需要使用全局变量，则应当使用函数 global 定义，而且在任何时候使用该全局变量的函数中都应该加以定义。在命令行窗口中也不例外。当程序比较大时，难免会在无意中修改全局变量的值，因而导致错误。更糟糕的是，这样的错误很难查找。因此，在编程时应尽量避免使用全局变量。

13.7 句柄函数

MATLAB 中可以用@调用句柄函数。@函数返回指定 MATLAB 函数的句柄，其调用格式如下。

handle = @function

这类似于 C++语言中的引用。

利用@函数进行函数调用有下面几点好处。

- 用句柄将一个函数传递给另一个函数。
- 减少定义函数的文件个数。
- 改进重复操作。
- 保证函数计算的可靠性。

例 13-8：利用句柄传递数据。

解：MATLAB 程序如下。

（1）为 humps 函数创建一个函数句柄，并将它指定为 fhandle 变量。

```
>> fhandle = @humps;   % humps 是非线性函数，使用该函数构造函数函数句柄，也将传递函数内所有变量
>> x= fminbnd (fhandle, 0,1) % 将刚创建的函数句柄传递给 fminbnd 函数，然后在区间[0,1]上进行最小化
x =
    0.6370
```

（2）用句柄将一个函数传递给另一个函数。

```
>> x = fminbnd (@humps, 0,1) % 将刚创建的函数句柄传递给 fminbnd 函数，然后在区间[0,1]上进行最小化
x =
    0.6370
```

13.8 优化算法介绍

利用 MATLAB 的优化工具箱，可以求解线性规划、非线性规划和多目标规划问题。具体而言，包括线性、非线性最小化，最大最小化，二次规划，半无限问题，线性、非线性方程（组）的求解，线性、非线性的最小二乘问题。另外，该工具箱还提供了线性、非线性最小化，方程求解，曲线拟合，二次规划等问题中大型课题的求解方法，为优化方法在工程中的实际应用提供了更方便快捷的途径。

13.8.1 参数优化问题

参数优化就是求一组设计参数 $x = (x_1, x_2, \cdots, x_n)$，以满足在某种意义下最优。一个简单的情况就是对某依赖于 x 的问题求极大值或极小值。复杂一点的情况是欲进行优化的目标函数 $f(x)$ 受以下条件限定。

1. 等式约束条件

$$c_i(x) = 0, \quad i = 1, 2, \cdots, m_e$$

2. 不等式约束条件

$$c_i(x) \leq 0, \quad i = m_e + 1, \cdots, m$$

3. 参数有界约束

这类问题的一般数学模型如下。

$$\lim_{x \in R^n} f(x)$$

$$s.t. \begin{cases} c_i(x) = 0, & i = 1, 2, \cdots, m_e \\ c_i(x) \leq 0, & i = m_e + 1, \cdots, m \\ lb \leq x \leq ub \end{cases}$$

式中，x 是变量，$f(x)$ 是目标函数，$c(x)$ 是约束条件向量，lb、ub 分别是变量 x 的上界和下界。

要有效而且精确地解决这类问题，不仅依赖于问题的大小即约束条件和设计变量的数目，而且依赖目标函数和约束条件的性质。当目标函数和约束条件都是变量 x 的线性函数时，这类问题被称为线性规划问题；在线性约束条件下，最大化或最小化二次目标函数被称为二次规划问题。线性规划问题和二次规划问题都能得到可靠的解，而解决非线性规划问题要困难得多，此时的目标函数和限定条件可能是设计变量的非线性函数，非线性规划问题一般是通过求解线性规划、二次规划或者没有约束条件的子问题来解决的。

13.8.2　无约束优化问题

无约束优化问题是在上述数学模型中没有约束条件的情况。无约束最优化是一个十分古老的课题，至少可以追溯到微积分的时代。无约束优化问题在实际应用中也非常常见。

搜索法是对非线性或不连续问题求解的合适方法当欲优化的函数具有连续一阶导数时，梯度法一般说来更为有效，高阶法(例如牛顿法)仅适用于目标函数的二阶信息能计算出来的情况。

梯度法使用函数的斜率信息给出搜索的方向。一个简单的方法是沿负梯度方向 $-\nabla f(x)$ 搜索，其中，$\nabla f(x)$ 是目标函数的梯度。当欲最小化的函数具有窄长形的谷值时，这一方法的收敛速度极慢。

1. 拟牛顿法（Quasi-Newton Method）

在使用梯度信息的方法中，最为有效的方法是拟牛顿法。此方法的实质是建立每次迭代的曲率信息，以此来解决如下形式的二次模型问题。

$$\min_{x \in R^n} f(x) = \frac{1}{2} x^\mathsf{T} \boldsymbol{H}_x + b^\mathsf{T} x + c$$

式中，$\boldsymbol{H}$ 为目标函数的海森（Hessian）矩阵，$\boldsymbol{H}$ 对称正定，b 为常数向量，c 为常数。这个问题的最优解在 x 的梯度为零的点处。

$$\nabla f(x^*) = Hx^* + b = 0$$

从而最优解为

$$x^* = -\boldsymbol{H}^{-1}b$$

对应于拟牛顿法，牛顿法直接计算 $\boldsymbol{H}$，并使用线搜索策略沿下降方向经过一定次数的迭代后确定最小值，为了得到矩阵 $\boldsymbol{H}$ 需要进行大量的计算，拟牛顿法则不同，它通过使用 $f(x)$ 和它的梯度来修正 $\boldsymbol{H}$ 的近似值。

拟牛顿法发展到现在已经出现了很多经典实用的海森矩阵修正方法。当前来说，Broyden、

Fletcher、Goldfarb 和 Shanno 等人提出的 BFGS 方法被认为是解决一般问题最为有效的方法，修正公式如下。

$$H_{k+1} = H_k + \frac{q k q_k^{\mathrm{T}}}{q_k^{\mathrm{T}} s_K} - \frac{H_k^{\mathrm{T}} s_k^{\mathrm{T}} s_k H_k}{s_k^{\mathrm{T}} H_k s_k}$$

式中，

$$s_k = x_{k+1} - x_k$$
$$q_k = \nabla f(x_{k+1}) - \nabla f(x_k)$$

另外一个比较著名的构造海森矩阵的方法是由 Davidon、Fletcher、Powell 提出的 DFP 方法，这种方法的计算公式如下。

$$H_{k+1} = H_k + \frac{s_k s_k^{\mathrm{T}}}{s_k^{\mathrm{T}} q k} - \frac{H_k^{\mathrm{T}} q_k^{\mathrm{T}} q_k H_k}{s_k^{\mathrm{T}} H_k S_k}$$

2. 多项式近似

该法用于目标函数比较复杂的情况。在这种情况下寻找一个与它近似的函数来代替目标函数，并用近似函数的极小点作为原函数极小点的近似。常用的近似函数为二次多项和三次多项式。

（1）二次插值法

二次插值法涉及用数据来满足如下形式的单变量函数问题。

$$f(x) = ax^2 + bx + c$$

式中，步长极值为

$$x^* = \frac{b}{2a}$$

此点可能是最小值或者最大值。当执行内插或 a 为正时是最小值。只要利用 3 个梯度或者函数方程组即可以确定系数 a 和 b，从而可以确定 x^*。得到该值以后，进行搜索区间的收缩。

二次插值法的一般问题是，在定义域空间给定 3 个点 x_1、x_2、x_3 和它们所对应的函数值 $f(x_1)$、$f(x_2)$、$f(x_3)$，由二阶匹配得出最小值如下。

$$x^k + 1 = \frac{1}{2} \frac{\beta_{23} f(x_1) + \beta_{13} f(x_2) + \beta_{12} f(x_3)}{\gamma_{23} f(x_1) + \gamma_{31} f(x_2) + \gamma_{12} f(x_3)}$$

式中，

$$\beta_{ij} = x_i^2 - x_j^2$$
$$\gamma_{ij} = x_i - x_j$$

二次插值法的计算速度比黄金分割搜索法快，但是对于一些强烈扭曲或者可能多峰的函数，这种方法的收敛速度变得很慢，甚至失败。

（2）三次插值法

三次插值法需要计算目标函数的导数，优点是计算速度快。同类的方法还有牛顿切线法、对分法、割线法等。优化工具箱中使用比较多的是三次插值法。

三次插值法的基本思想和二次插值法一致，它是用 4 个已知点构造一个三次多项式来逼近目标函数，同时以三次多项式的极小点作为目标函数极小点的近似。一般来讲，三次插值法比二次插值法的收敛速度快，但是每次迭代需要计算两个导数值。

三次插值法的迭代公式如下。

$$x_{k+1} = x_2 - (x_2 - x_1)\frac{\nabla f(x_2) + \beta_1 - \beta_2}{\nabla f(x_2) - \nabla f(x_1) + 2\beta_2}$$

式中，

$$\beta_1 = \nabla f(x_1) + \nabla f(x_2) - 3\frac{f(x_1) - f(x_2)}{x_1 - x_2}$$

$$\beta_2 = (\beta_1^2 - \nabla f(x_1)\nabla f(x_2))^{\frac{1}{2}}$$

如果导数容易求得，一般来说首先考虑使用三次插值法，因为它具有较高的效率。对于只需要计算函数值的方法中，二次插值法是一个很好的方法，它的收敛速度较快，在极小点所在的区间较小时尤其如此。黄金分割法是一种十分稳定的方法，并且计算简单。由于上述原因，MATLAB优化工具箱中较多使用二次插值法、三次插值法以及二次和三次混合插值法和黄金分割法。

13.8.3　拟牛顿法实现

在函数 fminunc 中使用拟牛顿法，算法的实现过程包括两个阶段：首先，确定搜索方向；其次，进行现行搜索过程。

下面具体讨论这两个阶段。

1.　确定搜索方向

要确定搜索方向首先必须完成对海森矩阵的修正。牛顿法由于需要多次计算海森矩阵，所以计算量很大。拟牛顿法通过构建一个海森矩阵的近似矩阵来避开这个问题。

搜索方向的选择由选择 BFGS 方法还是选择 DFP 方法来决定。在优化工具箱中，通过将 options参数 HessUpdate 设置为 BFGS 或 DFP 来确定搜索方向。海森矩阵 $\boldsymbol{H}$ 总是保持正定的，使得搜索方向总是保持为下降方向。这意味着对于任意小的步长，在上述搜索方向上目标函数值总是减小的。只要 $\boldsymbol{H}$ 的初始值为正定并且计算出的 $q_k^T s_k$ 总是正的，则 $\boldsymbol{H}$ 的正定性就能得到保证。并且只要执行足够精度的线性搜索，$q_k^T s_k$ 为正的条件就总能得到满足。

2.　一维搜索过程

在优化工具箱中有两种线性搜索方法可以使用，这取决于梯度信息是否可以得到。当梯度值可以直接得到时，默认情况下使用三次多项式方法；当梯度值不能直接得到时，默认情况下采用二次和三次混合插值法。

另外，在三次插值法中，每一个迭代周期都要进行梯度和函数的计算。

13.8.4　最小二乘优化

前面介绍了函数 fminunc 中使用的是在拟牛顿法中介绍的线搜索法，在最小二乘优化函数lsqnonlin 中也部分使用这一方法。最小二乘问题的优化描述如下。

$$\min_{x \in R^n} f(x) = \frac{1}{2}\gamma(x)^T \gamma(x)$$

在实际应用中，特别是数据拟合时存在大量这种类型的问题，如非线性参数估计等。控制系统中也经常会遇见这类问题，如希望系统输出的 $y(x, t)$ 跟踪某一个连续的期望轨迹，这个问题可以表示为

$$\min \int_{t_1}^{t_2} (y(x,t) - \phi(t))^2 \, dt$$

将问题离散化得到

$$\min F(x) = \sum_{i=1}^{m} \overline{y}(x, t_i) - \overline{\phi}(t_i)$$

最小二乘问题的梯度和海森矩阵具有特殊的结构，定义 $f(x)$ 的雅克比矩阵，则 $f(x)$ 的梯度和 $f(x)$ 的海森矩阵定义如下。

$$\nabla f(x) = 2J(x)^T f(x)$$
$$H(x) = 4J(x)^t J(x) + Q(x)$$

式中，

$$Q(x) = \sum_{i=1}^{m} \sqrt{2f_i(x)H_i(x)}$$

1. 高斯-牛顿（Gauss-Newton）法

在 Gauss-Newton 法中，每个迭代周期均会得到搜索方向 d。它是最小二乘问题的一个解。Gauss-Newton 法用来求解如下问题。

$$\min \| J(x_k) \ d_k - f(x_k)\|$$

当 $Q(x)$ 有意义时，Gauss-Newton 法经常会碰到一些问题，而这些问题可以用下面的列文伯格-马奎尔特（Levenberg-Marquadt）方法来克服。

2. Levenberg-Marquadt 法

Levenberg-Marquadt 法使用的搜索方向是一组线性等式的解。

$$J(x_k)^T J(x_k) + \lambda_k Id_k = -J(x_k)f(x_k)$$

13.8.5　非线性最小二乘实现

1. Gauss-Newton 法实现

Gauss-Newton 法是用前面求无约束问题中讨论过的多项式线搜索策略来实现的。使用雅克比矩阵的 QR 分解，可以避免在求解现行最小二乘问题中等式条件恶化的问题。

这种方法中包含一项鲁棒性检测技术，这种技术步长低于限定值或当雅克比矩阵的条件数很小时，将改为使用 Levenberg-Marquardt 法。

2. Levenberg-Marquardt 法实现

实现 Levenberg-Marquardt 法的主要困难是在每一次迭代中如何控制 λ 的大小的策略问题，这种控制可以使它对于宽谱问题有效。这种实现的方法是使用线性预测平方总和和最小函数值的三次插值估计，来估计目标函数的相对非线性，用这种方法 λ 的大小在每一次迭代中都能确定。

这种实现方法在大量的非线性问题中得到了成功的应用，并被证明比 Gauss-Newton 法具有更好的鲁棒性，无约束条件方法具有更好的迭代效率。在使用 lsqnonlin 函数时，函数所使用的默认算法是 Levenberg-Marquardt 法。当 options(5)=1 时，使用 Gauss-Newton 法。

13.8.6　约束优化

在约束最优化问题中，一般方法是先将问题变换为较容易的子问题，然后再求解。前面所述方法的一个特点是可以用约束条件的函数将约束优化问题转化为基本的无约束优化问题。按照这种方法，条件极值问题可以通过参数化无约束优化序列来求解。但这些方法效率不高，目前已经被通过求解库恩-塔克（Kuhn-Tucker）方程的方法所取代。Kuhn-Tucker 方程是条件极值问题的必要条件。如果欲解决的问题是所谓的凸规划问题，那么 Kuhn-Tucker 方程有解是极值问题有全局解的充分必要条件。

求解 Kuhn-Tucker 方程是很多非线性规划算法的基础，这些方法试图直接计算拉格朗日乘子。因为在每一次迭代中都要求解一次 QP 子问题，这些方法一般又被称为逐次二次规划方法。

给定一个约束最优化问题，求解的基本思想是基于拉格朗日函数的二次近似求解二次规划子问题：

$$L(x, \lambda) = f(x) + \sum_{i=1}^{m} \lambda_i c_i(x)$$

从而得到二次规划子问题：

$$\min \frac{1}{2} d^T H_k d + \nabla f(x_k)^T d$$

这个问题可以通过任何求解二次规划问题的算法来解。

使用序列二次规划方法，非线性约束条件的极值问题经常可以比无约束优化问题用更少的迭代得到解。造成这种现象的一个原因是，对于可变域的限制，考虑搜索方向和步长后，优化算法可以有更好的决策。

13.8.7　SQP 实现

MATLAB 工具箱的 SQP 实现由以下 3 个部分组成。

1. 修正海森矩阵

在每一次迭代中，均作拉格朗日函数的海森矩阵的正定拟牛顿近似，通过 BFGS 法进行计算，其中 λ 是拉格朗日乘子的估计。

用 BFGS 公式修正海森矩阵：

$$H_{k+1} = H_k + \frac{q_k q_k^T}{q_k^t s_k} - \frac{H_k^T s_k^T s_k H_k}{s_k^T H_k s_k}$$

式中，

$$s_k = x_{k+1} - x_k$$

$$q_k = \nabla f(x_{k+1}) - \sum_{i=1}^{m} \lambda_i \nabla_{gi}(x_k + 1) - (\nabla f(x_k) + \sum_{i=1}^{m} \lambda_i \nabla g_i(x_k))$$

2. 求解二次规划问题

在逐次二次规划方法中，每一次迭代都要解一个二次规划问题：

$$\min_x \frac{1}{2} x^T H x + f^T x$$

$$s.t. \begin{cases} A_x \leqslant b \\ Aeqx = beq \end{cases}$$

3. 初始化

此算法要求有一个合适的初始值，如果由逐次二次规划方法得到的当前计算点是不合适的，则通过求解线性规划问题可以得到合适的计算点：

$$\min_{\gamma \in R, x \in R^n} \gamma$$

$$s.t. \begin{cases} Ax = b \\ Aeqx - \gamma \leqslant beq \end{cases}$$

如果上述问题存在要求的点，就可以通过将 x 赋值为满足等式条件的值来得到。

13.9　无约束非线性规划问题

无约束最优化是一个十分古老的课题，至少可以追溯到微积分的时代。无约束优化问题在实际应用中也非常常见，另外，许多约束优化问题也可以转化成无约束优化问题求解，所以，无约束优化问题还是十分重要的。

13.9.1　数学原理及模型

1. 数学模型

设 $f(x)$ 是一个定义在 n 维欧式空间上的函数。把寻找 $f(x)$ 的极小点的问题称为一个无约束最优化问题，这个问题可以用下列形式表示。

$$\min f(x), x = (x_1, x_2, \cdots, x_n)^T \in R^n$$

式中，$f(x)$ 称为目标函数。

由于简单的无约束线性问题非常容易，这里提到的无约束最优化问题就是指无约束非线性规划问题。

2. 算法介绍

早在 1847 年，Cauchy 就提出了最速下降法，也许这就是最早的求解无约束最优化问题的方法。对于变量不多的某些问题，这些方法是可行的，但是对于变量较多的一般问题就常常不适用了。然而，在以后的很长一段时间里，这一古老的课题一直没有取得实质性的进展。近些年来，由于电子计算机的应用和实际需要的增长，这个古老的课题获得了新生。人们除了使用最速下降法之外，还使用并发展了牛顿法，同时也出现了一些从直观几何图像导出的搜索方法。由 Daviden 发明的变尺度法（通常也称为拟牛顿法），是无约束最优化计算方法中最杰出、最富有创造性的工作。最近出现的信赖域方法，在许多实际问题中又非常好的表现。另外，还有 Powell 直接方法和共轭梯度法也都在无约束最优化计算方法中占有十分重要的地位。

直接搜索法适用于目标函数高度非线性，没有导数或导数很难计算的情况，由于实际工程中很多问题都是非线性的，直接搜索法不失为一种有效的解决办法。常用的直接搜索法为单纯形法，其缺点是收敛速度慢。

在函数的导数可求的情况下，梯度法是一种更优的方法，该法利用函数的梯度（一阶导数）和 Hessian 矩阵（二阶导数）构造算法，可以获得更快的收敛速度。函数 $f(x)$ 的负梯度方向 $-\nabla f(x)$ 反映了函数的最大下降方向。当搜索方向取为负梯度方向时称为最速下降法。当需要最小化的函数有一狭长的谷形值域时，该法的效率很低。

常见的梯度法有最速下降法、牛顿法、Marquart 法、共轭梯度法和拟牛顿法（Quasi-Newton method）等。

在所有这些方法中，用得最多的是拟牛顿法。拟牛顿法包括以下两个阶段。

- 海森矩阵的修正

牛顿法由于需要多次计算海森矩阵，计算量很大，而拟牛顿法则通过构建一个海森矩阵的近似矩阵来避开这个问题。

在优化工具箱中，通过将 options 参数 HessUpdate 设置为 BFGS 或 DFP 来决定搜索方向。当

海森矩阵 H 始终保持正定时，搜索方向就总是保持为下降方向。

海森矩阵的修正方法很多，对于求解一般问题，Broyden,Fletcher,Goldfarb 和 Shanno 的方法（简称 BFGS 法）是最有效的。

作为初值，$H0$ 可以设为任意对称正定矩阵。

另一个有名的构造近似海森矩阵的方法是 DFP（Davidon-Fletcher-Powell）法。

工具箱中有两套方案进行一维搜索。当梯度值可以直接得到时，用三次插值的方法进行一维搜索，当梯度值不能直接得到时，采用二次、三次混合插值法。

MATLAB 的库函数中使用的方法为变尺度法和信赖域方法。

（1）大型优化算法，若用户在 fun 函数中提供梯度信息，则函数将默认选择大型优化算法，该算法基于内部映射牛顿法的子空间置信域法。计算中的每一次迭代涉及用 PCG 法求解大型线性系统得到的近似解。

（2）中型优化算法，此时 fminunc 函数的参数 options.LargeScale 设置为'off'。该算法采用的是基于二次和三次混合插值一维搜索法的 BFGS 拟牛顿法。该法通过 BFGS 公式来修正 Hessian 矩阵。通过将 HessUpdate 参数设置为'dfp'，可以用 DFP 公式来求得 Hessian 矩阵逆的近似。通过将 HessUpdate 参数设置为'steepdesc'，可以用最速下降法来更新 Hessian 矩阵。但一般不建议使用最速下降法。

（3）默认一维搜索算法，当 options.LineSearchType 设置为'quadcubic'时，将采用二次和三次混合插值法。将 options.LineSearchType 设置为'cubicpoly'时，将采用三次插值法。第二种方法需要的目标函数计算次数更少，但梯度的计算次数更多。这样，如果提供了梯度信息，或者能较容易地算得，则三次插值法是更佳的选择。

13.9.2 MATLAB 工具箱中的基本函数

在 MATLAB 优化工具箱函数中，有 fminunc、fminsearch 两个函数用来求解上述无约束的非线性问题。

1. fminunc 函数

在 MATLAB 中，fminunc 函数的功能是获得无约束多变量函数的最小值，具体的调用格式见表 13-14。

表 13-14　　　　　　　　　　　　　　　　fminunc 使用格式

调 用 格 式	说　　　明
x = fminunc(fun,x0)	从点 x0 开始，找到函数的局部最小值 x。点 x0 可以是标量、矢量或矩阵
x = fminunc(fun,x0,options)	使用 options 中指定的优化选项最大限度地求解最小值。其中，options 可取值为：Algorithm、CheckGradients、Diagnostics、DiffMaxChange、DiffMinChange、Display、PlotFcn、FiniteDifferenceStepSize、FiniteDifferenceType、FunValCheck、MaxFunctionEvaluations、MaxIterations、OptimalityTolerance、OutputFcn、SpecifyobjectiveGradient、StepTolerance、TypicalX、FunctionTolerance、HessianFcn、Hessi anMultiplyFcn、HessPattern、MaxPCGlter、PrecondBandWidth、SubproblemAlgorithm、TolPCG、HessUpdlate、objectiveLimit、UseParallel
x = fminunc(problem)	解决无约束非线性问题的最小值
[x,fval] = fminunc(⋯)	同时返回解 x 和在点 x 处的目标函数值

续表

调用格式	说　明
[x,fval,exitflag,output]=fminunc(…)	返回同上述格式的值，另外，返回 EXITFLAG 值，描述极小化函数的退出条件。其中，EXITFLAG 值和相应的含义见表 13-15 output 是包含优化过程信息的结构输出。其中，OUTPUT 包含的内容和相应含义见表 13-16
[x,fval,exitflag,output,grad,hessian] = fminunc(…)	grad 是函数 fun 在点 x 处的梯度。hessian 是函数 fun 在点 x 处的海森矩阵

表 13-15　　　　　　　　　　　　　EXITFLAG 值和相应的含义

EXITFLAG 值	含　义
1	函数收敛到目标函数最优解处
2	X 的变化小于规定的容许范围
3	目标函数值的变化小于规定的容许范围
0	达到最大迭代次数或达到函数评价
-1	算法由输出函数终止
-2	线搜索在当前方向找不到可接受的点

表 13-16　　　　　　　　　　　　　优化过程信息的结构输出

OUTPUT 结构值	含　义
OUTPUT.iterations	迭代次数
OUTPUT.funcCount,	函数评价次数
OUTPUT.algorithm	所用的算法
OUTPUT.cgiterations	共轭梯度法的使用次数
OUTPUT.firstorderopt	一阶最优性条件
OUTPUT.message	跳出信息

例 13-9：利用 MATLAB 优化工具箱中的函数求函数 $F = \sin(x) + 3$ 的最小值点。

解：（1）在 MATLAB 的 M 编辑器中建立函数文件用来保存所要求解最小值的函数。

```
function F = demfun(x)
%This is a function for demostration
   F = sin(x) + 3;
```

（2）在命令行窗口中输入以下命令。

```
>> X = fminunc(@demfun,2)
Local minimum found.
Optimization completed because the size of the gradient is less than
the default value of the optimality tolerance.
<stopping criteria details>
X =
    4.7124
```

例 13-10：为了在给定的梯度下极小化函数 $F = \sin(x) + 3$，需要在保存的目标函数文件中加入梯度函数，使该函数有两个输出。

解:(1)在 MATLAB 的 M 编辑器中建立函数文件。

```
function [f,g]= demfun0(x)
%This is a function for demostration
    f = sin(x) + 3;
    g = cos(x);
```

(2)在命令行窗口中输入以下命令。

```
>> options = optimset('GradObj','on');
>> x = fminunc('demfun0',4,options)
Local minimum found.
Optimization completed because the size of the gradient is less than
the default value of the optimality tolerance.
<stopping criteria details>
x =
    4.7124
```

函数 fun 还可以是一个匿名函数,也就是说不指定函数命名,直接输入表达式。

例 13-11:求函数 $y = 5x_1^2 + x_2^2$ 的极小点。

解:在命令行窗口中输入以下命令。

```
>> x = fminunc(@(x) 5*x(1)^2 + x(2)^2,[5;1])
Local minimum found.
Optimization completed because the size of the gradient is less than
the default value of the optimality tolerance.
<stopping criteria details>
x =
    1.0e-06 *
    -0.7898
    -0.0702
```

例 13-12:求函数 $f = ax_1^2 + 2x_1x_2 + x_2^2$ 的极小点。式中,a 为参数。

解:(1)在 MATLAB 的 M 编辑器中建立函数文件用来保存所要求解最小值的函数和相应的梯度函数。

```
function [f,g] = demfun00(x,a)
%This is a function for demostration
    f = a*x(1)^2 + 2*x(1)*x(2) + x(2)^2; % function
    g = [2*a*x(1) + 2*x(2)                % gradient
         2*x(1) + 2*x(2)];
```

由于 a 为参数,首先要给 a 赋值,然后传递给目标函数,最后调用函数 fminunc 求解上述问题。

(2)在命令行窗口中输入以下命令。

```
>> a = 3;    % 定义参数值
>> options = optimset('GradObj','on');   % 使用目标函数函数梯度的优化选项 options 结构体
>> x = fminunc(@(x) demfun00(x,a),[1;1],options)   % 从点 x0=[1,1]开始,使用 options 结
构体计算函数的局部最小值 x
Local minimum found.
Optimization completed because the size of the gradient is less than
the value of the optimality tolerance.
<stopping criteria details>
x =
    1.0e-06 *
```

```
     0.2690
    -0.2253
```

也就是得到了含参数函数的极小点。

其局限性如下。

（1）目标函数必须是连续的。fminunc 函数有时会给出局部最优解。

（2）fminunc 函数只对实数进行优化，即 x 必须为实数，而且 $f(x)$ 必须返回实数。当 x 为复数时，必须将它分解为实部和虚部。

（3）在使用大型算法时，用户必须在 fun 函数中提供梯度（options 参数中 GradObj 属性必须设置为'on'）。

（4）目前，若在 fun 函数中提供了解析梯度，则 options 参数 DerivativeCheck 不能用于大型算法以比较解析梯度和有限差分梯度。通过将 options 参数的 MaxIter 属性设置为 0 来用中型方法核对导数。然后重新用大型方法求解问题。

2. fminsearch 函数

在 MATLAB 中，fminsearch 函数使用无导数法计算无约束的多变量函数的最小值，具体的调用格式见表 13-17。

表 13-17　　　　　　　　　　　　　fminsearch 调用格式

调用格式	说　　明
x = fminsearch (fun,x0)	从点 x0 开始，找到函数的局部最小值 x。点 x0 可以是标量、矢量或矩阵
x=fminsearch (fun,x0,options)	使用 options 中指定的优化选项最大限度地求解最小值。其中，options 可取值为 Display、FunValCheck、MaxFunEvals、MaxIter、OutputFcn、PlotFcns、TolFun、TolX
x = fminsearch (problem)	解决无约束非线性问题的最小值
[x,fval] =fminsearch(…)	同时返回 x 和在点 x 处的目标函数值
[x,fval,exitflag,output]=fminsearch (…)	返回同上述格式的值，另外，返回 EXITFLAG 值，描述极小化函数的退出条件。其中，EXITFLAG 值和相应的含义见表 13-15 output 是包含优化过程信息的结构输出。其中，OUTPUT 包含的内容和相应含义见表 13-16
[x,fval,exitflag,output,grad,hessian] = fminsearch (…)	grad 是函数 fun 在点 X 处的梯度。hessian 是函数 fun 在点 x 处的海森矩阵

例 13-13：求函数 $y = 4x_1^2 + 6x_2^2 + x_1 - x_2 + 2$ 的极小点。

解：MATLAB 程序如下。

```
>> options = optimset('PlotFcns',@optimplotfval);   % 设置选项，以在每次迭代时绘制目标函数图。
>> fun=@(x) 4*x(1)^2+6*x(2)^2+x(1)-x(2)+2;  % 定义函数表达式
>> x = fminunc(fun,[0;1], options)  % 从点 x0=[0 1]开始，计算函数的局部最小值 x
Local minimum found.
Optimization completed because the size of the gradient is less than
the value of the optimality tolerance.
<stopping criteria details>
x =

  -0.1250
   0.0833
```

程序运行结果如图 13-1 所示，用来监视 fminsearch 尝试定位最小值的过程。

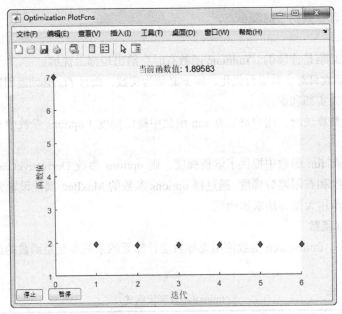

图 13-1　定位最小值的过程

13.10　操作实例——求最优化问题

求以下函数的最优化问题。

$$f(x) = (x_1 - 0.5)^2 + (x_2 - 0.5)^2 + (x_3 - 0.5)^2$$

$$\text{s.t.} \begin{cases} K_1(x, w_1) = \sin(w_1 x_1)\cos(w_1 x_2) - \dfrac{1}{1000}(w_1 - 50)^2 - \sin(w_1 x_3) - x_3 \leqslant 1 \\ K_2(x, w_2) = \sin(w_2 x_2)\cos(w_2 x_2) - \dfrac{1}{1000}(w_2 - 50)^2 - \sin(w_2 x_3) - x_3 \leqslant 1 \\ 1 \leqslant w_1 \leqslant 100 \\ 1 \leqslant w_2 \leqslant 100 \end{cases}$$

将约束方程化为标准形式：

$$K_1(x, w_1) = \sin(w_1 x_1)\cos(w_1 x_2) - \frac{1}{1000}(w_1 - 50)^2 - \sin(w_1 x_3) - x_3 - 1 \leqslant 0$$

$$K_2(x, w_2) = \sin(w_2 x_2)\cos(w_2 x_2) - \frac{1}{1000}(w_2 - 50)^2 - \sin(w_2 x_3) - x_3 - 1 \leqslant 0$$

首先建立目标函数文件和约束函数文件。

1. 编制目标函数文件 funsif.m

```
function f=funsif(x)
%This is a function for demonstration
f=sum((x-0.5).^2);
```

2. 编制约束函数文件 funsifcon.m

```
function [C,Ceq,K1,K2,S] = funsifcon(X,S)
%This is a function for demonstration
% 初始化样本间距:
if isnan(S(1,1))
    S = [0.2 0; 0.2 0];
end
% 产生样本隼·
w1 = 1:S(1,1):100;
w2 = 1:S(2,1):100;
% 计算半无限约束:
K1 = sin(w1*X(1)).*cos(w1*X(2)) - 1/1000*(w1-50).^2 -sin(w1*X(3))-X(3)-1;
K2 = sin(w2*X(2)).*cos(w2*X(1)) - 1/1000*(w2-50).^2 -sin(w2*X(3))-X(3)-1;
% 无非线性约束:
C = [ ]; Ceq=[ ];
% 绘制半无限约束图形
plot(w1,K1,'-',w2,K2,':'),title('Semi-infinite constraints')
```

3. 在命令行窗口中初始数据

```
>> x0 = [0.5; 0.2; 0.3];        % Starting guess
```

4. 调用函数解上述问题

```
>> [X,FVAL,EXITFLAG,OUTPUT,LAMBDA] = fseminf(@funsif,x0,2,@funsifcon)

Local minimum possible. Constraints satisfied.

fseminf stopped because the size of the current search direction is less than
twice the default value of the step size tolerance and constraints are
satisfied to within the default value of the constraint tolerance.

<stopping criteria details>


X =

   0.6675
   0.3012
   0.4022


FVAL =

   0.0771


EXITFLAG =

    4
OUTPUT =

   包含以下字段的 struct:
       iterations: 8
        funcCount: 32
```

```
        lssteplength: 1
           stepsize: 2.2773e-04
          algorithm: 'active-set'
      firstorderopt: 0.0437
     constrviolation: -0.0058
             message: 'Local minimum possible. Constraints satisfied.↵fseminf stopped
because the size of the current search direction is less than↵twice the default value of
the step size tolerance and constraints are ↵satisfied to within the default value of the
constraint tolerance.↵Stopping criteria details:↵Optimization stopped because the norm
of the current search direction, 1.744858e-04,↵is less than 2*options.StepTolerance =
1.000000e-04, and the maximum constraint ↵ violation, -5.824517e-03, is less than
options.ConstraintTolerance    =    1.000000e-06.   ↵    ↵    Optimization    Metric
Options↵norm(search direction) = 1.74e-04                    StepTolerance = 1e-04
(default)↵max(constraint violation) = -5.82e-03              ConstraintTolerance =
1e-06 (default)'

    LAMBDA =
      包含以下字段的 struct:
           lower: [3×1 double]
           upper: [3×1 double]
           eqlin: [0×1 double]
        eqnonlin: [0×1 double]
         ineqlin: [0×1 double]
      ineqnonlin: [0×1 double]
```

同时，得到半无限的约束图，如图 13-2 所示，用来演示约束边界上两个函数如何达到峰值。

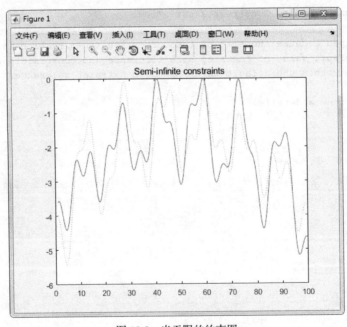

图 13-2　半无限的约束图

第14章
供应中心选址设计实例

内容指南

在实际应用中，人们碰到的大部分问题都是求某个目标函数的最大值或最小值。但是，在某些情况下，人们会碰到一类特殊的问题，这些问题要求使最大值最小化才有意义。

在本章的供应中心选址设计中，需要确定急救中心、消防中心等的位置，可取的目标函数应该是到所有地点最大距离的最小值，而不是到所有目的地的距离之和为最小，这是两种完全不同的准则。此外，在控制理论、逼近论、决策论中也会用到最大值最小化原则。因此，这类问题在实际生活中有着广泛的应用。

知识重点

- 最大值最小化概述
- 基本函数
- 供应中心选址设计

14.1 最大值最小化概述

最大值最小化问题的数学模型可以表示为：

$$\min_x \max_F F(x)$$

$$s.t. \begin{cases} c(x) \leqslant 0 \\ ceq(x) = 0 \\ Ax \leqslant b \\ Aeqx = beq \\ lb \leqslant x \leqslant ub \end{cases}$$

式中，*x*、*b*、*beq*、*lb* 和 *ub* 为向量；*A* 和 *Aeq* 为矩阵；*c*(*x*)、*ceq*(*x*)和 *F*(*x*)为函数，返回向量值，并且这些函数均可是非线性函数。

在 MATLAB 优化工具箱中，使用函数 fminimax 来求解上述问题，该函数使多目标函数中的最坏情况达到最小。

函数 fminimax 采取逐次二次规划法来求解最大值最小化问题。

14.2 基本函数

1. 调用格式 1

```
x=fminimax(fun,x0)
```

功能：设定初始条件 $x0$，求解函数 fun 的最大值最小化解 x。其中，$x0$ 可以为标量、向量或者矩阵。

2. 调用格式 2

```
x=fminimax(fun,x0,a,b)
```

功能：求解带线性不等式约束 $a*x \leq b$ 的最大值最小化问题，若无线性不等式约束，则令 A=[ ]，b=[ ]。

3. 调用格式 3

```
x=fminimax(fun,x0,A,B,Aeq,beq)
```

功能：求解上述问题，同时带有线性等式约束 $Aeq*X = beq$；若无线性不等式约束，则令 Aeq=[ ]，beq=[ ]。

4. 调用格式 4

```
x=fminimax(fun,x0,a,b,aeq,beq,lb,ub)
```

功能：函数作用同上，并且定义变量 x 所在集合的上下界。如果没有 x 上下界，则分别用空矩阵代替，如果问题中无下界约束，则令 lb(i) = -Inf；同样，如果问题中无上界约束，则令 ub(i) = Inf。

5. 调用格式 5

```
x=fminimax(fun,x0,a,b,aeq,beq,lb,ub,nonlcon)
```

功能：求解上述问题，同时约束中加上由函数 nonlcon（通常为 M 文件定义的函数）定义的非线性约束。当调用函数[c, ceq] = feval(nonlcon,x)时，在函数 nonlcon 的返回值中包含非线性等式约束 ceq(x)=0 和非线性不等式约束 c(x)<=0。其中，c(x)和 ceq(x)均为向量。

6. 调用格式 6

```
x=fminimax(fun,x0,a,b,aeq,beq,lb,ub,nonlcon,options)
```

功能：用 options 参数指定的优化参数进行最小化，其中 options 的可取值为 AbsoluteMax ObjectiveCount、ConstraintTolerance、Diagnostics、DiffMaxChange、DiffMinChange、Display、FiniteDifferenceStepSize、FiniteDifferenceType、FunctionTolerance、FunValCheck、MaxFunction Evaluations、MaxIterations、MaxSQPIte、MeritFunction、OptimalityTolerance、OutputFcn、PlotFcn、ReLineSrchBnd、RelLineSrchBndDuration、SpecifyConstraintGradient、Spec ifyobjectiveGradient、StepTolerance、TolConSQP、TypicalX、UseParallel。

7. 调用格式 7

```
[X,fval]=fminimax(problem)
```

功能：problem 是问题中描述的结构。通过从优化应用程序（Optimization App）中导出问题来创建问题结构。

8. 调用格式 8

```
[x,fval]=fminimax(…)
```

功能：同时返回目标函数在解 x 处的值 fval=feval(fun,x)。

9. 调用格式 9

```
[x,fval,maxfval,exitflag]=fminimax(…)
```

功能：返回解 x 处的最大函数值 maxfval = max { fun(x) },exitflag 值用于描述函数计算的退出条件。

10. 调用格式 10

```
[x,fval,maxfval,exitflag,output]=fminimax(…)
```

功能：返回同上述格式的值，另外，返回包含 output 结构的输出。

11. 调用格式 11

```
[x,fval,maxfval,exitflag,output,lambda]=fminimax(…)
```

功能：返回 lambda 在解 x 处的结构参数。

函数 fun 的使用可以通过引用@来完成。例如：

```
x = fminimax(@myfun,[2 3 4])
```

其中，myfun 是一个函数文件。

另外，fun 还可以是一个匿名函数。

调用如下格式。

```
>> x = fminimax(@(x) sin(3*x),[2 5])
```

得到如下结果。

```
Optimization terminated: magnitude of directional derivative in search
 direction less than 2*options.TolFun and maximum constraint violation
  is less than options.TolCon.
Active inequalities (to within options.TolCon = 1e-006):
  lower      upper      ineqlin   ineqnonlin
                                    1
                                    2

x =

   1.5708    5.7596
```

如果 fun 为含参数的函数，可以使用匿名函数来获得参数值。

14.3　供应中心选址设计

设某城市有某种物品的 10 个需求点，第 i 个需求点的坐标为 (a_i,b_i)，道路网与坐标轴平行，彼此正交。现打算建一个该物品的供应中心，由于受到城市某些条件的限制，该供应中心只能设

在 x 界于[5，8]，y 界于[5，8]的范围内。该供应中心建在何处为好？

第 i 个需求点的坐标见表 14-1。

表 14-1　　　　　　　　　　　　　　　　　　物品需求点坐标

a_i	1	4	3	5	9	12	6	20	17	8
b_i	2	10	8	18	1	4	5	10	8	9

设供应中心的位置为 (x, y)，要求它到最远需求点的距离尽可能小。由于此处应采用沿道路行走的距离，可知第 i 个需求点用户到该中心的距离为 $|x - a_i| + |y - b_i|$，从而得到目标函数如下。

$$\min_{x,y} \left\{ \max_{1 \leqslant i \leqslant m} \left[|x - a_i| + |y - b_i| \right] \right\}$$

$$\text{s.t.} \begin{cases} 5 \leqslant x \leqslant 8 \\ 5 \leqslant y \leqslant 8 \end{cases}$$

14.3.1　目标函数文件

编制目标函数文件 funmia1.m。

```
function f=funmia1(x)
%这是一个具有演示功能函数
%第一步是放置标量
a=[1 4 3 5 9 12 6 20 17 8];
b=[2 10 8 18 1 4 5 10 8 9];
f(1)=abs(x(1)-a(1))+abs(x(2)-b(1));
f(2)=abs(x(1)-a(2))+abs(x(2)-b(2));
f(3)=abs(x(1)-a(3))+abs(x(2)-b(3));
f(4)=abs(x(1)-a(4))+abs(x(2)-b(4));
f(5)=abs(x(1)-a(5))+abs(x(2)-b(5));
f(6)=abs(x(1)-a(6))+abs(x(2)-b(6));
f(7)=abs(x(1)-a(7))+abs(x(2)-b(7));
f(8)=abs(x(1)-a(8))+abs(x(2)-b(8));
f(9)=abs(x(1)-a(9))+abs(x(2)-b(9));
f(10)=abs(x(1)-a(10))+abs(x(2)-b(10));
```

14.3.2　设定初始值

在命令行窗口中输入函数文件的参数值。

```
>> x0= [6 ;6 ];
>> lb=[5;5];
>> ub=[8;8];
```

14.3.3　调用函数求解

根据函数文件和参数值调用函数文件。

```
>> [x,fval,maxfval,exitflag,output,lambda] = fminimax(@funmia1,x0,[ ],[ ],[ ],[ ],
lb,ub)   % x 在[lb ub]内, 初始条件为 x0, 函数的极大值极小值, 其中, 不存在线性约束等式 Aeq*x = beq, 设
置 Aeq = []和 beq = []。不存在线性不等式 A*x ≤ b, 设置 A = []和 b = []
```

```
Local minimum possible. Constraints satisfied.

fminimax stopped because the size of the current search direction is less than
twice the value of the step size tolerance and constraints are
satisfied to within the value of the constraint tolerance.

<stopping criteria details>

x =

     8
     8


fval =

    13     6     5    13     8     8     5    14     9     1


maxfval =

    14


exitflag =

     4


output =

  包含以下字段的 struct:

          iterations: 3
           funcCount: 14
        lssteplength: 1
            stepsize: 1.0079e-08
           algorithm: 'active-set'
        firstorderopt: []
       constrviolation: 1.0079e-08
```

message: ' ↵ Local minimum possible. Constraints satisfied. ↵ ↵ fminimax stopped because the size of the current search direction is less than ↵ twice the value of the step size tolerance and constraints are ↵ satisfied to within the value of the constraint tolerance. ↵↵ <stopping criteria details>↵Optimization stopped because the norm of the current search direction, 1.007889e-08, ↵is less than 2*options.StepTolerance = 1.000000e-06, and the maximum constraint ↵violation, 1.007889e-08, is less than options.ConstraintTolerance = 1.000000e-06.↵↵'

```
    lambda =

    包含以下字段的 struct:

            lower: [2×1 double]
            upper: [2×1 double]
            eqlin: [0×1 double]
         eqnonlin: [0×1 double]
          ineqlin: [0×1 double]
       ineqnonlin: [0×1 double]
```

第15章
数字低通信号频谱分析设计实例

内容指南

数字信号处理把信号用数字或符号表示成序列，通过信号处理设备，在 MATLAB 中用数值计算的方法处理，在通信仿真领域中应用广泛。本章通过对数字低通信号的频谱输出与频谱分析，介绍与信号处理相关的处理工具箱和 Simulink 模块集，让读者对学习 MATLAB 有更深一步的认识。

知识重点

- 数字低通信号频谱输出
- 数字低通信号分析

15.1 数字低通信号频谱输出

设计一个数字低通滤波器 F(z) 离散时间系统建模仿真的完整过程。

滤波器从受噪声干扰的多频率混合信号 $x(t)$ 中获取 1000Hz 的信号。

$$x(t) = 5\sin(2\pi t + \frac{\pi}{2}) + 4\cos(2\pi t - \frac{\pi}{2}) + n(t)$$

$$n(t) \sim \mathrm{N}(0, 0.3^2) , \quad t = \frac{k}{f_s} = kT_s$$

式中，采样频率 $f_s = 1000\,\mathrm{Hz}$，即采样周期 $T_s = 0.001\,\mathrm{s}$。

Simulink 模块参数与 MATLAB 内存变量之间的数据传递影响模块几何结构的参数。

1. 设计模型文件

打开 Simulink 模块库，选择 "Dsp System Toolbox" → "Filting" → "Filter Implementations" 中的 Digital Filter Design 模块，将其拖动到模型中。

选择 "Dsp System Toolbox" → "Source" 库中的两个正弦信号模块 Sine Wave，1 个 Random Source，1 个 Colored Noise；选择 "Dsp System Toolbox" → "Sinks" 库中的频谱分析仪模块 Spectrum Analyzer，在 "Simulink" → "Math" 库中选择 Add 模块，将其拖动到模型中，连接模块，绘制结果如图 15-1 所示。

将模型文件保存为 "pinpuyi.slx" 文件。

2. 离散时间仿真模型中采样周期的设定

双击 Sine wave 模块，弹出模块参数设置对话框，按照图 15-2 所示设置参数，完成设置后，单击"OK"按钮，关闭该对话框。

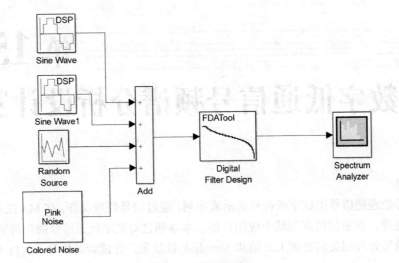

图 15-1　创建模型图

图 15-2　"Block Parameters:Sine Wave"对话框

双击 Sine Wave1 模块，弹出模块参数设置对话框，按照图 15-3 所示设置参数，完成设置后，单击"OK"按钮，关闭该对话框。

双击 Random Source 模块，弹出模块参数设置对话框，按照图 15-4 所示设置参数，完成设置后，单击"OK"按钮，关闭该对话框。

双击 Colored Noise 模块，弹出模块参数设置对话框，按照图 15-5 所示设置参数，完成设置后，单击"OK"按钮，关闭该对话框。

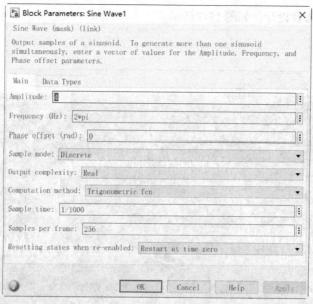

图 15-3　"Block Parameters:Sine Wave1" 对话框

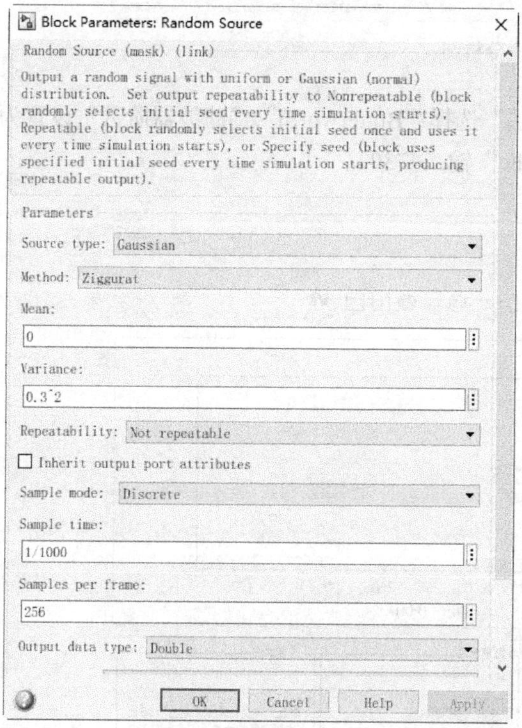

图 15-4　"Block Parameters:Random Source" 对话框 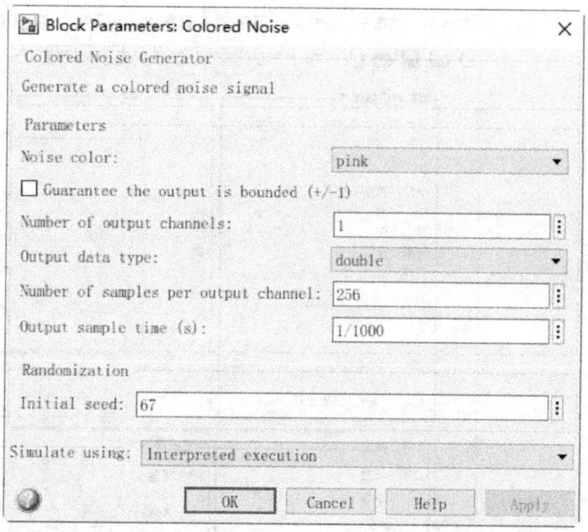　　　图 15-5　"Block Parameters:Colored Noise" 对话框

3. 仿真分析

单击工具栏中的"Run"按钮 ⊙，弹出"Spectrum Analyzer"对话框，显示叠加信号的频谱分析结果，如图 15-6 所示。

4. 设置离散系统参数

双击 Digital Filter Design 模块，弹出"Block Parameters:Digital Filter Design"对话框，在该对话

框中设置数字滤波器参数设计，如图 15-7 所示。

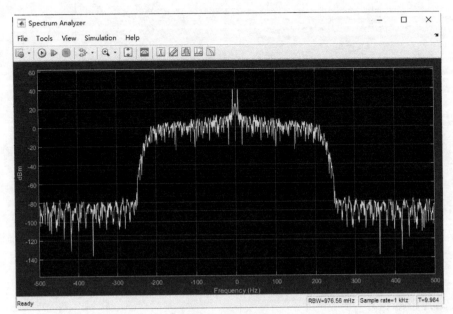

图 15-6　频谱分析图

其中，"响应类型"设置为"低通"，"设计方法"选择"Butterworth"，"滤波器阶数"设置为"10"，"单位"选择"Hz"，"Fs"输入"1000"，"Fc"输入"30"。

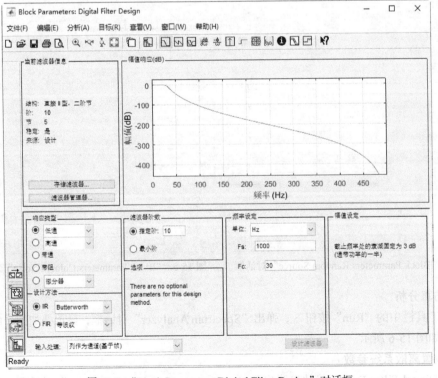

图 15-7　"Block Parameters:Digital Filter Design"对话框

完成设置后，单击"设计滤波器"按钮，应用设置好的滤波器参数。关闭对话框，完成设置。

5. 仿真结果分析

单击工具栏中的"Run"按钮 ⊙，弹出"Spectrum Analyzer"对话框，显示叠加信号滤波后的频谱分析结果，如图 15-8 所示。

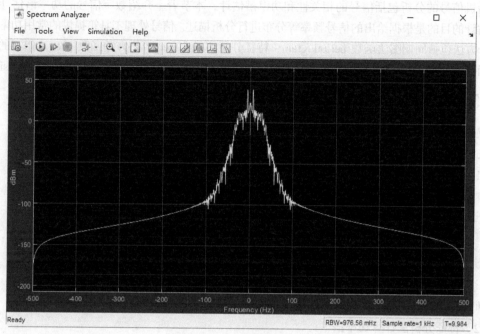

图 15-8　频谱分析图

单击工具栏中的"Peak Finder"按钮 ⊠，在频谱图右侧显示峰值检测结果，如图 15-9 所示。

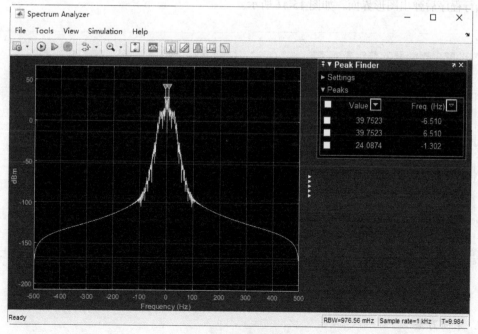

图 15-9　峰值检测结果

15.2　数字低通信号分析

随机信号的分析包括信号的相关性和功率谱估计，本节着重介绍数字信号的功率谱估计，功率谱估计的目的是根据给出的信号频率等分布进行分析描述。信号处理工具箱提供的常用功率谱估计设计方法包括周期图法函数 periodogram、特征分析法函数 peig、协方差函数 pcov、修正的协方差法函数 pmcov、Welch 法函数 pwelch、Yule-Walker 法函数 pyulear、多信号分类法函数 pmusic 等。

15.2.1　绘制功率谱

操作步骤如下。

1. 绘制功率谱

（1）周期图法绘制功率谱

```
>> f=[100;200];A=[5 0];B=[0 4];fs=1000;N=2048;
>> n=0:N-1;t=n/fs;
>> x=A*sin(2*pi*f*t)+B*cos(2*pi*f*t)+0.3*randn(1,N);    %生成带噪声的信号
>> periodogram(x,[],N,fs);                              %绘制功率谱
>> Pxx=periodogram(x,[], 'twosided',N,fs);
>> Pow=(fs/length(Pxx))*sum(Pxx);                       %计算平均功率
```

执行程序后弹出图形界面，如图 15-10 所示。

（2）特征分析法计算功率谱

利用特征向量法计算信号的功率谱，指定信号子空间维数 2，DFT 长度为 512。

```
>> peig(x,2,N,fs,'half')                                %特征分析法计算功率谱
```

执行程序后弹出图形界面，如图 15-11 所示。

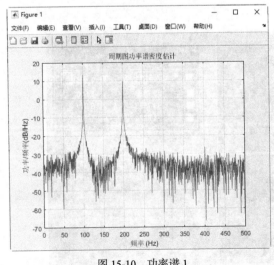

图 15-10　功率谱 1

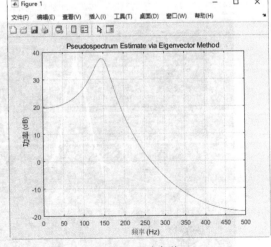

图 15-11　功率谱 2

2. 求协方差

绘制具有 12 阶自回归模型的协方差方法估计信号的 PSD。使用默认 DFT 长度 512，绘制估计数。

```
>> morder = 12;                            %设置模型阶数为 12 阶
>> pcov(x,morder,[],fs)                    %绘制估计数
```

执行程序后弹出图形界面，如图 15-12 所示。

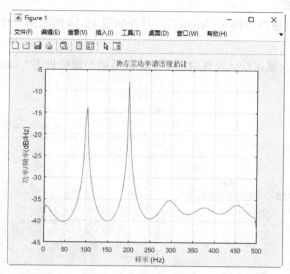

图 15-12　协方差曲线

3. Welch 韦尔奇谱估计

获得了前信号的韦尔奇重叠部分 PSD 平均功率谱估计。使用 500 个样品和 300 个重叠样品的片段长度。使用 500 DFT 点，输入采样率以输出频率为 Hz 的矢量绘制结果。

```
>> [pxx,f] = pwelch(x,500,300,500,fs);
>> plot(f,10*log10(pxx))
>> xlabel('Frequency (Hz)')
>> ylabel('Magnitude (dB)')
```

执行程序后弹出图形界面，如图 15-13 所示。

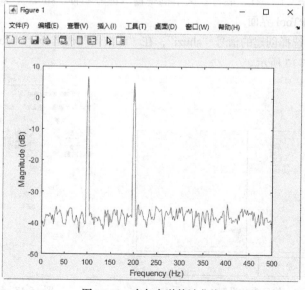

图 15-13　韦尔奇谱估计曲线

15.2.2　数字信号谱分析

操作步骤如下。

1. 打开工具箱界面

在 MATLAB 命令行窗口中输入 "sptool"，打开如图 15-14 所示的 SPTool 界面，进行频谱分析设置。

单击 "查看" 按钮，显示默认设置情况下的滤波后的频谱分析图，如图 15-15 所示。

图 15-14　SPTool 界面

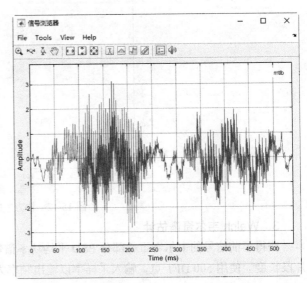

图 15-15　滤波后的频谱分析图

2. 显示 FFT 周期图

选择菜单栏中的 "文件" → "导入" 命令，弹出 "导入 SPTool" 界面，在 "源" 面板选择 "从工作区" 选项，在 "工作区内容" 面板选择信号 "t"，单击 ⟶ 按钮，添加信号，在 "采样频率" 文本框中输入采样频率 "1"，在 "名称" 文本框中输入信号名称 "shuzi"，如图 15-16 所示，单击 "确定" 按钮，返回 SPTool 界面。

在 SPTool 界面中选择创建的信号 "shuzi"，在 "滤波器" 栏选择 "FIRbp"，在 "频谱" 栏选择 "chirpse"，如图 15-17 所示。

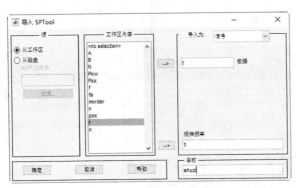

图 15-16　信号参数设置

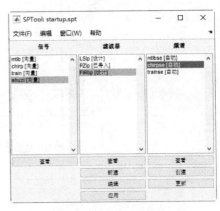

图 15-17　SPTool:startup.spt

单击"频谱"栏下方的"创建"按钮，弹出"频谱查看器"界面，在"方法"栏选择频谱分析方法为"FFT"，在"Nifft"文本框输入信号长度为 1024，单击"应用"按钮，在窗口中显示周期图，如图 15-18 所示。

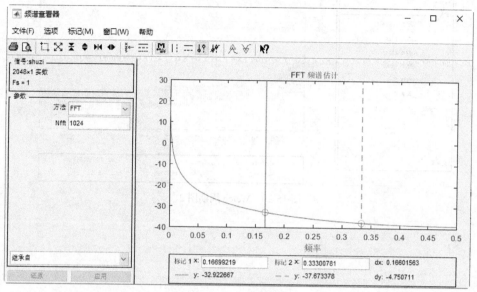

图 15-18　FFT 周期图

3. 显示其余类型周期图

在"方法"栏选择频谱分析方法为"Welch"，其余参数选择默认设置，单击"应用"按钮，在窗口中显示周期图，如图 15-19 所示。

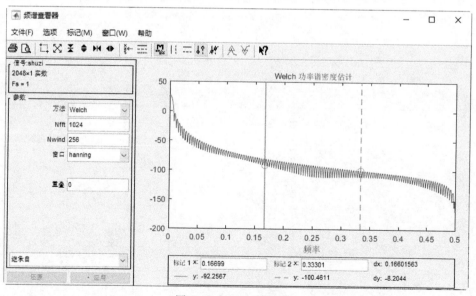

图 15-19　Welch 周期图 1

在"方法"栏选择频谱分析方法为"Welch"，在"窗口"栏选择"kaiser"，其余参数选择默认设置，单击"应用"按钮，在窗口中显示周期图，如图 15-20 所示。

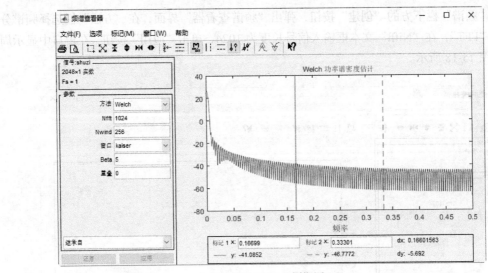

图 15-20　Welch 周期图 2

第 16 章
函数最优化解设计实例

内容指南

从生产函数角度看，半无限规划理论中 CCR 模型、CCGSS 模型是用来研究具有多个输入、特别是具有多个输出的"生产部门"同时为"规模有效"与"技术有效"的十分理想且卓有成效的方法，研究具有无穷多个决策单元的情况。

知识重点

- 半无限概述
- 基本函数
- 函数最优化解

16.1　半无限概述

"半无限"有约束多元函数最优解问题的标准形式如下。

$$\min_{x} f(x)$$

$$\text{s.t.} \begin{cases} C(x) \leqslant 0 \\ Ceq(x) \leqslant 0 \\ Ax \leqslant b \\ Aeqx = beq \\ lb \leqslant x \leqslant ub \\ K_1(x, w_1) \leqslant 0 \\ K_2(x, w_2) \leqslant 0 \\ \dots \\ Kn(x, w_n) \leqslant 0 \end{cases}$$

式中，x、b、beq、lb、ub 都是向量；A、Aeq 是矩阵；$C(x)$、$Ceq(x)$、$K_i(x, w_i)$ 是返回向量的函数，$f(x)$ 为目标函数；$f(x)$、$C(x)$、$Ceq(x)$ 是非线性函数；$K_i(x, w_i)$ 为半无限约束。

16.2　基本函数

MATLAB 优化工具箱中的函数 fseminf 采用二次、三次混合插值法结合逐次二次规划方法求解上述问题。

1. 调用格式 1

```
x=fseminf(fun,x0,ntheta,seminfcon)
```

功能：给定初始点 $x0$，求由函数 seminfcon 中的 ntheta 半无限约束条件约束的函数 fun 的极小点 x。

2. 调用格式 2

```
x=fseminf(fun,x0,ntheta,seminfcon,A,b)
```

功能：求解上述问题，同时试图满足线性不等式约束 $A*x \leqslant b$，若无不等式约束，则令 $A=[\ ]$ 和 $b=[\ ]$。

3. 调用格式 3

```
x=fseminf(fun,x0,ntheta,seminfcon,A,b,Aeq,Beq)
```

功能：求解同时带有线性等式约束 $Aeq*x = beq$ 和线性不等式约束 $A*x \leqslant b$ 的半无限问题，若无等式约束，则令 $Aeq=[\ ]$ 和 $Beq=[\ ]$。

4. 调用格式 4

```
x=fseminf(fun,x0,ntheta,seminfcon,A,B,Aeq,beq,lb,ub)
```

功能：函数作用同上，并且定义变量 x 所在集合的上下界，如果没有上下界，则分别用空矩阵代替，如果问题中无下界约束，则令 $lb(i) = $ -Inf；同样，如果问题中无上界约束，则令 $ub(i) = $ Inf。

5. 调用格式 5

```
x=fseminf(fun,x0,ntheta,seminfcon,A,B,Aeq,Beq,lb,ub,options)
```

功能：用 options 参数指定的优化参数进行最小化，其中，options 可取值为 CheckGradients、ConstraintTolerance、Diagnostics、DiffMaxChange、DiffMinChange、Display、FiniteDifferenceStepSize、FiniteDifferenceType、FunctionTolerance、FunValCheck、MaxFunctionEvaluations、MaxIterations、MaxSQPIter、optimalityTolerance、OutputFcn、PlotFcn、Re/LineSrchBnd、RelLineSrchBndDuration、SpecifyobjectiveGradient、StepTolerance、TolConSQP、TypicalX。

6. 调用格式 6

```
x=fseminf(problem)
```

功能：同时返回 problem 的最小值，其中 problem 是输入参数中描述的结构。

7. 调用格式 7

```
[x,fval]=fseminf(…)
```

功能：同时返回目标函数在解 x 处的值 fval。

8. 调用格式 8

```
[x,fval,exitflag]=fseminf(…)
```

功能：返回 exitflag 值，描述函数计算的退出条件。

9. 调用格式 9

```
[x,fval,exitflag,output]=fseminf(…)
```

功能：返回同上述格式的值，另外，返回包含 output 结构的输出。

10. 调用格式 10

```
[x,fval,exitflag,output,lambda]=fseminf(…)
```

功能：返回 lambda 在解 x 处的结构参数，为了更明确各个参数的意义，下面将各参数的含义总结如下。

- $x0$ 为初始估计值。
- fun 为目标函数，其定义方式与前面相同。
- A、b 由线性不等式约束 $A \cdot x \leqslant b$ 确定，如没有约束，则 A=[ ]，b=[ ]。
- Aeq、beq 由线性等式约束 $Aeq \cdot x = beq$ 确定，如没有约束，则 Aeq=[ ]，beq=[ ]。
- lb、ub 由变量 x 的范围 $ld \leqslant x \leqslant ub$ 确定。
- options 为优化参数。
- ntheta 为半无限约束的个数。
- seminfcon 用来确定非线性约束向量 C 和 Ceq 以及半无限约束的向量 $K1$，$K2$，…，Kn，通过指定函数柄来使用，如：

```
x = fseminf(@myfun,x0,ntheta,@myinfcon)
```

先建立非线性约束和半无限约束函数文件，并保存为 myinfcon.m。

```
function [C,Ceq,K1,K2,…,Kntheta,S] = myinfcon(x,S)
%S 为向量 w 的采样值
%初始化样本间距
if isnan(S(1,1)),
S = …                                    %S 有 ntheta 行 2 列
end
w1 = …                                   %计算样本集
w2 = …                                   %计算样本集
…
wntheta = …                              %计算样本集
K1 = …                                   %在 x 和 w 处的第 1 个半无限约束值
K2 = …                                   %在 x 和 w 处的第 2 个半无限约束值
…
Kntheta = …                              %在 x 和 w 处的第 ntheta 个半无限约束值
C = …                                    %在 x 处计算非线性不等式约束值
Ceq = …                                  %在 x 处计算非线性等式约束值
```

如果没有约束，则相应的值取为 "[ ]"，如 Ceq=[]。

- fval 为在 x 处的目标函数最小值。
- exitflag 为终止迭代的条件。
- output 为输出的优化信息。
- lambda 为解 x 的 Lagrange 乘子。

16.3　函数最优化解

函数的求最优化解的问题是迭代的过程，函数在选择的起始点进行多个方向的尝试，得到全局最优或局部最优。

多元函数为 $f(x) = (x_1 - 1)^2 + (x_2 - 1)^2$。

$$\text{s.t.} \begin{cases} K_1(x,w) = f(x) = x_1^4 - x_2^2 - 2x_2w_1 + w_1^4 - w_2^2 \\ 1 \leqslant w_1 \leqslant 100 \\ 1 \leqslant w_2 \leqslant 100 \end{cases}$$

初始点为 x0=[1,1,1]。

16.3.1　目标函数文件和约束函数文件

（1）目标函数文件 funsif1.m

```
function f=funsif1(x)
%This is a function for demonstration
f=sum((x-1).^2);
```

（2）约束函数文件 funsifcon1.m

```
function [C,Ceq,K1,s] = funsifcon1(X,s)
%This is a function for demonstration
%初始化样本间距:
if  isnan(s(1,1)),
    s = [2 2];
end
%设置样本集
w = 0:s(1):100;
[wx, wy] = meshgrid(w);
%计算半无限约束函数值
K1 = x(1).^4-x(2).^2-2*wx.*x(2)+wy.^4-wy.^2
%无非线性约束
C = [ ]; Ceq=[ ];
%作约束曲面图形
m = surf(wx,wy,K1,'edgecolor','none','facecolor','interp');
camlight headlight
title('Semi-infinite constraint')
drawnow
```

（3）命令行窗口中的初始数据

```
>> x0= [0.1; 0.1; 0.1];       %Starting guess
```

16.3.2　调用函数求解

在命令行窗口中输入下面命令。

```
>> [x,fval,exitflag,output,lambda] = fseminf(@funsif1,x0,1,@funsifcon1)
```

% 在给定初始点 x0 处，求由约束函数 funsifcon1 中的第 1 个半无限约束条件约束的目标函数 funsif1 的极小点 x

```
Converged to an infeasible point.

fseminf stopped because the size of the current search direction is less than
```

```
twice the value of the step size tolerance but constraints are not
satisfied to within the value of the constraint tolerance.

<stopping criteria details>

x =

    0.1000
    0.1000
    0.1000


fval =

    2.4300


exitflag =

   -2


output =
```

    包含以下字段的 struct:

```
          iterations: 1     % 迭代次数
           funcCount: 4
        lssteplength: 1
            stepsize: 0
           algorithm: 'active-set'
        firstorderopt: []
       constrviolation: 9.9990e+07
             message: '↵Converged to an infeasible point.↵↵fseminf stopped because
the size of the current search direction is less than↵twice the value of the step size
tolerance but constraints are not ↵satisfied to within the value of the constraint tolerance.↵↵
<stopping criteria details> ↵ ↵ Optimization stopped because the norm of the current search
direction , 0.000000e+00, ↵ is less than 2*options.StepTolerance = 1.000000e-04, but
the maximum constraint ↵ violation, 9.999000e+07, exceeds options.ConstraintTolerance =
1.000000e-06.↵↵'


lambda =
```

    包含以下字段的 struct:

```
               lower: [3×1 double]
               upper: [3×1 double]
               eqlin: [1×0 double]
```

```
      eqnonlin: [1×0 double]
       ineqlin: [1×0 double]
    ineqnonlin: [1×0 double]
```

经过 1 次迭代，得到最优解，同时得到图 16-1。

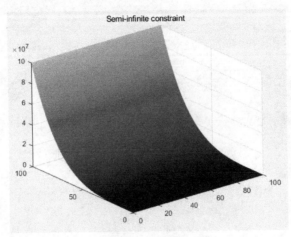

图 16-1　最优化解